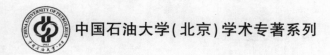 中国石油大学(北京)学术专著系列

铁铬液流电池
关键技术与工程应用

徐泉　牛迎春　王屾　徐春明　著

U0255094

中国石化出版社
·北京·

内 容 提 要

本书以介绍铁铬液流电池储能技术的各关键结构的科学研究为主，同时兼顾整个铁铬液流电池储能系统的设计与协同，储能工程的示范与项目发展。全书共十章，概述了电化学储能的产业与标准，铁铬液流电池的相关政策与市场预期；详细介绍了铁铬液流电池中关键组件包括电极、双极板、质子交换膜、电解液的技术发展；探究了铁铬液流电池再平衡技术、控制系统、模拟计算和工程示范发展，为读者提供了一个全面的视角。

本书可供高等院校相关专业师生作为参考教材使用，也可供从事储能、新能源和材料等专业的研究、生产设计人员阅读。

图书在版编目（CIP）数据

铁铬液流电池关键技术与工程应用／徐泉等著．——北京：中国石化出版社，2024.2
ISBN 978-7-5114-7439-1

Ⅰ．①铁… Ⅱ．①徐… Ⅲ．①化学电池–储备电池
Ⅳ．①TM912

中国国家版本馆 CIP 数据核字（2024）第 030420 号

中国石化出版社出版发行

地址：北京市东城区安定门外大街 58 号
邮编：100011 电话：(010)57512500
发行部电话：(010)57512575
http://www.sinopec-press.com
E-mail：press@sinopec.com
宝蕾元仁浩（天津）印刷有限公司印刷
全国各地新华书店经销

*

710 毫米×1000 毫米 16 开本 20.75 印张 322 千字
2024 年 3 月第 1 版　2024 年 3 月第 1 次印刷
定价：98.00 元

丛书序

科技立则民族立，科技强则国家强。党的十九届五中全会提出了坚持创新在我国现代化建设全局中的核心地位，把科技自立自强作为国家发展的战略支撑。高校作为国家创新体系的重要组成部分，是基础研究的主力军和重大科技突破的生力军，肩负着科技报国、科技强国的历史使命。

中国石油大学(北京)作为能源行业研究型领军大学，自成立起就坚持把科技创新作为学校发展的不竭动力，把服务国家战略需求作为最高追求。无论是建校之初为国找油、向科学进军的壮志豪情，还是师生在石油会战中献智献力、艰辛探索的不懈奋斗；无论是跋涉大漠、戈壁、荒原，还是走向海外，挺进深海、深地，学校科技工作的每一个足印，都彰显着"国之所需，校之所重"的价值追求，一批能源领域国家重大工程和国之重器上都有我校的贡献。

当前，世界正经历百年未有之大变局，新一轮科技革命和产业变革蓬勃兴起，"双碳"目标下我国经济社会发展全面绿色转型，能源行业正朝着清洁化、低碳化、智能化、电气化等方向发展升级。面对新的战略机遇，作为深耕能源领域的行业特色型高校，中国石油大学(北京)必须牢记"国之大者"，精准对接国家战略目标和任务。一方面要"强优"，坚定不移地开展石油天然气关键核心技术攻坚，立足油气、做强油气；另一方面要"拓新"，在学科交叉、人才培养和科技创新等

I

方面巩固提升、深化改革、战略突破，全力打造能源领域重要人才中心和创新高地。

为弘扬科学精神，积累学术财富，学校专门建立学术专著出版基金，为学术价值高、创新性强和具备先进性的学术著作提供支撑，充分展现了学校科技工作者在相关领域前沿科学研究中的成就和水平，彰显了学校服务国家重大战略的实绩与贡献，在学术传承、学术交流和学术传播上发挥了重要作用。

科技成果需要传承，科技事业需要赓续。在奋进能源领域特色鲜明世界一流研究型大学的新征程中，我们谋划出版新一批学术专著，期待学校广大专家学者继续坚持"四个面向"，坚决扛起保障国家能源资源安全、服务建设科技强国的时代使命，努力把科研成果写在祖国大地上，为国家实现自立自强，端稳能源"饭碗"做出更大贡献，奋力谱写科技报国新篇章！

中国石油大学（北京）校长

2024 年 3 月 1 日

序

实现"碳中和"是我国可持续发展的重大战略目标，从技术角度来看，"碳中和"目标的实现，其本质上意味着革命性的能源转型，尤其是需要在能源结构上作出重大调整。现阶段，我国化石能源占比在84%左右，太阳能和风能占比在4%左右，而要实现"碳中和"目标，太阳能和风能在能源结构中的占比需要达到60%以上。尽管过去十几年来的光伏和风力发电发展非常迅速，发电成本大幅下降，新增装机规模屡创纪录，但上网电量还是未达增长预期。发展可弥补光伏、风电间歇性、分散性和不稳定性特点的储能技术是克服此项难题的关键。

目前的储能技术主要有超级电容器、飞轮、锂离子电池、抽水蓄能、压缩空气储能、储氢、液流电池等。总的来看，我国短时储能技术逐渐满足了市场化需求，但是在中长时储能方面还有明显缺口，特别是4h以上的长时储能是目前最大的短板。在长时储能技术中，液流电池利用电解质溶液中的离子价态变化来实现电能的存储与释放、容量与功率解耦。相比其他类长时储能技术，液流电池易规模化、时长灵活、本征安全且回收残值高，适用于长时、大规模的储能，有望满足新型电力系统对储能的苛刻要求。

铁铬液流电池寿命长、成本低、技术成熟、原材料丰富、工作温度范围广，在大规模长时储能等领域展现了巨大的潜力。该书作者团队具有丰富的铁铬液流电池研发经验，全书从技术现状和发展趋势角度出发，结合国内外现状，先是详细介绍了电化学储能产业和标准现状，以及铁铬液流电池电化学储能的政策和市场。之后重点阐述了铁铬液流电池关键部件电极、电解液、质子交换膜和双极板的优化和改进。并且探究了铁铬液流电池再平衡技术、控制系统和模拟计算及工程示范发展，为读者提供了一个全面的视角，能帮助读者更好、更全面、更高层次地认识铁铬液流电池的工作原理及技术研究现状。同时，该书也对未来铁铬液流电池的产业化应用提供了独特的看法。

　　该书着眼于努力实现"碳中和"的伟大目标，内容翔实丰富，兼顾科学理论性和工程实用性。相信该书的出版能为从事新能源、储能等领域的工作人员、学者、高校师生以及研究人员提供重要参考。同时也希望该书的出版能够推动我国液流电池和长时储能技术的研究和开发。

赵天寿

中国科学院院士

2024 年 3 月 1 日

前言

在"碳达峰碳中和"、经济逆全球化潮流、传统产业数字化智能化转型等大背景影响下，加速可再生能源发展、深化以"新能源+储能"为主的新型电力系统转型成为能源绿色低碳转型的必由之路。储能技术虽然是新兴技术，但近年来随着国家政策对储能产业的大力扶持，储能技术进入发展快车道。在教育侧，教育部、国家发展改革委、国家能源局于 2020 年联合发布《储能技术专业学科发展行动计划（2020—2024 年）》，推动建设一系列储能技术学院和一批储能技术产教融合创新平台。此后，中国的高等教育机构掀起了设立储能专业的热潮。目前已有 84 所大学设立了储能本科专业，其中中国石油大学（北京）、西安交通大学、天津大学等知名高校，积极推动形成"本硕博一体化"的贯通式储能人才培养模式，为国家加快培养储能领域"高、精、尖、缺"人才提供参考。在产业侧，随着各地新能源发电强制配储政策出台，国家规划新型储能 2025 年装机规模将达 30GW，储能产业将由初期的示范期步入大规模商业化期，储能产业迎来了快速发展的黄金时期。与传统储能技术不同，铁铬液流电池作为一种新兴储能技术，其电解液组成为氯化亚铁、氯化铬的盐酸水溶液，被储存于外部液罐中，具有安全性高、循环寿命长、电解液可循环利用、成本低廉、环境友好、自由调节功率与容量的优势，近年来越来越得到研究者们的重视，具有十分广阔的应用前景。

本书致力于将铁铬液流电池和储能应用紧密结合，力求为大规模低成本长时储能提供解决方案。笔者及其团队依托中国石油大学（北京）重质油全国重点实验室、国家储能技术产教融合创新平台和教育部清洁低碳能源工程研究中心，得益于中国石油大学（北京）丰富的资源，长期致力于铁铬液流电池的关键材料和核心部件的研究和工程开发及其工程化、产业化技术平台建设和工程应用示范，目前已经在铁铬液流电池方面取得了一些成绩。目前已完成国内最大的铁铬液流电池 33kW 电堆定型和 100kW/400kW·h、500kW/4MW·h 铁铬液流电池储能项目，未来将建设 20MW/100MW·h 铁铬液流电池储能系统集成示范项目。目前笔者及其研究团队获铁铬液流电池相关专利 15 件，出版《液流电池与储能》教材一部，近五年承担国家级/省部级项目 3 项，获省部级/行业协会一等奖 2 次，牵头申报铁铬液流电池双极板领域行业标准一项。本书全程由徐春明院士指导，徐泉、牛迎春、王屾等执笔主写。本书是在铁铬液流电池的关键材料、核心部件、系统集成、工程制造、应用示范及标准化工作方面的研究经验和技术积累基础上撰写的，力求详尽介绍铁铬液流电池的各个关键技术及其工程应用的重点。

本书从铁铬液流电池的关键技术入手，根据研究内容进行了分析，并探讨了其工程应用的重点。第一章介绍了电化学储能的发展现状和标准现状。第二章介绍了铁铬液流电池的基本知识，包括发展历史、组成与工作原理、技术优点、相关政策，可使读者对铁铬液流电池的特点有一个基本概念。第三章介绍了铁铬液流电池的电极、不同电极材料的区别及其对电池性能的影响，并着重介绍了电极活化、改性、催化剂沉积的方法和思路。第四章介绍了铁铬液流电池的双极板、其改性方法和模拟手段，并提供模拟实例使读者更直观了解双极板改性的重要性。第五章介绍了铁铬液流电池的质子交换膜，概述了其表征手段及制备方法，便于读者对膜材料的性质有更加全面的认识。第六章介绍了铁铬液流电池电解液，从原材料出发，概述了电解液的检测表征手段，讨论了电解液物性变化对电池性能的影响。第七章介绍了铁铬液流电池电解液再平衡技术及工程应用。第八章讲述了铁铬液流电池数据驱动型智能化管控系统的实施、软件建立及工程运用。第九章概述了铁铬液流电池研究所用的模拟计算方法，并提供相关实例供读者参考分析。第十章着重介绍了铁铬液流电池工程示范发展，总结了铁铬液流电池现状、挑战和机遇。本书各章均从最新的科学研究和工程实例出发，深入浅出地讲解了最新学术进展、性能测试、研究手段与工程应用背后的科学原理，适合有一定基础的储能相关专业的学生或储能行业相关从业者参考学习使用。

本书的顺利出版，特别感谢中国石油大学（北京）金衍校长和中国科学院赵天寿院士，感谢他们提出宝贵意见并作序；也感谢张广清、李先锋、李永峰、蓝兴英、梁振兴、孙蕾、果岩等各位教授专家对铁铬液流电池的支持；感谢周天航在第八章和第九章的编写中的无私支持，其不仅深入研究了液流电池领域的数据驱动多尺度模拟应用，而且详细阐述了电子尺度、分子-离子尺度和宏观层面上电化学反应耦合流动的性质，为该领域的深化和发展作出了杰出的贡献，也为电池领域的研究提供了新的视角和方法；感谢王江云、何霆、周洋等各位教授专家对本书提供的建议与帮助；感谢研究团队中的研究生刘银萍、苑盛伟、郭超、曾森维、周睿辰、高庆潭、吕文杰、李川源、武光富、周轩等参与资料的收集与整理工作；感谢韩培玉、屈凡港、刘子玉、王和生、王博涵、易金凤、邱伟、赵润法、彭涛、郭卫薇等参与图片整理工作。本书的出版还得到了中国石油大学（北京）学术专著出版基金的资助，在此特别表示感谢。

最后，还要衷心感谢本书所引用的参考文献的作者，特别感谢中国石化出版社李芳芳编辑在本书出版过程中所付出的辛勤劳动。

因编者水平和知识积累有限，且液流电池技术发展迭代迅速，书中难免有疏漏和不妥之处，敬请读者批评指正。

中国科学院院士

2024 年 3 月 2 日

目录

第1章 电化学储能概述 …………………………………………………（ 1 ）

1.1 储能的发展 ……………………………………………………（ 1 ）

1.1.1 长时储能概述 ……………………………………………（ 4 ）

1.1.2 电化学储能的发展 ………………………………………（ 9 ）

1.2 电化学储能的应用场景 ………………………………………（ 10 ）

1.2.1 电网侧储能应用主要场景 ………………………………（ 13 ）

1.2.2 电源侧储能应用主要场景 ………………………………（ 15 ）

1.2.3 用户侧储能应用主要场景 ………………………………（ 17 ）

1.3 电化学储能产业现状 …………………………………………（ 19 ）

1.3.1 产业链现状 ………………………………………………（ 19 ）

1.3.2 部分企业现状 ……………………………………………（ 20 ）

1.3.3 项目现状 …………………………………………………（ 21 ）

1.3.4 成本分析 …………………………………………………（ 25 ）

1.4 电化学储能标准现状 …………………………………………（ 26 ）

1.4.1 标准体系 …………………………………………………（ 26 ）

1.4.2 关键标准 …………………………………………………（ 26 ）

1.4.3 国际标准化 ………………………………………………（ 28 ）

参考文献 ……………………………………………………………（ 28 ）

第2章 铁铬液流电池概述 ………………………………………………（ 29 ）

2.1 铁铬液流电池的诞生与发展 …………………………………（ 29 ）

2.2 铁铬液流电池组成及工作原理 ………………………………（ 33 ）

2.3 铁铬液流电池与国内外储能技术综合对比分析 ……………（ 35 ）

2.3.1 铁铬液流电池与国内外同类技术综合对比 ……………（ 35 ）

2.3.2 铁铬液流电池与国内外储能技术综合对比 ……………（ 44 ）

2.4 铁铬液流电池相关政策及市场预期 ……………………………（50）

2.4.1 铁铬液流电池相关政策 ………………………………（50）

2.4.2 铁铬液流电池市场预期 ………………………………（54）

参考文献 …………………………………………………………（59）

第3章 铁铬液流电池电极 ……………………………………………（63）

3.1 铁铬液流电池电极概述与发展 ………………………………（63）

3.2 铁铬液流电池电极材料 ………………………………………（69）

3.2.1 碳毡电极 ………………………………………………（70）

3.2.2 石墨毡电极材料 ………………………………………（72）

3.2.3 碳布电极材料 …………………………………………（74）

3.2.4 其他电极材料 …………………………………………（77）

3.3 铁铬液流电池电极的活化方法 ………………………………（78）

3.3.1 热处理 …………………………………………………（78）

3.3.2 湿法化学氧化法 ………………………………………（78）

3.3.3 电化学氧化法 …………………………………………（79）

3.3.4 等离子体处理 …………………………………………（79）

3.4 铁铬液流电池的电极改性方法 ………………………………（80）

3.4.1 金属元素掺杂改性 ……………………………………（82）

3.4.2 非金属元素掺杂改性 …………………………………（84）

3.4.3 高分子聚合物改性 ……………………………………（85）

3.4.4 碳纳米材料修饰 ………………………………………（86）

3.4.5 石墨烯基改性 …………………………………………（88）

3.4.6 酸刻蚀改性 ……………………………………………（89）

3.4.7 物理形态改性 …………………………………………（89）

3.5 铁铬液流电池的催化剂沉积方法 ……………………………（91）

3.5.1 碳布电极表面与催化剂表面相互作用模型 …………（91）

3.5.2 In催化剂对液流电池性能影响的研究 ………………（92）

参考文献 …………………………………………………………（93）

第4章 铁铬液流电池双极板 …………………………………………（96）

4.1 液流电池双极板概述与发展 …………………………………（97）

4.1.1 液流电池双极板的现状 ………………………………（97）

4.1.2 新型双极板材料的开发 ………………………………（101）

4.1.3　液流电池双极板制造工艺 ……………………………………（103）

4.2　双极板流道设计 ……………………………………………………（105）

4.3　铁铬液流电池流动模型 ……………………………………………（109）

4.3.1　流场结构 ………………………………………………………（109）

4.3.2　理论基础 ………………………………………………………（110）

4.3.3　模型方程 ………………………………………………………（111）

4.3.4　边界条件 ………………………………………………………（112）

4.4　模拟结果分析 ………………………………………………………（113）

4.4.1　不同流道结构下的速度分布 …………………………………（113）

4.4.2　不同流道结构的压力分布 ……………………………………（116）

参考文献 ……………………………………………………………………（139）

第5章　液流电池质子交换膜 …………………………………………（141）

5.1　质子交换膜概述 ……………………………………………………（141）

5.2　液流电池质子交换膜 ………………………………………………（143）

5.3　液流电池质子交换膜分类 …………………………………………（144）

5.3.1　全氟磺酸质子交换膜 …………………………………………（144）

5.3.2　C、H非氟离子膜 ……………………………………………（158）

5.4　膜的评价参数 ………………………………………………………（162）

5.4.1　离子交换容量测定 ……………………………………………（163）

5.4.2　含水率的测定 …………………………………………………（164）

5.4.3　溶胀度的测定 …………………………………………………（164）

5.4.4　溶解度测试 ……………………………………………………（165）

5.4.5　力学性能测试 …………………………………………………（165）

5.4.6　热重分析 ………………………………………………………（165）

5.4.7　化学稳定性 ……………………………………………………（166）

5.4.8　X射线衍射分析 ………………………………………………（166）

5.4.9　红外光谱分析 …………………………………………………（166）

5.4.10　制膜液黏度测定 ……………………………………………（167）

5.5　膜的制备方法 ………………………………………………………（167）

5.5.1　熔融挤出法 ……………………………………………………（168）

5.5.2　溶液流延法 ……………………………………………………（169）

5.5.3　溶液钢带流延法 ………………………………………………（170）

参考文献 ·· (171)

第6章 液流电池电解液 ·· (173)

6.1 铁铬液流电池铁、铬概况 ···································· (173)

6.1.1 铬资源概况 ·· (173)

6.1.2 铬盐生产工艺 ·· (174)

6.1.3 铁资源概况 ·· (178)

6.1.4 铁盐生产工艺 ·· (180)

6.2 铁铬液流电池电解液 ·· (183)

6.2.1 铁铬液流电池电解液老化 ···························· (183)

6.2.2 Fe^{3+}/Fe^{2+} 和 Cr^{3+}/Cr^{2+} 混合电解液 ·········· (183)

6.2.3 铁铬液流电池电解液改善 ···························· (185)

6.2.4 铁铬液流电池电解液再平衡技术 ·················· (189)

6.2.5 铁铬液流电池电解液未来发展 ····················· (190)

6.3 铁铬液流电池电解液浓度 ·································· (191)

6.4 铁铬液流电池电解液滴定测试 ··························· (192)

6.4.1 术语和定义 ·· (192)

6.4.2 通用要求 ··· (193)

6.4.3 抽样要求 ··· (193)

6.4.4 测试方法 ··· (193)

6.5 液流电池电解液表征方法 ·································· (202)

6.5.1 核磁共振光谱学 ··· (202)

6.5.2 紫外光可见分光光谱法 ································· (203)

6.5.3 红外和拉曼光谱图 ·· (204)

6.5.4 质谱分析 ··· (204)

6.5.5 原子光谱分析 ·· (205)

6.5.6 电子自旋共振光谱 ·· (205)

6.5.7 氧化还原滴定 ·· (205)

6.5.8 元素分析 ··· (206)

6.6 铁铬液流电池电解液工程化现状 ······················· (206)

参考文献 ·· (209)

第7章 液流电池再平衡 ·· (210)

7.1 再平衡技术的提出 ··· (210)

7.2　再平衡技术发展 ···（211）

7.3　铁铬液流电池再平衡技术 ···（213）

　　7.3.1　现有再平衡技术 ···（215）

　　7.3.2　低成本充电型再平衡系统的提出 ·······························（218）

7.4　全铁液流电池再平衡技术 ···（219）

　　7.4.1　再平衡技术实现要素 ··（220）

　　7.4.2　再平衡技术优点 ··（221）

7.5　再平衡实验 ···（221）

　　7.5.1　再平衡实验设计 ··（221）

　　7.5.2　氯气吸收实验 ··（228）

　　7.5.3　再平衡实验数据 ··（231）

　　7.5.4　再平衡电堆布局图 ··（234）

参考文献 ···（236）

第 8 章　开展数据驱动型智能化管控系统应用于铁铬液流电池 ···········（237）

8.1　基于自动化、智能化控制技术的铁铬液流电池系统数据采集和
　　控制装置 ···（237）

8.2　基于精确健康状态算法的电解液智能化再平衡装置 ···················（241）

8.3　适配铁铬液流电池长时储能的集成化、智能化管控系统 ···············（250）

第 9 章　液流电池模拟计算 ···（254）

9.1　机器学习 ···（254）

　　9.1.1　决策树 ··（256）

　　9.1.2　支持向量机 ··（258）

　　9.1.3　人工神经网络 ··（260）

9.2　Comsol ··（262）

　　9.2.1　Comsol 软件简介 ···（262）

　　9.2.2　Comsol 软件使用 ···（262）

　　9.2.3　Comsol 在液流电池方面的应用 ··································（262）

　　9.2.4　Comsol 铁铬液流电池模型求解给定入口浓度下的稳态案例

　　　　···（265）

9.3　分子模拟 ···（277）

　　9.3.1　分子动力学简介 ··（277）

　　9.3.2　MD 模拟基本理论 ···（279）

9.3.3　MD 模拟常用软件 ⋯⋯⋯⋯⋯⋯⋯⋯⋯⋯⋯⋯⋯（284）

9.3.4　MD 模拟主要步骤 ⋯⋯⋯⋯⋯⋯⋯⋯⋯⋯⋯⋯（285）

9.3.5　基于分子动力学的理论计算 ⋯⋯⋯⋯⋯⋯⋯（286）

9.4　原子方法 ⋯⋯⋯⋯⋯⋯⋯⋯⋯⋯⋯⋯⋯⋯⋯⋯⋯⋯⋯（287）

9.4.1　密度泛函理论简介 ⋯⋯⋯⋯⋯⋯⋯⋯⋯⋯⋯⋯（287）

9.4.2　DFT 常用计算软件 ⋯⋯⋯⋯⋯⋯⋯⋯⋯⋯⋯（291）

9.4.3　基于 DFT 的第一性原理计算在液流电池方面的应用 ⋯（292）

9.5　经验模型 ⋯⋯⋯⋯⋯⋯⋯⋯⋯⋯⋯⋯⋯⋯⋯⋯⋯⋯⋯（294）

9.6　等效电路模型 ⋯⋯⋯⋯⋯⋯⋯⋯⋯⋯⋯⋯⋯⋯⋯⋯⋯（295）

9.7　集总参数模型 ⋯⋯⋯⋯⋯⋯⋯⋯⋯⋯⋯⋯⋯⋯⋯⋯⋯（296）

9.8　机理模型 ⋯⋯⋯⋯⋯⋯⋯⋯⋯⋯⋯⋯⋯⋯⋯⋯⋯⋯⋯（297）

参考文献 ⋯⋯⋯⋯⋯⋯⋯⋯⋯⋯⋯⋯⋯⋯⋯⋯⋯⋯⋯⋯⋯⋯（300）

第 10 章　工程示范及项目发展 ⋯⋯⋯⋯⋯⋯⋯⋯⋯⋯⋯⋯（301）

10.1　示范装置简介及架构 ⋯⋯⋯⋯⋯⋯⋯⋯⋯⋯⋯⋯⋯（301）

10.2　设计原则 ⋯⋯⋯⋯⋯⋯⋯⋯⋯⋯⋯⋯⋯⋯⋯⋯⋯⋯（302）

10.2.1　设计思路 ⋯⋯⋯⋯⋯⋯⋯⋯⋯⋯⋯⋯⋯⋯⋯（302）

10.2.2　设计技术 ⋯⋯⋯⋯⋯⋯⋯⋯⋯⋯⋯⋯⋯⋯⋯（303）

10.2.3　设计内容 ⋯⋯⋯⋯⋯⋯⋯⋯⋯⋯⋯⋯⋯⋯⋯（304）

10.2.4　设计要求 ⋯⋯⋯⋯⋯⋯⋯⋯⋯⋯⋯⋯⋯⋯⋯（305）

10.3　实现的目标及主要技术经济指标 ⋯⋯⋯⋯⋯⋯⋯（307）

10.4　发展现状与挑战 ⋯⋯⋯⋯⋯⋯⋯⋯⋯⋯⋯⋯⋯⋯⋯（308）

10.5　技术成熟度分析 ⋯⋯⋯⋯⋯⋯⋯⋯⋯⋯⋯⋯⋯⋯⋯（309）

10.5.1　产品市场分析 ⋯⋯⋯⋯⋯⋯⋯⋯⋯⋯⋯⋯⋯（309）

10.5.2　全自动化电堆装配技术 ⋯⋯⋯⋯⋯⋯⋯⋯⋯（311）

10.5.3　对本行业及相关行业科技进步的推动作用 ⋯（312）

10.6　交付项目 ⋯⋯⋯⋯⋯⋯⋯⋯⋯⋯⋯⋯⋯⋯⋯⋯⋯⋯（312）

10.7　发展与展望 ⋯⋯⋯⋯⋯⋯⋯⋯⋯⋯⋯⋯⋯⋯⋯⋯⋯（313）

第 1 章　电化学储能概述

1.1　储能的发展

随着社会的发展，环境污染不断加剧，寻找低污染、高节能的技术是当务之急。化学储能可以减少温室气体的排放，减少石油能源消耗，从根本上减少了环境的污染，保护了环境。

中国工程院院士陈立泉曾指出"储能是能源互联网基础"。能源互联网是由美国学者杰里米·里夫金（Jeremy Rifkin）于 2011 年在其著作《第三次工业革命》中提出的概念，其是基于可再生能源的分布式开放共享网络。具体来说，它需要利用先进的电力/电子技术＋信息技术＋智能管理技术，将分布式能量采集装置、储存装置和负载互联起来，实现能量的相互流动。为便于理解，可以把分布式可再生能源比作水源，把电网比作水路网络，储能就像是增加互联水路网络间弹性的水缸、水池、水库，让能源在时空转换上有基础，有效平衡互联电路网络间的供需关系。

随着"碳达峰碳中和"能源发展目标的提出，"可再生能源＋储能"被认为是实现这一愿景的主要途径。由于风力发电、光伏发电等可再生电力的间歇性和随机性，这些电能大规模并入电网将给电网的安全、稳定运行带来严重冲击。因此，急需大规模储能技术，特别是长时储能技术，来实现电网的削峰填谷，进而提高电网对可再生能源发电的消纳能力，解决弃风、弃光等问题，助力"碳达峰碳中和"目标实现[1]。如图 1-1 所示，用电规律随时间变化具有周期性，合理地、有计划地安排和组织储能系统充放电，以降低负荷高峰、填补负荷低谷，是实现电量平稳使用的关键。

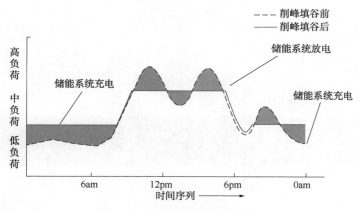

图 1-1　削峰填谷示意图

图 1-2 介绍了已开发的各种储能技术及其适用范围，例如，锂离子电池适用于小型电子设备、电动汽车和家庭储能系统等；钠硫电池适用于大规模储能系统，如电网调峰等；液流电池适用于长时储能系统，如太阳能和风能发电的储能系统；压缩空气储能适用于大规模储能系统，如电网调峰等；燃气储能适用于大规模储能系统，如电网调峰等；超级电容器适用于短时储能系统，如电动汽车和电子设备等。

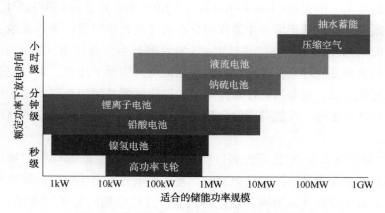

图 1-2　已开发的各种储能技术及其适用范围

储能是实现国家"双碳"目标的关键支撑技术，是可再生能源发展的"最后一公里"。党的二十大报告中指出：积极稳妥推进碳达峰碳中和，立足我国能源资源禀赋，坚持先立后破，有计划分步骤实施碳达峰行动。国家发改委、国家能源局印发的《"十四五"新型储能发展实施方案》中指出，国家新型储能是构建新型电力系统的重要技术和基础装备，是实现"碳达峰碳中和"目标的重要支撑，也是催生国内能源新业态、抢占国际战略新高地的重要领域。到 2025 年，新型储能由商业化初期步入规模化发展，具备大规模商业化应用条件，包括新型储能技术创新能力显著提高，核心技术装备自主可控水平大幅提升，标准体系基本完善，产业体系日趋完备，市场环境和商业模式基本成熟。

2023 年 1 月 6 日，国家能源局综合司发布关于公开征求《新型电力系统发展蓝皮书(征求意见稿)》意见的通知，以 2030 年、2045 年、2060 年为新型电力系统构建战略目标的重要时间节点，制定新型电力系统"三步走"发展路径，即加速转型期(当前至 2030 年)、总体形成期(2030—2045 年)、巩固完善期(2045—2060 年)，有计划、分步骤推进新型电力系统建设的"进度条"。同年 1 月 10 日，国家发改委发布《关于进一步做好电网企业代理购电工作的通知》，通知中提到，各地要适应当地电力市场发展进程，鼓励支持 10kV 及以上的工商业用户直接参与电力市场，逐步缩小代理购电用户范围。

2023 年 1 月 17 日，工业和信息化部等六部门发布《关于推动能源电子产业发展的指导意见》，意见要求引导太阳能光伏、储能技术及产品各环节均衡发展，避免产能过剩、恶性竞争。要求促进"光、储、端、信"深度融合和创新应用，把握数字经济发展趋势和规律，加快推动新一代信息技术与新能源融合发展，积极培育新产品、新业态、新模式，开发安全经济的新型储能电池，加强新型储能电池产业化技术攻关，推进先进储能技术及产品规模化应用。同时要求研究突破超长寿命高安全性电池体系、大规模大容量高效储能、交通工具移动储能等关键技术，加快研发固态电池、钠离子电池、氢储能/燃料电池等新型电池。

2023 年 1 月 18 日，国家能源局印发《2023 年能源监管工作要点》，其中与储能相关的监管要点主要体现在两方面：一是电力市场监管，进一步发挥电力市场机制作用，充分发挥市场在资源配置中的决定性作用，有效反映电力资源时空价值，不断扩大新能源参与市场化交易规模，不断缩小电网企业代理购电范围，推动更多工商业用户直接参与交易。加快推进辅助服务市场建设，建立电力辅助服务市场专项工作机制，研究制定电力辅助服务价格办法，建立健全用户参与的辅助服务分担共享机制，推动调频、备用等品种市场化，不断引导虚拟电厂、新型储能等新型主体参与系统调节。二是储能安全监管，研究新型电力系统重大安全风险及管控措施，完善电网运行方式分析，探索推进"源网荷储"协同共治。不断提高电力工程施工现场安全管理水平，加强对火电、新能源、抽水蓄能、储能电站、重要输变电工程等项目(图 1-3)"四不两直"督查检查，规范电力建设工程质量监督工作，并着力防范遏制重大施工安全事故。

图 1-3　国家电力能源配置项目

中国储能市场在未来几年内的快速发展将会推动储能装机规模快速增长。根据市场保守估计，全球储能装机规模将增长至少 5 倍，到 2025 年有望突破 1000GW·h，到 2030 年有望达到 2500GW·h 以上。

1.1.1　长时储能概述

2021 年，美国能源部在长时储能(LDES)的相关报告中提到，把至少可连续放电时间为 10h，使用寿命在 15~20 年的储能定义为长时储能。目前，国内通用的长时储能定义标准是：连续放电时间不低于 4h 的储能技术；30min~4h 为中时储能；更短的则为短时储能。在新能源加速并网的过程中，因新能源供电的不稳定性，所以对电网的消纳能力提出了更高要求。为了更好地应对时间轴上的波动、平衡季度间的能量缺口，长时储能需求爆发。

长时储能系统被定义为任何可以竞争性满足长期存储能源的技术，并且满足经济性扩大规模以维持数小时、数天甚至数周的电力供应，为碳中和作出重大贡献。而存储能量可以通过多种不同的方法来实现，其中包括机械储能、热储能、电化学储能或化学储能等。

对我国来说，长时储能的发展是循序渐进的，并且正在逐步向产业化降本过渡，如图 1-4 所示，我国将风光发电量作为划分点，长时储能发展主要分为三个阶段。

① 2021 年以前：长时储能技术发展的战略窗口期，该阶段的储能主力仍为原有的存量机组，而抽水蓄能等项目还在规划建设中，此时长时储能出现，弥补主流技术的不足；

② 2025—2030 年：长时储能技术产业化的降本时期，该阶段除已经稳定使用的存量机组以外，还逐步投入运营大量的抽水蓄能项目，同时对未来的新型储能时长也提出了更高要求；

③ 2030 年以后：传统储能方式受限，不再符合新型电力系统的要求，长时储能等新技术将替代传统储能方式成为时代主流。

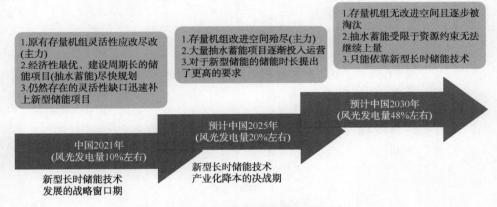

图 1-4 我国长时储能的发展计划

对于长时储能，4h 储能时长在储能中广受欢迎。追溯储能发展历史，4h 储能适合炎热的夏季，适配短需求高峰，储能与低成本的太阳能相互补充。因此市场鼓励 4h 储能时长，不鼓励更长的储能时长。一些地区采用固定的"4h 容量规则"，因此，2021 年和 2022 年约 40% 的新建储能容量都是 4h。

高峰容量用于满足夏季的需求，或在某些地区，在极端寒冷时期，当需求远高于平均水平时，调峰能力通常由简单循环燃气轮机、老式燃气蒸汽发电厂或内燃发电机提供。选择这些技术是源于其低成本，由于使用率较低，燃料和其他可变成本便不那么重要了。随着这些电厂的退役以及冬季和夏季高峰期需求的增加，不断需要新的调峰能力，而长时储能成本的持续下降也增加了其相对于传统能源的竞争力。

对于长时储能的价值研究表明，大部分潜在价值可以通过相对较短的持续时间存储来捕获。图 1-5 显示了储能时长与 40h 储能相比，其潜在价值随持续时间变化的比例[2]。在本例中，使用近几年的历史价格模拟了几个市场区域的储能收入。虽然绝对值因地点和传输限制等因素而有很大差异，但作为持续时间函数的值，总趋势是相似的。第一小时的储能具有最高价值，因为它是套利市场价格的最大价差。随后的每小时都在套利一个小很多的价差。其中灰色曲线（上）代表储能时长相比 40h 储能最高潜在价值比例；黑色曲线（下）则代表储能时长相比 40h 储能最低潜在价值比例。在灰色曲线上 4h 储能时长获得了 40h 储能所能获得的价值的 70% 以上。并且，即使是在黑色曲线上 4h 储能时长也获得了 40h 储能所能获得的价值的 60% 以上。由此来看，4h 储能的发展潜力巨大。

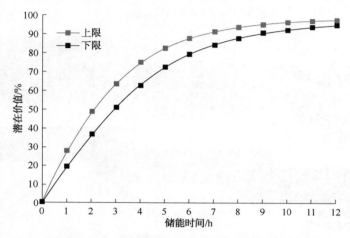

图 1-5 储能时长与 40h 储能相比，潜在价值随持续时间的变化

目前我国储能事业正处于蓬勃发展时期，各类储能技术不断涌现，其中主要的长时储能技术可以分为机械储能、化学储能、热储能以及氢储能四大类。

（1）机械储能

在机械储能中，抽水蓄能应用广泛，应用历史悠久。图 1-6 为抽水蓄能电站示意图，抽水蓄能有上、下两个水库，储能时用电能抽水至上水库，将电能转换为重力势能；发电时放水至下水库推动水轮机，将重力势能转换为电能。抽水蓄能电站建设规模大、建设周期长，属于电力系统"大型充电宝"。当前抽水蓄能电站单机容量在 300~400MW，总装机容量在 300~3600MW，储能时长在 4~10h。如装机容量世界第一的河北丰宁抽水蓄能电站[3]，其总装机容量在 3600MW，12 台机组满发利用小时数为 10.8h。

（2）化学储能

化学储能主要是各种储能型电池，在长时储能中，液流电池由于具有长寿命、高安全性等特点而被广泛应用。如今商业化大规模应用的液流电池主要有全

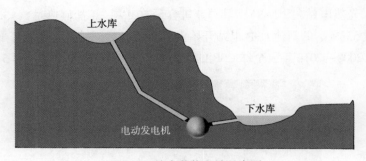

图 1-6 抽水蓄能电站示意图

钒液流电池、锌基液流电池、铁铬液流电池等。液流电池是一种新型、高效的电化学储能装置。由图 1-7 可以看出，电解质溶液存储在电池外部的电解液储罐中，电池内部正负极之间由质子交换膜分隔成相互独立的两室（正极侧与负极侧），电池工作时正负极电解液由各自的送液泵通过各自反应室循环流动，参与电化学反应。当前液流电池装机容量在 10~100MW，储能时长一般在 2~6h。百兆瓦级大连液流电池储能调峰电站，其一期总装机容量在 100MW，储能时长在 4h[4]。

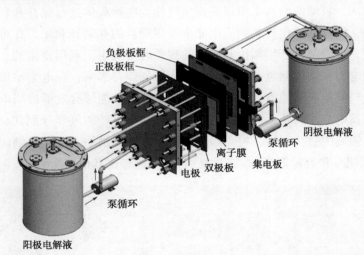

图 1-7 液流电池示意图

（3）热储能

使用最广泛的热储能技术是熔盐与聚光太阳能（CSP）发电设施相结合的技术。熔盐储热通过加热熔盐实现能量存储，白天阳光强烈时，可通过 CSP 收集热量加热熔盐，释放能量时高温熔盐换热产生高温高压蒸汽推动汽轮机发电。当前熔盐储热装机容量在 10~100MW，储能时长一般为 5~15h。如中国能建投资建设的哈密塔式光热电站(图 1-8),其总装机容量 50MW,熔盐储热时长 13h。2018 年全球有超过 550MW 的新建 CSP 电站开始投入商业运营,并且大多数都配备了熔盐储热系统;2008—2018 年,全球 CSP 的装机容量从 0.5GW 快速增长到 5.5GW[5]。

图 1-8　中国能建投资建设的哈密塔式光热电站

（4）氢储能

氢储能技术是利用了电-氢-电互变性而发展起来的。图 1-9 是氢储能系统的整体运作图。氢储能的基本原理是将氢气作为能量载体进行储存和释放,通过氢气的制备、储存和转化为热能或电能来实现能量的存储和利用。在可再生能源发电系统中,电能间歇产生和传输被限的现象时有发生,利用富余的、非高峰的或低质量的电力大规模制氢,将电能转化为氢能储存起来;在电力输出不足时使氢气通过燃料电池或其他方式转换为电能输送上网,能够有效解决当前模式下的可再生能源发电并网问题,同时也可以将此过程中生产的氢气分配到交通、冶金等其他工业领域中直接利用,提高经济性。在新能源消纳方面,氢储能在放电时间(小时至季度)和容量规模(百吉瓦级别)上的优势比其他储能明显。

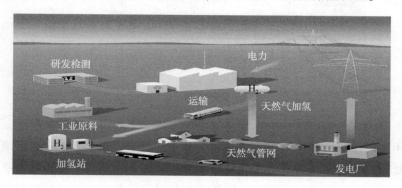

图 1-9　氢储能运作示意图

采用化学链储氢，氢能以化学链的形式储存，转化效率可达约 70%，储能时长可以年计；采用固态储氢、有机液态储氢等方式，储能时长可按月计。根据 2019 年的预测，到 2050 年，氢气将占欧洲最终能源需求的 24%，并创造 540 万个就业岗位[6]。此外，2021 年下半年天然气和其他化石燃料的空前价格，更加巩固了氢能源在欧洲的发展地位。如图 1-10 所示，氢储能系统主要包括三个部分：制氢系统、储氢系统、氢发电系统。该系统基于电能链和氢产业链两条路径实现能量流转，提升了电网电能质量与氢气的附加价值。

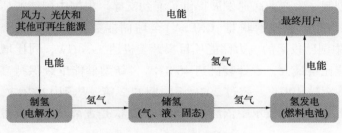

图 1-10 氢储能系统图

1.1.2 电化学储能的发展

随着新能源产业的发展，电化学储能为主的新型储能全球累计装机容量有望从 2021 年的 51GW·h 增长为 2025 年的 700GW·h，2025 年新增电力储能装机容量有望超过 300GW·h。目前，各省(市)均出台了新能源按比例 5%~20% 强制配置储能的政策，然而，根据未来负荷发展和电源装机结构预计，2030 年供电充裕度仍存在 90GW 的缺口，储能总投资需求将达到万亿级别。电力系统供电充裕是提升平稳新能源发电的强烈要求，也是发展低成本、大规模长时储能的首要需求。

电化学储能是利用电化学反应装置，通过电化学反应实现化学能与电能之间的相互转换，实现电能的大规模储存和释放。电化学储能技术根据储能电池种类的不同，既可适用于发电端储能需求，又可适用于输配电及用户端储能需求，是近年来电力储能行业发展的重点。寻求本征安全的水系液流电池，并进一步提升电池能量效率，降低电池运行成本，是电池大规模推广与应用的先决条件。

近年来，电化学储能快速发展，2018 年是中国电化学储能发展的分水岭，市场呈现爆发式增长态势，新增电化学储能装机功率规模高达 682.9MW，同比增长 500%。2021 年，电化学储能新增装机规模为 1844.6MW，累计装机功率达到 5113.8MW，增速较 2020 年略有降低，但仍然保持 50% 以上的高增长。2022

年上半年并网、投入运行的电化学储能项目 51 个，装机总规模为 391.697MW/919.353MW·h。但是，目前还没有可以与不断增长的可再生能源装机容量相匹配的低成本、大规模液流电池长时储能技术。大容量储能技术的成熟将启动电力系统"发、配、输、用"之后的第五个价值链"储"，彻底改变电力行业没有足够存储能力的生态，提高电力系统安全性，降低社会能源使用成本。

2022 年，中国储能产业继续保持高速发展态势。支持储能的政策体系不断完善，储能技术取得重大突破，全球市场需求旺盛，各类商业模式持续改善，储能标准加快创制，为产业高速发展提供了强劲支撑。根据中国能源研究会储能专委会/中关村储能产业技术联盟（CNESA）全球储能数据库的不完全统计，截至 2022 年底，中国已投运的电力储能项目累计装机达 59.4GW，同比增长 37%。其中，抽水蓄能比重最大，累计装机达 46.1GW，新型储能继续保持高增长，累计装机规模首次突破 10GW，超过 2021 年同期的 2 倍，达到 12.7GW。如图 1-11 所示，抽水蓄能在储能技术中依然占比最高，其次是锂离子电池，液流电池占比较小。

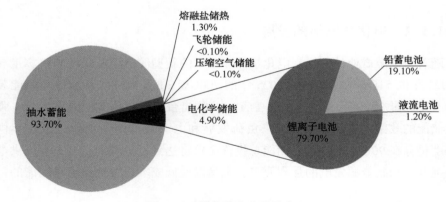

图 1-11　储能技术分类及占比

1.2　电化学储能的应用场景

"双碳"目标下，加快构建新型电力系统是必然趋势，也是一项长期的任务。近年来，我国把促进新能源和清洁能源发展放在更加突出的位置。2023 年 3 月，我国非化石能源发电装机容量首次超过 50%。储能作为构建新型电力系统的重要支撑，对改善新能源电源系统友好性、改善负荷需求特性、推动新能源大规模高质量发展具有关键作用。根据 2023 年 3 月国家电化学储能电站安全监测信息平台发布的《2022 年度电化学储能电站行业统计数据》(以下简称"中电联统计数据")报告显示，2022 年电化学储能电站平均运行系数为 0.17(相当于平均每天运行 4.15h、年平均运行 1516h)、平均利用系数为 0.09(相当于平均每天利用 2.27h、年平均利用 829h)，电化学储能电站发展呈现出蓄势待发的态势。受政策和市场化机制的影响，截至 2022 年底，我国电源侧、电网侧、用户侧储能累计投运占比分别为 48.40%、38.72%、2.88%，不同应用场景的电化学储能发展差异较大。我国电力应用系统模式如图 1-12 所示。

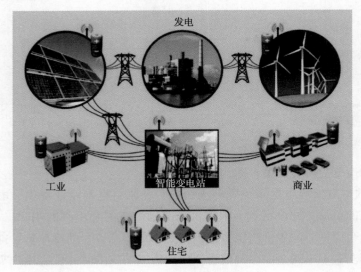

图 1-12 电力应用系统

加强全社会用电管理，综合采取合理可行的技术和管理措施，电力需求侧管理尤为重要，优化配置电力资源，在用电环节实施需求响应、节约用电、绿色用电、电能替代、智能用电、有序用电，可以推动电力系统提效降耗。图 1-13 是电力系统运行关系图，其中发电厂为用户提供电力，引导价格；发电厂与运营商紧密合作调频调峰、削峰填谷；运营商确保用户用电和发电厂之间的供需平衡。同时，国家根据用户向市场的反馈制定相关政策标准。

深化电力需求侧管理，充分挖掘需求侧资源，对推动"源网荷储"协同互动、保障电力安全稳定运行、助力新型电力系统和新型能源体系建设具有重要意义。

① 在供冷供热方面，需求响应可以通过提前制冷和制热来避免峰值用电，从而获得额外的补贴。例如，在高温季节，可以提前使建筑物制冷，将空调负荷分散到非峰值时段，以减轻电力系统的负荷压力。

② 对于充电桩，需求响应可以利用价格引导用户，在高峰期采取更高的充

电价格，以鼓励用户避开高峰时段进行充电。使用手机应用程序等方式，可以引导用户在低峰期进行充电，以平衡电力系统的负荷。

③ 负荷聚合商（由需求响应发展而新生的服务企业）通常扮演着主导角色，他们可以是售电公司或设备厂商。他们负责组织和协调参与需求响应的用户，并将他们的集合负荷提供给电力市场。

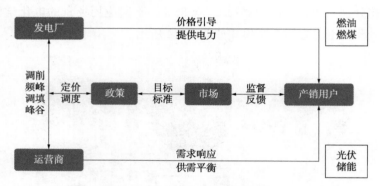

图 1-13　电力系统运行关系图

需求响应分为两种类型：邀约型和实时型。

① 邀约型需求响应是需要提前预约的，补贴由电网企业提供。电网企业需要稳定可控的负荷，并设定上下限单价来奖励参与削峰填谷的用户。一般而言，削峰的单价会比填谷的单价高出数倍，例如，在广东省，削峰单价可能会是填谷单价的 5 倍左右。电网企业会提前通知用户需求响应的时间段，用户需要在前一天的 11 点到 15 点之间确定是否参与，并在当天执行。如果用户未能达到要求的需求响应比例，将失去相应的补贴资格。

② 实时型需求响应是当天发出邀请并获得响应。某些地区已经开始实施实时型需求响应，但尚未形成标准产品。实时型需求响应的补贴价格根据实际市场需求变化，可以是固定的高价格或全年统一的价格。例如，广东省的补贴大约为 1.5 元/kW·h，而云南省在 2023 年推出的政策是 2.5 元/kW·h 的固定补贴。

需求响应作为虚拟电厂与人工智能相结合的一种方式，可以通过利用先进的技术和算法来实现对电力需求的智能调控。这种方式可以使电力系统更加灵活、高效，并最大限度地利用可再生能源等清洁能源资源。

需求响应作为虚拟电厂与人工智能相结合的方式，具有以下特点和规定：

① 虚拟电厂：需求响应可以将多个分散的、离散的负荷进行集中管理，形成一个虚拟电厂。通过使用人工智能技术，可以对这些负荷进行智能调度和优化，以实现对电力需求的灵活控制。

② 智能：人工智能技术可以对大量的数据进行分析和预测，从而更加精确地预测未来的负荷需求，并根据需求情况制定相应的响应策略。通过机器学习和自适应算法，人工智能可以不断学习和优化，以提高需求响应的效果和精度。

③ 方式：在需求响应中，电网企业、电力用户或电力需求侧管理服务机构会根据实际需求向参与者发出邀约，要求他们在特定的时间段内减少或增加用电负荷。参与者可以根据邀约进行调整，在特定时间范围内实施需求响应。

④ 获益方式：参与需求响应的用户可以获得补贴或奖励。具体的补贴规定因地区和政策而异，可以是固定金额、按照减少负荷比例计算补贴或其他形式，获益方式也可能与能源市场交易挂钩，根据实际参与程度和效果进行结算。

⑤ 标准：需求响应的执行遵循国家发改委电力需求管理办法的相关规定。这些规定包括对参与者资格的门槛要求、行为准则、补贴标准、预约和执行流程等方面的规定，不同地区和国家可能会有不同的具体规定和标准。

需求响应作为一种灵活的电力需求管理方式，通过虚拟电厂和人工智能的结合，可以提高能源利用效率，降低系统峰值负荷，促进清洁能源发展，并为参与者带来经济和环境双重效益。在实践中，需求响应的具体实施方式和规定可能会因地区、市场条件和政策要求而有所不同。

1.2.1 电网侧储能应用主要场景

电网侧储能通常是指服务电力系统运行，以协助电力调度机构向电网提供电力辅助服务、延缓或替代输变电设施升级改造等为主要目的建设的储能电站。中电联统计数据表明，截至 2022 年底，电网侧储能在建 55 座、装机 4.08GW/7.52GW·h，累计投运 78 座、装机 2.44GW/5.43GW·h，同比增长 165.87%。电网侧储能主要的应用场景包括独立储能（包括共享储能等）、替代型储能（包括变电站、移动电源车等），其中独立储能累计投运总量在电网侧储能电站累计投运总量中占比接近 90%，电网侧储能应用主要场景对比见表 1-1。

表 1-1 电网侧储能应用主要场景对比

项目	独立储能	替代型储能
定义	以独立主体身份直接与电力调度机构签订并网调度协议，纳入电力并网运行及辅助服务管理的储能电站	延缓或替代电网输变电设备的储能电站

项目	独立储能	替代型储能
建设地点	建设地点较为灵活，可根据具体的需求和应用场景而定	电网侧的关键节点，负荷中心地区临时性负荷增加地区、阶段性供电可靠性需求提高地区等
主要作用	调峰、调频；系统备用；辅助服务	延缓输配电扩容升级、替代偏远地区基本供电、替代保障供电等
收益方式	电力辅助服务收益、电力现货交易收益、容量租赁收益等	电力辅助服务将替代型储能设施成本收益纳入输配电价回收等

（1）独立储能

截至 2022 年底，独立储能在建 48 座、装机 3.82GW/7.19GW·h，累计投运 64 座、装机 2.10GW/4.86GW·h，同比增长 159.13%。受政策影响各地区装机差异较为明显，山东、湖南、宁夏、青海、河北的独立储能装机率较高，累计总量占独立储能总量的 74.29%。2022 年，独立储能平均运行系数 0.13（相当于平均每天运行 3.03h、年平均运行 1106h）、平均利用系数 0.07（相当于平均每天利用 1.61h、年平均利用 586h），略低于电化学储能平均水平（2022 年电化学储能电站平均运行系数为 0.17、平均利用系数为 0.09）。

在国家政策方面鼓励发展独立储能，全国约有 20 个省份出台了支持独立储能发展的相关政策，部分省份通过规划建设独立储能示范项目、鼓励配建储能转为独立储能支持独立储能发展。鼓励新能源共享租赁，山东、河南、贵州、宁夏、广西、新疆等地将新能源企业租赁储能容量视为配建容量，容量租赁指导价格在 160~300 元/(kW·a)，其中广西明确已通过容量租赁模式配置储能的市场化并网新能源项目，暂不参与调峰辅助服务费用分摊。鼓励参与电力现货交易，山东、山西、甘肃、青海、广东等 5 个省份明确了独立储能参与现货市场的规则细则。鼓励参与辅助服务市场，全国有 20 个省份明确了储能参与电力辅助服务规则，主要交易品种调峰、调频。给予储能补贴支持，江苏、山西、河南、广东等 10 余个省份出台了补贴支持政策，补贴方式包括投资补贴、放电补贴、容量补贴等。

（2）替代型储能

截至 2022 年底，替代型储能在建 7 座、装机 0.26GW/0.33GW·h，累计投运 14 座、装机 0.33GW/0.58GW·h，同比增长 239.64%。2022 年，替代型储能平均运行系数 0.15（相当于平均每天运行 3.61h、年平均运行 1318.5h）、平均利用系数 0.14(相当于平均每天利用 3.37h、年平均利用 1232h)，运行情况优于电化学储能平均水平。国家及地方相继出台了鼓励政策，鼓励在关键节点(电网末端及偏远地区等)建设替代型储能设施。目前已有约 20 个省份出台了探索将电网替代型储能设施成本收益纳入输配电价回收等政策。

（3）发展趋势

随着新型电力系统建设逐步加快，受极端天气的影响变大以及新能源装机比例增加，考虑电网安全稳定运行实际需要，电网侧储能以电网互动友好型并具备清晰商业模式的为主。从技术上考虑适宜建设大型电网侧储能的选择有限，结合区域内市场化机制，新能源、电网及负荷特点可以大致推算出适合建设的位置，优质资源区企业投资积极性较强。与此同时也应注意到电网侧储能发展仍存在投资回收机制有待进一步健全的问题。一是共享储能全面落地尚需时间，共享储能通过模式创新，为储能降本增收提供了思路，但目前各地项目规划较多，实际投运较少，实际租赁情况、辅助服务调用情况等需要进一步明确保障机制，在获得稳定收入方面还存在风险。二是储能参与电力现货市场还处于初步探索阶段，目前只有山东 12 个电站开展了相关实践，其规模化发展还依赖各地市场机制的完善及相关技术的突破。三是辅助服务收益无法达到预期值，目前电力辅助服务费还只能在发电电源间实行"零和博弈"，成本难以有效疏导至电力用户，同时调峰等辅助服务补偿价格普遍不高，独立储能收益难以保障。四是电网侧替代型储能界定不明，电网侧替代型储能电价政策尚处于研究探索阶段，储能成本纳入输配电成本缺乏核定标准。以上这些因素在一定范围内影响了电网侧储能的实际应用和企业投资的积极性。

1.2.2　电源侧储能应用主要场景

电源侧储能通常是指与常规电厂、风电场、光伏电站等电源厂站相连接，以平滑新能源功率曲线、促进新能源消纳、提升火电机组涉网性能等为目的建设的储能电站。中电联统计数据表明，截至 2022 年底，电源侧储能在建 211 座、装机 7.50GW/21.27GW·h，累计投运 263 座、装机 3.97GW/6.80GW·h，同比增长 131.81%。电源侧储能常见的应用场景包括新能源配储、火电配储等，其中新能源配储电站累计投运总能量占电源侧的比例超过 80%，电源侧储能应用主要场景对比见表 1-2。

表1-2　电源侧储能应用主要场景对比

项目	新能源配储	火电配储
建设地点	光伏、风电、水电等新能源场站	火电厂(含供热机组)
主要作用	平滑控制新能源发电、跟踪发电计划、提高新能源消纳	提升火电机组调频能力
收益方式	存储新能源弃电、减少偏差费用	参与辅助服务市场交易

（1）新能源配储

截至2022年底，新能源配储在建193座、装机6.92GW/20.19GW·h，累计投运207座、装机2.82GW/5.50GW·h，同比增长150.15%。受新能源配储政策要求影响，各地装机差异较大，山东、内蒙古、西藏、新疆、青海等省区新能源配储装机率较高。2022年，新能源配储平均运行系数0.06(相当于平均每天运行1.44h、年平均运行525h)、平均利用系数0.03(相当于平均每天利用0.77h、年平均利用283h)，新能源配储运行情况远低于电化学储能平均水平(2022年电化学储能电站平均运行系数为0.17、平均利用系数为0.09)。

受新能源配储政策影响，新能源配储装机比例持续提高。一是鼓励或强制新能源配储，自2021年以来，全国27个省份发布了新能源配储政策，其中22个省份明确了新能源配储比例，整体的比例要求在5%~30%、储能时长要求在1~4h。二是给予储能补贴支持，浙江、青海、四川、重庆等11个省市发布了新能源配储补贴政策，补贴方式与独立储能类似，主要包括放电补贴、容量补贴、投资补贴。三是鼓励参与辅助服务市场，《关于进一步推动新型储能参与电力市场和调度运用的通知》(发改办运行〔2022〕475号)提出，新能源场站配建的储能项目，在完成站内计量、控制等相关系统改造并符合相关技术要求的情况下，与所属新能源场站合并视为一个整体，按照相关规则参与电力辅助服务。当前安徽、贵州、河南等12个省份发布了电源侧储能参与辅助服务市场的政策，交易品种主要包括调峰、调频、备用等。

（2）火电配储

截至2022年底，火电配储在建8座、装机0.23GW/0.38GW·h，累计投运49座、装机0.77GW/0.64GW·h，同比增长23.20%。广东、山东、江苏、山西等省份火电配储装机率较高，占总能量的88.87%。2022年，火电配储平均运行系数0.33(相当于平均每天运行8.04h、年平均运行2933h)、平均利用系数0.14(相当于平均每天利用3.34h、年平均利用1217h)，火电配储运行情况优于电化学储能平均水平(2022年电化学储能电站平均运行系数0.17、平均利用系数为

0.09）。鼓励火电配储参与电力辅助服务市场。国家能源局此前公布的《并网发电厂辅助服务管理实施细则》与《发电厂并网运行管理实施细则》等文件，为火储联调项目确立了补偿机制。目前山东、河南、甘肃、湖北等12个省份发布了关于火电机组参与辅助服务的政策，鼓励参与调峰、调频等电力辅助服务。

（3）发展趋势

目前新能源配储发展多受政策驱动，火电配储调频收益模式受外部环境影响较大。一是新能源配储作用未能充分发挥。多地采取"一刀切"式配置标准，未出台配套的具体使用和考核办法，储能与新能源尚未实现协调优化运行，储能的实际作用难以充分发挥。二是盈利模式较为单一。新能源配储还没有成熟的收益模式，火电调频主要以自动发电控制（AGC）为主，虽然调频市场补偿价格较高，但调频辅助服务市场空间较小，火电装机增长空间有限，大量灵活性资源涌入调频市场将对调频价格造成较大冲击，将加剧市场价格的波动和不确定性。

1.2.3 用户侧储能应用主要场景

用户侧储能电站通常是指在不同的用户用电场景下，根据用户的诉求，以降低用户的用电成本、减少停电限电损失等为目的建设的储能电站。截至2022年底，用户侧储能电站在建34座、装机0.12GW/0.23GW·h，累计投运131座，装机0.48GW/1.81GW·h，同比增长49.00%。用户侧储能主要的应用场景包括工商业配储（包括产业园等）、备用电源（包括海岛、校园、医院等），其中工商业配储、备用电源累计投运总能量在用户侧储能电站累计投运总能量中的占比分别为49.61%、48.06%，用户侧储能应用主要场景对比见表1-3。

表1-3 用户侧储能应用主要场景对比

项目	工商业配储	备用电源
建设地点	大工业和一般工商业用户的场地内，包括工厂、产业园等	有潜在应急用电需求的用户场地，包括海岛、校园、医院等
主要作用	降低电量电费成本、降低容量电费用成本	保障生产生活应急用电需求、降低停电限电造成的损失
收益方式	峰谷电价套利、参与需求响应收益、参与辅助服务收益等	减少因停电限电造成损失变相获得收益

（1）工商业配储

截至2022年底，工商业配储电站在建30座、装机0.11GW/0.20GW·h，累计投运81座、装机0.28GW/0.90GW·h，同比增长136.79%。峰谷电价差是工商业配储的主要盈利模式，根据中电联统计数据，峰谷价差较大的江苏、浙江、广东、安徽工商业配储装机率较高，占工商业配储总能的 92.33%。

2022 年，工商业配储平均运行系数 0.49（相当于平均每天运行 11.78h、年平均运行 4297h）、平均利用系数 0.31（相当于平均每天利用 7.28h、年平均利用 2658h），工商业配储运行情况优于电化学储能平均水平（2022 年电化学储能电站平均运行系数为 0.17、平均利用系数为 0.09）。

国家及地方层面发布了分时电价、储能补贴、需求响应、储能交易等一系列政策，鼓励用户侧储能多元发展。一是分时电价逐步扩大，各地峰谷电价差不断增大，参照 2023 年 5 月各地电网代理购电价格，最大峰谷价差超过 0.7 元/kW·h 的省份有 17 个（目前电化学储能成本约为 0.6~0.7 元/kW·h，当峰谷电价差超过度电成本时工商业储能投资才可实现盈利），部分省份设置两个高峰时段，越来越多省份的工商业储能具备了经济性。二是各地陆续出台补贴支持政策，包括江苏、浙江、山西、四川等省份在内的超过 10 个地区发布了针对工商业用户侧储能的补贴政策。补贴方式与电网侧独立储能场景类似。三是鼓励用户侧储能参与需求响应，已有广东、重庆、云南等 10 余个省市明确或鼓励用户侧储能作为响应主体参与需求响应，主要响应方式为削峰填谷，按照响应主体容量或有效响应电量进行补偿，不同的省份补贴标准差异较大。四是鼓励用户侧储能参与电力辅助服务，国家发布政策鼓励支持 10kV 及以上的工商业用户直接参与电力市场。目前，包括华北电网辖区和安徽、福建等在内的 10 余个地区或省份，在其辅助服务相关政策中明确或鼓励用户侧储能可以参与调峰交易，调峰服务价格在 0.1~1 元/kW·h。

（2）备用电源

截至 2022 年底，备用电源在建 4 座、装机 0.01GW/0.03GW·h，累计投运 41 座、装机 0.18GW/0.87GW·h，同比增长 7.59%。根据统计数据，江苏、广东等省份备用电源装机率较高，占备用电源总能量的 97.61%。2022 年，备用电源平均运行系数 0.19（相当于平均每天运行 4.45h、年平均运行 1626h）、平均利用系数 0.10（相当于平均每天利用 2.32h、年平均利用 848h），备用电源运行情况与电化学储能平均水平基本一致（2022 年电化学储能电站平均运行系数为 0.17、平均利用系数为 0.09）。

"十四五"初期，我国局部地区发生数次缺电的情况，2021 年因为煤炭价格上涨、能耗双控等原因，超过 20 个省份实施有序用电。2022 年受极端高温天气、水电出力骤减等影响，结合经济复苏工商业电力消费持续增长等因素，超过 20 个省份实施了有序用电。部分工商业用户出现了用电短缺问题，用户侧储能系统作为备用电源的部署需求逐渐显现。

（3）发展趋势

随着我国电力市场化改革的持续推进，工商业储能的经济性正在逐步显现，考虑到工商业用户逐步进入电力市场所带来的高耗能用电成本的上升，以及第三产业、城乡居民用户的用电量占比不断提升，未来峰谷电价差有望进一步拉大或维持高位，这也预示着用户侧储能拥有着发展潜力。此外，各地限电政策的出台，也将刺激工商业用户的电化学储能配置需求。用户侧储能虽然拥有广阔的发展前景，但对于工商业配储、备用电源的发展，还将面临一些实际性的挑战：一是商业模式较为单一，峰谷套利是目前用户侧储能最主要的盈利方式，但是覆盖范围局限在峰谷差价较大的省份，部分地方政府虽然有补贴，但是补贴核算存在困难，且随着储能规模的扩大，补贴难以持续。二是市场化机制不健全，用户侧储能参与电力辅助服务准入要求、参与方式、补偿标准等相关机制尚不健全，参与积极性普遍不高。三是储能安全管理有待加强。由于用户侧储能项目通常单体规模较小，安装环境复杂，加之相关标准尚不健全，给用户侧储能安全管理带来更高的挑战。

1.3　电化学储能产业现状

1.3.1　产业链现状

液流电池产业链上游涉及资源开采与冶炼，中游涉及液流电池储能系统的设计与制造，包括功率单元（电堆）与能量单元（电解液）两大部分，下游主要为储能项目的开发和运营，如图 1-14 所示。

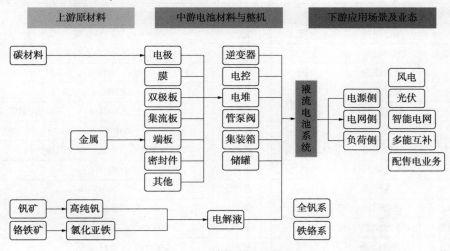

图 1-14　储能产业链现状

以全钒液流电池为例，上游材料包括五氧化二钒、聚合物材料、硫酸、碳材料以及各类辅材等，其中钒矿及其加工业处于核心地位。电解液是全钒液流电池的关键材料之一，直接影响电池的储电能力，对 4h 储能系统，电解液占储能系统总成本的 50%；而对 10h 储能系统，电解液占总成本的 70%。

1.3.2　部分企业现状

国内众多科研院所、制造企业均已进军液流电池行业。液流电池系统研发及生产制造企业主要包括：

全钒液流电池：中国科学院大连化学物理研究所（大化所）、大连融科储能集团股份有限公司（大连融科）、上海电气集团股份有限公司（上海电气）、寰泰能源股份有限公司（寰泰能源）、普能（北京）能源科技有限公司（北京普能）、四川伟力得能源股份有限公司（四川伟力得）、开封时代新能源科技有限公司（开封时代）、陕西华银科技股份有限公司（陕西华银）、中钠储能技术有限公司（中钠储能）等。

锌基液流电池：大化所、江苏恒安储能科技有限公司（江苏恒安）、陕西华银等。

铁/铬液流电池：和瑞电投储能科技公司（和瑞储能）、中海储能科技（北京）有限公司（中海储能）、北京西融储能科技有限公司（西融）等。

主要研发及生产制造企业产能等情况见表 1-4。

表 1-4　国内储能企业产能现状

序号	公司名称	类型	运营情况	产能
1	大连融科	全钒	量产	300MW/a，2023 年底达 1GW/a
2	上海电气	全钒	量产	500MW/a，合肥
3	寰泰能源	全钒	量产	500MW/a，嘉善 100MW/a、瓜州 400MW/a
4	北京普能	全钒	量产	100MW/a，北京
5	四川伟力得	全钒	量产	300MW/a，甘肃 100MW/a、乐山 200MW/a
6	开封时代	全钒	量产	300MW/a，开封
7	陕西华银	全钒/锌溴	量产	200MW/a，全钒、锌溴共用产线
8	液流储能科技	全钒	量产	200MW/a
9	江苏恒安	锌溴	量产	50MW/a
10	和瑞储能	铁铬	量产	150MW/a，潍坊
11	中海储能	铁铬	量产	100MW/a（2024 年底前），惠阳
12	中钠储能	全钒	量产	200MW/a（2023 年底前），宝鸡

1.3.3　项目现状

我国已实现了多套兆瓦级以上液流电池储能系统集成与应用示范，随着对技术的不断深入研究，我国液流电池产业链供应链不断完善，液流电池产业规模不断扩大。如表1-5所示，目前，全球最大的兆瓦级全钒液流电池储能调峰电站（100MW/400MW·h）、全球最大容量的兆瓦级铁铬液流电池储能示范项目（1MW/6MW·h）已成功投运。此外，运行十年以上的全钒液流电池储能系统，包括辽宁省法库卧牛石风电场（5MW/10MW·h）自2012年投运至今，金风科技公司亦庄微网系统（200kW/800kW·h）自2012年投运至今，均安全稳定运行。

表1-5　国内储能项目

序号	项目名称	类型	公司名称	应用场景	项目简况
1	辽宁省法库卧牛石风电场配套5MW/10MW·h全钒液流电池储能项目	全钒	大连融科	电源侧	辽宁省法库卧牛石风电场配套5MW/10MW·h；功能定位：跟踪计划发电、平滑输出、电能质量调节、辅助服务
2	大连200MW液流电池储能调峰电站国家示范项目	全钒	大连融科	电网侧	全球最大规模的全钒液流电池储能电站；功能定位：电网调峰、调频；增加风电、核电接入；应急电源，黑启动
3	枞阳海螺6MW/36MW·h全钒液流电池储能电站	全钒	大连融科	用户侧	6MW/36MW·h；功能定位：削峰填谷、备用
4	青海共和液流电池储能项目	全钒	上海电气	电源侧	1MW/5MW·h；功能定位：平抑波动、削峰填谷等风储联合发电功能，参与多能互补联合运行
5	上海电气汕头智慧能源混合储能项目	全钒	上海电气	电源侧	1MW/1MW·h；功能定位：实现风光储联合发电
6	安徽海立工厂谷电峰用项目	全钒	上海电气	用户侧	1MW/4MW·h；功能定位：通过谷电峰用模式套利，降低企业用电成本

序号	项目名称	类型	公司名称	应用场景	项目简况
7	河北省张家口市战石沟光伏电站	铁铬	北京和瑞	发电侧	250kW/1.5MW·h; 功能定位：促进新能源消纳，减少弃风弃光
8	霍林河循环经济"源网荷循用"储能项目	铁铬	北京和瑞	用户侧	1MW/6MW·h; 功能定位：提高绿电使用率
9	国家风光储输示范工程2MW/8MW·h储能项目	全钒	北京普能	电网侧	2MW/8MW·h; 功能定位：可再生能源平滑、峰值漂移、微网支持
10	新疆阿瓦提3MW/9MW·h光储示范项目	全钒	四川伟力得	电源侧	3MW/9MW·h; 功能定位：解决弃风弃光、电力市场辅助服务
11	四川最大的全钒液流电池储能示范工程乐山污水厂80kW/480kW·h	全钒	四川伟力得	用户侧	80kW/480kW·h; 功能定位：支撑峰值负荷
12	零碳工厂示范项目西子航空"零碳工厂"100kW/400kW·h	全钒	四川伟力得	用户侧	100kW/400kW·h; 功能定位：实现厂区电源供给的零碳目标
13	湖北随州广水"源网荷储"250kW/1MW·h钒电池用户侧储能项目	全钒	武汉南瑞	用户侧	250kW/1MW·h; 功能定位：支撑峰值负荷
14	平顶山市24MW/96MW·h储能电站	全钒	开封时代	用户侧	4MW/96MW·h; 功能定位：利用峰平谷电价差来降低矿区的能源费用消耗
15	开封市6MW/24MW·h	全钒	开封时代	用户侧	6MW/24MW·h; 功能定位：利用峰平谷电价差来降低客户的能源消耗
16	华电滕州公司共享储能项目（1MW/4MW·h）	全钒	大连融科	电网侧	平滑风电场功率输出、实现风电场的黑启动
17	东方国顺乐甲网源友好风场项目（10MW/40MW·h）	全钒	大连融科	电网侧	
18	国电投驼山网源友好风场项目（10MW/40MW·h）	全钒	大连融科	电网侧	

铁铬液流电池对建设环境无特殊要求，效率高，自放电率极低，寿命长，循环寿命可达 20000 次，功率和时间配置灵活，对环境无污染。铁铬液流电池经过十多年的工程示范，国内产业配套成熟度快速提升，制造成本明显下降。中海储能科技(北京)有限公司怀来云大数据中心商业示范铁铬液流电池项目于 2023 年 10 月完工，如图 1-15 所示。怀来云大数据中心商业示范项目是以铁铬液流电池为储能电池建设的项目，建成后的铁铬液流电池总容量为 500kW/4MW·h，并网电压为 110kV。此 500kW/4MW·h 铁铬液流电池储能系统是基于 33kW 高功率密度铁铬液流电池电堆设计的，该电堆技术处于国际先进水平，具有更高的效率和系统参数，符合我国对新型储能技术"凡有必用"的方针。项目的成功实施填补了储能行业铁铬液流电池技术产业化发展的空白，探索了我国储能技术市场化运作的模式，产生了良好的行业示范效应和社会效益。

图 1-15　500kW/4MW·h 铁铬液流电池系统外观

国家储能技术产教融合创新平台项目，是贯彻落实习近平总书记关于能源、科技、教育工作的重要指示精神，落实党中央、国务院关于"碳达峰碳中和"的重要举措，由国家发改委、教育部联合设置的储能领域科技攻关、人才培养、学科建设的国家级综合性创新平台。中国石油大学(北京)国家储能技术产教融合创新平台项目由徐春明院士牵头，是立足储能技术人才培养，促进技术成果转化，推动储能产业创新发展的校企融合基地。2023 年 5 月 26~28 日，2023 年中国储能技术产教融合大会在北京举行(图 1-16)。大会由中国石油大学(北京)和中国华能集团清洁能源技术研究院有限公司主办，中海储能与多家储能行业头部企业联合协办，以"共建储能学科，助力产教融合"为主题，为新形势下推动储能行业高质量发展汇聚智慧和力量。大会由中国科学院院士、重质油国家重点实验室主任、中国化工学会副理事长、中海储能首席科学家徐春明和中国华能集团清洁能源技术研究院有限公司董事长李卫东共同担任主席。会议的顺利开展也加速推动了液流电池产业化的进程。

图 1-16　中国储能技术产教融合大会

2023 年 8 月 6 日，中海储能与沙特 ULTIM 公司在沙特金融贸易中心吉达签署了《铁铬液流电池长时储能》项目协议及合作谅解备忘录（MOU）。双方依托中海储能、中国石油大学（北京）合作共建的国家储能技术产教融合创新平台，以铁铬液流电池长时储能技术为支撑，就促进沙特能源转型升级达成深度战略合作，合力打造沙特首个长时储能项目。此次合作，是深入贯彻落实构建能源立体合作新格局的具体行动，是推进共建"一带一路"绿色发展的生动实践，也是沙特"2030 愿景"新能源计划的重要组成部分。依据合约，ULTIM 公司将担任中海储能在沙特的品牌代理，双方发挥各自资源优势，合力打造沙特首个铁铬液流电池长时储能示范项目，根据当地的发展需求，启动百兆瓦级铁铬液流电池长时储能应用。

2023 年 9 月 16 日，2023 全球能源转型高层论坛在北京市昌平区未来科学城开幕。论坛以"能源安全、绿色转型"为主题，由开幕式、主论坛、9 场专题论坛、闭幕式组成，同时设置了招商项目集中签约仪式、科技创新成果展览展示等多种形式的活动（图 1-17）。在前四届筹备经验的基础上，2023 全球能源转型高层论坛进一步提升论坛平台载体能级，突显和强化论坛作为能源行业发展方向引领平台、政策机制探索平台、前沿技术发布平台、国际交流合作平台的定位功能。

图 1-17　2023 全球能源转型高层论坛签约仪式（左图）和成果展示现场（右图）

2023 年 10 月 28~29 日,由中国化学会能源化学专业委员会主办,国家储能技术产教融合创新平台[中国石油大学(北京)]、重质油国家重点实验室、中海储能、四川天府储能科技有限公司、北京和瑞储能科技有限公司、苏州科润新材料股份有限公司、陕西省商南县东正化工有限责任公司联合承办的"第二届能源化学青年论坛液流电池长时储能专场会"在四川成都隆重召开(图 1-18)。各企业带头人认为储能作为构建新型电力系统的关键支撑技术正持续爆发出强劲的增长势头。专场会上,中海储能总经理王屾与国内高校科研机构、液流电池企业的专家学者齐聚一堂,以"液流电池的产业现状及发展"为主题,围绕液流电池行业热点,共同探讨液流电池技术的研究进展及产业化过程中的机遇和挑战,为构建液流电池生态圈与产业命运共同体提供了多角度、多维度和多元化的实践经验、示范模式和创新思路。

图 1-18　铁铬液流电池生态合作签约(左图)和液流电池行业圆桌论坛(右图)

1.3.4　成本分析

相比锂离子电池,液流电池初始投资较大,但按照长时储能的有关要求,大于 4h 的液流电池系统投资优势明显,且液流电池初始单位投资随着储能时长的拉大而摊薄,在长时、大容量储能领域具有突出优势,如图 1-19 所示。例如,储能时长为 4h 的全钒液流电池系统,初次投资成本为 3000 元/kW·h,使用 15 年以上电池系统报废后,电池系统废金属等残值估值为 300 元/kW,电解液残值按 70% 估算为 1050 元/kW·h,故电池系统的残值为 1125 元/kW·h,实际成本约为 1875 元/kW·h。对于储能时长为 10h 的全钒液流电池储能系统,初始投资成本为 2100 元/kW·h,使用 15 年以上电池系统报废后,电池系统废金属等残值估值为 300 元/kW,电解液残值按 70% 估算为 1050 元/kW·h,故电池系统的残值为 1080 元/kW·h,实际成本仅为 1020 元/kW·h。

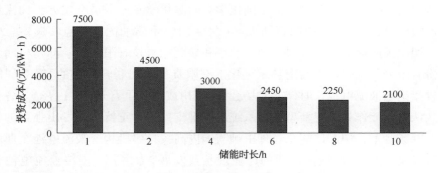

图1-19 储能时长和投资成本的关系

1.4 电化学储能标准现状

根据国家发改委、国家能源局印发的《"十四五"新型储能发展实施方案》的有关规定，积极试点示范，稳妥推进新型储能产业化进程，其中"十四五"新型储能技术试点示范包括全钒液流电池、铁铬液流电池、锌溴液流电池等产业化应用，液流电池作为新型储能技术在近几年随着技术进步、产业升级、产业链进一步完善，产业竞争力逐渐增强。

1.4.1 标准体系

依托能源行业液流电池标准化技术委员会（NEA/TC23）、全国燃料电池及液流电池标准化技术委员会（SAC/TC342）等标准化技术组织，我国开展了液流电池领域标准体系建设、关键标准制修订、国际标准化等工作，满足并支撑了液流电池技术及产业发展。

结合液流电池标准化发展现状，在原有液流电池标准体系重视产品及上游零部件的基础上，进一步扩大液流电池的供应链及产业链范围，将其纳入液流电池标准体系框架将更有利于该行业的快速发展。截至目前，液流电池有国际标准3项，国家标准5项，行业标准26项；在研国家标准计划1项，行业标准计划3项，团体标准3项，已初步建立了满足我国液流电池技术及产业发展的标准体系，如图1-20所示。

1.4.2 关键标准

依据标准体系的覆盖范围，结合液流电池技术发展现状及产业发展需求，近

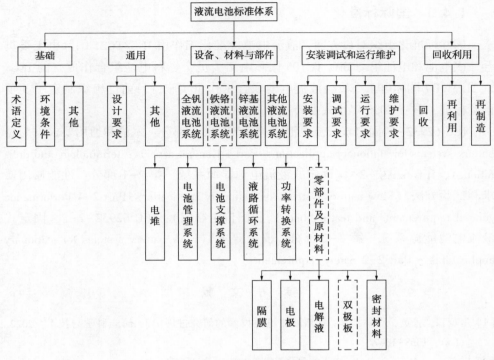

图1-20 液流电池标准体系

年来，我国开展了包括液流电池系统设计安装、性能测试、系统安全、回收利用、关键零部件等关键标准的制修订工作，覆盖液流电池上下游产业链。具体如下：

设计安装方面：GB/T 41986—2022《全钒液流电池 设计导则》、NB/T 42145—2018《全钒液流电池 安装技术规范》、NB/T 11066—2023《锌基液流电池 安装技术规范》。

性能测试方面：GB/T 32509—2016《全钒液流电池通用技术条件》、NB/T 42135—2017《锌溴液流电池 通用技术条件》、NB/T 10459—2020《锌镍液流电池 通用技术条件》、《铁-铬液流电池 通用技术条件》（能源20210225）、GB/T 33339—2016《全钒液流电池系统 测试方法》、NB/T 11064—2023《锌基液流电池系统 测试方法》等。

系统安全方面：GB/T 34866—2017《全钒液流电池 安全要求》、NB/T 11065—2023《锌基液流电池 安全要求》等。

回收利用方面：NB/T 11063—2023《全钒液流电池用电解液 回收要求》。

1.4.3 国际标准化

国际标准化组织对口方面，液流电池标准化工作由 IEC/TC21 国际电工委员会二次电池和电池组与 IEC/TC105 国际电工委员会燃料电池组合作成立的 IEC/TC21/JWG7 国际电工委员会液流电池联合工作组实施，目前已组织制定了 3 项国际标准，并于 2020 年正式发布。

IEC 62932-1《固定式液流电池能源系统　第 1 部分：术语和通用要求》（Flow battery systems for stationary applications-Part 1 General aspects, terminology and definitions）；IEC 62932-2-1《固定式液流电池能源系统　第 2-1 部分：性能通用要求和试验方法》（Flow battery systems for stationary applications-Part 2-1 Performance general requirements and test methods）（我国自主制定）；IEC 62932-2-2《固定式液流电池能源系统　第 2-2 部分：安全要求》（Flow battery systems for stationary applications - Part 2-2 Safety requirements）。

参 考 文 献

[1] 房茂霖，张英，乔琳，等．铁铬液流电池技术的研究进展[J]．储能科学与技术，2022，11(5)：1358-1367.

[2] Emmanuel M I, Denholm P. A market feedback framework for improved estimates of the arbitrage value of energy storage using price-taker models[J]. Applied Energy, 2022, 310: 118250.

[3] 刘蕊，喻冉，余健，等．河北丰宁抽水蓄能电站下水库进/出水口高边坡支护结构设计研究[J]．水电自动化与大坝监测，2022，8(1)：75-82.

[4] 佚名．全球最大 100MW 级全钒液流电池储能调峰电站单体模块调试[J]．浙江化工，2022，53(2)：46.

[5] Ding W, Bauer T. Progress in Research and Development of Molten Chloride Salt Technology for Next Generation Concentrated Solar Power Plants[J]. Engineering, 2021, 7(3): 334-347.

[6] Alonso A M, Costa D, Messagie M, et al. Techno-economic assessment on hybrid energy storage systems comprising hydrogen and batteries: A case study in Belgium[J]. International Journal of Hydrogen Energy, 2023, 52: 1124-1135.

第 2 章　铁铬液流电池概述

　　液流电池(Flow Battery)是一种电化学储能技术，是一种新的蓄电池，它使用液体电解质来存储和释放电能。液流电池的特点是电化学反应发生在质子交换膜或液流中，而不是在固态电极中。液流电池由两个电解槽组成，每个槽中都有一个电极和电解质溶液。这些溶液可以通过外部循环泵来循环并储存/释放电能。在充电时，电能会将离子从一个电解质溶液储罐转移到另一个电解质溶液储罐，从而使电池充电。在放电时，这些离子则会从另一个溶液储罐流回原来的溶液储罐，并通过电堆产生电能。液流电池具有安全性高、储能规模大、充放电循环寿命长、电解液可循环利用、生命周期中性价比高、环境友好等优点。此外，液流电池的功率和容量具有解耦合关系，在特定的系统或设备中，其功率和容量可独立进行优化和调整，而不会相互影响。这种解耦合可以帮助提高系统的性能和效率，使电池具有较高的可扩展性，能同时满足不同需求和应用场景。液流电池通常被用作大规模储能系统，用于平衡电力供需、储备电力以及支持可再生能源的集成，近年来越来越受到世界各国的重视。

2.1　铁铬液流电池的诞生与发展

　　随着社会和经济的发展，对能源的需求日益增加，化石能源的大量消耗所造成的环境压力日益突出。因此，各国需要节能减排以及大规模利用可再生能源。到 2030 年，日本、美国、德国规划本国可再生能源消费将分别占到其总电力消费的 34%、40% 和 50%。而我国规划截至 2020 年，可再生能源在全部能源消费中将达到 15%[1]。由此可见，在电力消费方面，可再生能源逐渐从辅助角色转变为主导角色。风能、太阳能等可再生能源发电受昼夜、季节等因素影响，具有明显的不连续、不稳定及不可控的非稳态特性。因此，大规模高效储能技术是解决可再生能源发电不稳定的重要途径。

液流电池具有安全性高、循环寿命长、电解液可循环利用、性价比高、环境友好等优势，被认为是大规模储能技术的首选技术之一，具有广阔的应用前景。自从美国国家航空航天局(NASA)的 Thaller 1974 年提出铁铬液流电池(ICRFB)概念以来，经过 40 多年的研究，液流电池技术得到了快速发展[2]。近年来，涌现出了以蒽醌、紫罗碱、吩嗪衍生物等作为活性物质的有机液流电池，具有成本低廉、来源广泛、易于调控等特点，成为液流电池储能领域的热点研究对象。但是，有机物作为液流电池的活性物质，在电解液中的溶解性和稳定性还有待提高。相比之下，以无机材料作为活性物质的无机液流电池发展较为成熟，全钒、铁铬、锌溴等体系均已实现了商业化应用。作为目前商业化程度最高的全钒液流电池因其原材料成本过高，且价格波动过大限制了它的进一步产业化应用。因此，寻找原材料价格低廉的液流电池对于进一步发展液流电池具有重要意义。

自 20 世纪 70 年代以来，世界各地的研究人员对铁铬液流电池系统进行了研究和开发，如图 2-1 所示。在此期间，铁铬液流电池经历了最初工作机制的完善和关键材料研究，但是直到近几年才达到了一定规模的商业化研发。

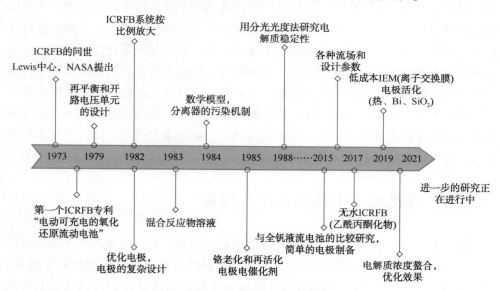

图 2-1　铁铬液流电池领域的关键发展时间表

Thaller 定义了液流电池的概念，他在筛选了多种氧化还原体系电对的基础上，选取了原材料成本低、综合电化学特性好的铁铬液流电池体系作为主要的研发对象。测试结果表明，在碳电极上正极 Fe^{2+}/Fe^{3+} 的氧化还原反应可逆性好，负

极 Cr^{3+}/Cr^{2+} 氧化还原反应可逆性较差，通过对负极进行改性，电极性能可以得到显著改善。为了改善铁铬液流电池性能，采用铁、铬离子的混合溶液作为电解液，并且升高了运行温度，从而保持了系统容量的相对稳定。在此基础上，NASA 认为铁铬液流电池储能技术达到了商业化应用的技术程度，开始转入商业公司 Standard Oil of Ohio 准备产品的开发，但是由于石油危机的减缓等原因，该公司没有选择将这一技术进行商业应用。NASA 的科学家之一 Reid 对 NASA 的技术发展作了详细的描述。NASA 还与 Gel 公司、Giner 公司和 Exxon 公司合作开发混合溶液，并与 Ionics 公司合作开发膜。

自 1973 年以来，NASA 的 Lewis 中心在液流电池领域发表了多篇论文，涵盖了选择液流电池的最佳氧化还原对、电化学诊断氧化还原对活性、研究电极动力学问题、膜/分离器的发展、电极优化、寿命测试、成分筛选、系统研究、流体力学、模型和电催化作用等。在由 Thaller、Gahn、Miller 和其同事所编写的有关液流电池的报告中，他们描述了一种浓度为 $0.2\sim0.3mol/L$ 的氯化铁−氯化亚铁混合物在热解石墨转盘电极上的电化学行为，开发和示范了液流电池用于太阳能光伏能源的存储体系，并研究了影响液流电池电极动力学和开路电压的参数，测试了多种影响因素和氧化还原电对元素，包括开路电压、铁（Fe^{2+}/Fe^{3+}）、钛（Ti^{3+}/TiO^{2+}）等。其中，铁铬液流电池由于原材料成本低廉，电化学活性较好，研发时间较早，研究人员在这个方向上作出了很多努力以更进一步提高其电池性能，被认为是最具前景的液流电池之一。

1979 年，NASA 的一份报告详细阐述了铁铬液流电池的相关特性以及技术现状。该技术在当时的应用包括以太阳能光伏或风能为主要能源的独立村镇电力系统储能。与铅酸电池相比，这种技术成本更低。此外，其最大的优势是在整个系统中易于处理的氧化还原技术。需要注意的是，基础液流电池系统需要采用再平衡电池和开路电压（OCV）单元。开路电压的功能是直接且连续不断地提供铁铬液流电池系统的充电状态（SOC）。顾名思义，该电池永远不会负载，但只读取流过它的氧化还原溶液的电位差。再平衡电池的功能是保持负反应物的充电状态与正反应物的充电状态相同。

1982 年，来自日本茨城县电气技术实验室的 Nozaki 等展示了包含 Cr^{2+}/Cr^{3+} 和 Fe^{2+}/Fe^{3+} 氧化还原电对的铁铬液流电池系统的放大和测试结果，并对 40 多种碳纤维电极材料进行了监测。同年，Giner Inc 在德国化学工程与生物技术协会会议上展示了铁铬液流电池的数据，特别关注了负极 Cr^{3+}/Cr^{2+} 氧化还原反应的进展。与此同时，NASA 发表了多篇长篇报告，重点关注电极的优化和电解质的灵活设计。还报道了电解液杂质（Fe^{2+} 和 Al^{3+}）对 Cr^{3+}/Cr^{2+} 氧化还原反应的影响，并对 Cr^{3+}/Cr^{2+} 氧化还原反应进行了循环伏安法研究。结果表明，杂质对电极性能有不利影响，导致析氢和反应动力学效应增加。而对于电极，研究了物理表征、活化过程，以及将铋作为 Cr^{3+}/Cr^{2+} 的替代催化剂与电极复合使用对电池整体性能带来提升。一般来说，电极的性能取决于清洗处理、特殊的碳毡和催化过程。结果表明，金-铅催化碳毡具有较低的析氢率、良好的催化稳定性和可逆的电化学活性。

Nozaki 等继续研究铁铬氧化还原液流电池的电极，他们发现，由聚丙烯腈布热分解制成的碳布表现出最好的铁铬液流电池性能[3]。西门子公司的 Cnobloch 报告了欧洲铁铬液流电池调查的另一项重要进展，介绍了使用 Durabon 电极、玻碳电极和铂电极进行铁铬液流电池的单电池测试。尽管深入研究对于提升氧化还原电对的耐久性至关重要，但充放电循环过程中的电化学特性也是研究人员所关注的。在 20 世纪 90 年代初期国内有几家单位对铁铬液流电池进行了跟踪研究。其中，中国科学院长春应用化学研究所的江志韫团队对 NASA 在 20 世纪七八十年代的工作作了细致的综述，中国科学院大连化学物理研究所的衣宝廉院士团队于 1992 年推出过 270W 的小型铁铬液流电池电堆。但是由于铁铬液流电池技术中阴极析氢与电解液互混问题未得到解决，研究一度终止。

在铁铬液流电池储能系统项目建设上，日本新能源产业技术开发机构（NEDO）于 1974 年制订了战略性节能规划"月光计划"，把从基础研究到开发阶段的节能技术列为国家的重点科研项目，以保证节能技术的开发和强化国际节能技术合作。在与 NASA 的研发合作下，NEDO 对铁铬液流电池储能技术开展了进一步研究，于 1983 年推出了改进型的 1kW 铁铬液流电池系统，通过改进铁铬液流电池的电极材料，增大电极比表面积，将电池的能量效率提高到了 82.9%。随后，铁铬液流电池的制造工艺转移到三井造船公司用以进行电池系统的规模放大。该公司于 20 世纪 80 年代后期推出 10kW 的铁铬液流电池系统，铁铬液流电池储能系统的技术基础已经形成。随着新能源的不断发展，社会对于储能技术的需求越来越迫切，美国 EnerVault 公司继承了 NASA 的技术体系，对铁铬液流电池进行了规模化放大，并注重铁铬液流电池储能技术在大型电网方面的应用，在 2014 年建成了全球第一座 250kW/1000kW·h 的铁铬液流电池储能电站。

目前，国家电投集团科学技术研究院有限公司的铁铬液流电池技术采用混合的铁、铬离子溶液，已经成功解决了电解液互混问题；通过添加催化剂解决了阴极析氢问题；在储能系统中设计安装了再平衡系统，有效解决了电解液衰减问题，极大地提高了铁铬液流电池的使用寿命。铁铬液流电池储能技术逐渐走上商业化与产业化道路。

2.2 铁铬液流电池组成及工作原理

液流电池通过不同电解液离子相互转化实现电能的储存和释放，与传统二次电池相比具备独特的优势。首先，其电极反应过程无相变发生，可以实现大电流充放电，深度充放电。与其他电化学储能技术相比，液流电池最突出的特点就是循环寿命长，至少可以达到 10000 次，部分技术路线甚至可以达到 20000 次以上，整体使用寿命可以达到 20 年或者更长时间。其次，液流电池的储能活性物质与电极完全分开，功率和容量设计互相独立，便于模块组合设计和电池结构放置。在液流电池体系中储存于储罐中的电解液不会发生自放电现象；电堆只提供电化学反应的场所，自身不发生氧化还原反应，避免了电极枝晶生长刺破隔膜，进而导致电堆报废的风险；同时在电解液流动的过程中，因电化学反应产生的热量能够被及时带走，减少了热量聚集，避免了热量对电池结构的损害，杜绝了电堆起火燃烧的风险。最后，液流电池的电解液可以实现回收再利用，不会对环境造成污染。

铁铬液流电池被认为是第一个真正的液流电池，它利用成本低廉且储量丰富的铁和铬作为氧化还原活性材料，是最具成本效益的储能电池。铁铬液流电池由电堆单元、电解液、电解液存储供给单元以及管理控制单元等部分构成，其系统主要的构件及种类见表 2-1。

表 2-1 铁铬液流电池系统的主要构件及种类

组成	主要构件
能量单元	电解液(活性物质+基质+添加剂)、储液罐
功率单元	电堆(电极+双极板+隔膜+电极框+密封件+集流板+端板+紧固件+……)
输运系统	循环泵+变频器、输液管、阀门、过滤器……
控制系统	控温装置、控压装置、检漏装置、储能变流器(PCS)、能量管理系统(EMS)、电池管理系统(BMS)、变压器……
附加设施	排气装置、消防装置、集装箱外壳……

单电池作为组成电堆的基本单元，其结构如图 2-2 所示，每个电池单元主要由离子传导膜、电极、电极框、双极板和端板组成。各部件之间以密封垫间隔密封，并通过螺杆和螺帽将所有部件紧固装配。电池运行时，电解液被泵入电池，流经电极，在电极表面发生电化学反应，然后流回储液罐，如此循环。对于液流电池而言，电堆是液流电池储能系统的核心部件，如图 2-2 所示。电堆是由多组

电池单元以压滤机的方式叠合而成的，相邻电池单元通过双极板相连，即串联装配。每个电堆配有一套电解液循环系统，电堆运行时各个单元的液相回路并联。

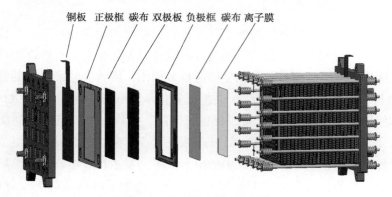

铜板　正极框　碳布　双极板　负极框　碳布　离子膜

图 2-2　液流电池电堆结构示意图

铁铬液流电池的工作原理如图 2-3 所示，电池分别采用 Fe^{3+}/Fe^{2+} 电对和 Cr^{3+}/Cr^{2+} 电对作为正极和负极活性物质，通常以盐酸作为溶剂。在充放电过程中，电解液通过循环泵进入两个半电池中，Fe^{3+}/Fe^{2+} 电对和 Cr^{3+}/Cr^{2+} 电对分别在电极表面进行氧化还原反应，正极释放出来的电子通过外电路传递到负极，而在电池内部通过离子在溶液内移动，并通过质子交换膜进行质子交换，形成完整的回路，从而实现化学能与电能的相互转换。

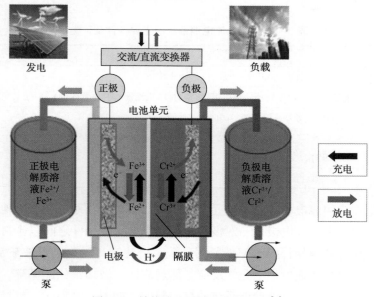

图 2-3　铁铬液流电池的工作原理[4]

铁铬液流电池的电极反应方程式如式（2-1）~式（2-3）所示，根据 Nernest 方程计算，在 50% 荷电状态（SOC）时，其标准电动势为 1.18V[5]。在充电过程中，Fe^{2+} 离子失去电子被氧化成 Fe^{3+} 离子，Cr^{3+} 离子得到电子被还原成 Cr^{2+} 离子；放电过程则相反。

正极反应：$Fe^{2+} \rightleftharpoons Fe^{3+} + e^-$　　$E = +0.77V$　　　　　　　　　(2-1)

负极反应：$Cr^{3+} + e^- \rightleftharpoons Cr^{2+}$　　$E = -0.41V$　　　　　　　　　(2-2)

总反应：$Fe^{2+} + Cr^{3+} \rightleftharpoons Fe^{3+} + Cr^{2+}$　　$E = +1.18V$　　　　　　　(2-3)

在机械动力作用下，液态活性物质在不同的储液罐与电池堆的闭合回路中循环流动，采用质子交换膜作为电池组的隔膜，电解质溶液平行流过电极表面并发生电化学反应。系统通过集流板收集和传导电流，从而使得储存在溶液中的化学能转换成电能。这个可逆的反应过程使液流电池顺利完成充电、放电和再充电的循环过程。

在众多的储能技术中，铁铬液流电池是一种极具发展潜力的大规模储能技术，能够广泛应用于发电侧、电网侧和用户侧，在提供短时间的调频、提高电能质量、长时间的削峰填谷、缓解输电线路阻塞等方面都可发挥关键作用。并且铁铬液流电池能够提供能量的时空转移，是解决大规模新能源发电并网所带来的问题和提升电网对其接纳能力的重要措施。

除了电解液成本优势外，铁铬液流电池还具有如下优势：首先，铁离子和铬离子毒性低，铁铬液流电池对环境危害小，具有较好的环境友好性；其次，铁铬液流电池运行温度范围广（-20~70℃），具有良好的环境适应性；最后，铁、铬离子氧化性较弱，对材料要求不高，使得非氟离子传导膜替代价格昂贵的 Nafion 膜成为可能，打破国外材料垄断，能够进一步降低成本。因此，铁铬液流电池具有很好的产业化和市场推广应用前景。

2.3　铁铬液流电池与国内外储能技术综合对比分析

2.3.1　铁铬液流电池与国内外同类技术综合对比

液流电池是一种新型储能电池，具有本征安全、充放电循环寿命长、电解液可循环使用、生命周期经济性好及环境友好性等特点，这些年受到学术界、产业界的广泛关注。液流电池系统的输出功率通常在数百瓦至数百兆瓦之间，储能容量在数百千瓦时至数百兆瓦时之间，适用于大规模、大容量、长时间储能装备的应用场合。不同类别的液流电池具有不同的化学成分，主要分为无机液流电池和有机液流电池，无机液流电池包括最常见的钒、锌-溴、多硫化物-溴、铁-铬和铁-铁等体系。根据电化学反应中活性物质的不同，无机液流电池中的水系/混合液流电池又分为全钒液流电池、锌基液流电池、铁基液流电池等。

目前，液流电池行业已经形成了高度的专业壁垒，全钒液流电池、锌基液流电池和铁基液流电池的产业链发展如图 2-4 所示。在整个产业链中，国内公司在液流电池主要的材料端和设备端都占有明显的主导权，所以降本的速度足够快。而国外的全钒液流电池大多规模较小，主要分布在日本、欧洲和北美等地，产业链复杂程度不足以支撑其快速发展。国内钒电池的企业主要分为两类：一类是科研院所孵化的初创企业，以大连融科为代表；另一类是吸收或收购国外技术的创业企业，以北京普能为代表。而在钒电池之外，铁基和锌基电池的产业化进程也在加速中，液流电池具有广阔的发展前景。

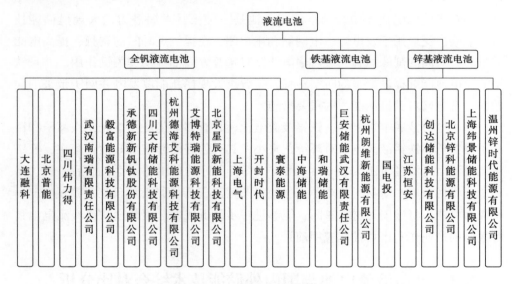

图 2-4　液流电池产业链

（1）全钒液流电池

全钒液流电池（All Vanadium Redox Flow Battery），简称全钒电池（VRB），该电池的正负半电池均使用钒作为活性物质，以避免交叉污染，是目前最成功和应用最广泛的液流电池之一。

全钒液流电池其正极采用 VO_2^+/VO^{2+} 电对，负极采用 V^{3+}/V^{2+} 电对作为荷电介质，正、负极全钒电解液间用质子交换膜隔开，以避免电池内部短路。电极通常使用贴放碳毡的石墨板，以增大电极反应面积。正、负极电解液在充放电过程中分别流过正、负极电极表面发生电化学反应，完成电能和化学能的相互转化，实现电能的储存和释放，运行温度在5~60℃，其充放电反应示意图如图2-5所示。

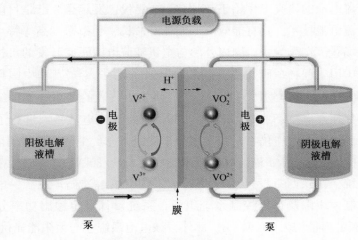

图2-5 全钒液流电池充放电反应示意图[6]

全钒液流电池电极上所发生的反应如式(2-4)~式(2-6)所示：

正极反应：$VO_2^+ + 2H^+ + e \Longleftrightarrow VO^{2+} + H_2O$ $E = +1.00V$ (2-4)

负极反应：$V^{3+} + e^- \Longleftrightarrow V^{2+}$ $E = -0.26V$ (2-5)

总反应：$VO_2^+ + V^{3+} + 2H^+ \Longleftrightarrow VO^{2+} + V^{2+} + H_2O$ $E = +1.26V$ (2-6)

全钒液流电池的研究始于澳大利亚新南威尔士大学(UNSW)Skyllas-Kazacos研究小组[7]。从1984年开始，Skyllas-Kazacos等对全钒液流电池开展了一系列研究。1991年UNSW成功开发出了千瓦级VRB电池组。电池组使用Selemion阳离子交换膜(A sahi Glass)为隔膜、碳塑复合板为双极板、碳毡为电极材料，由10节单电池串联组成。80mA/cm²电流密度下放电电池组能量效率约72%，平均功率1.33kW。随后，UNSW进行了1~4kW级原型机样机的开发。1985年，日本住友电气工业株式会社(住友电工，SEI)与关西电力公司(Kansai Electric Power Co)合作进行VRB的研发工作。在成功研究20kW级电池组的基础上，SEI于1996年12月用24个20kW级电池模块组成了450kW级VRB电池组，关西电力公司将其作为子变电站的一个基本储能单元进行充放电试验，电池组530次循环能量效率均值为82%(充放电电流密度为50mA/cm²)[8]。日本最大的私营电力公司Kashima-Kita于1990年也进行过VRB电池及相关技术的研究，并相继开发成功2kW及10kW VRB电池组。其中10kW级电池组1000次循环试验平均能量效率大于80%

（电流密度为 $80mA/cm^2$）[8]。德国、奥地利和葡萄牙联合开展将 VRB 用于太阳能光伏发电系统储能的研究工作[9]，2000 年他们设计组装了由 32 节单电池组成的 $300\sim400W\cdot h$（$150\sim200W$）的 VRB 电池组，但未提供相关材料参数及电池组性能。

我国液流电池的研究工作始于 20 世纪 90 年代，发展至今已是目前技术成熟度最高的液流电池技术，具有能效高、循环寿命长、功率密度高等特点，适用于大中型储能场景。迄今为止，国内外参与全钒液流电池研究开发的机构与企业较多，国内如中国工程物理研究院、中南大学[10]、清华大学[11] 和中国科学院大连化学物理研究所（大连化物所）[12]，以产品研发为代表的北京普能世纪科技有限公司，国外如住友电工、北美 UET 等，都在全钒液流电池领域进行了长期的研发和探索。其中，由大连化物所张华民和李先锋研究员带领的科研团队，采用自主开发的新一代可焊接全钒液流电池技术集成的 $8kW/80kW\cdot h$ 和 $15kW/80kW\cdot h$ 储能示范系统，在陕西省投入运行[13]。该系统由电解液循环系统、电池系统模块、电力控制模块以及远程控制系统组成，系统设计额定输出功率分别为 $8kW$ 和 $15kW$，额定容量均为 $80kW\cdot h$。此外，该电池系统还与太阳能光伏装置配套，改变了能源利用效率，实现了光伏发电、钒电池储能经设备转化为直流和交流电，作为项目现场机房重要负载的备用电源使用，以确保负载的供电可靠性。经现场测试，该电池系统满足客户使用要求，且运行稳定。

据调查[14]，目前钒电池在中国已经进入商业化初期，2020 年中国钒电池装机量为 0.1GW，预计到 2025 年中国钒电池储能装机量将达到 4GW。在液流电池储能中，全钒液流电池也是目前商业化程度最高的液流电池技术，2022 年 10 月 30 日，大连液流电池储能调峰电站一期工程，全球容量最大的液流电池储能电站正式并网运行。该项目是国家能源局批准建设的首个国家级大型化学储能示范项目，采用了全钒液流电池储能技术，总建设规模为 $200MW/800MW\cdot h$。此次并网运行的是项目一期 $100MW/400MW\cdot h$ 工程，它是全球功率和容量最大的液流电池储能系统。2022 年 12 月，枞阳海螺 $6MW/36MW\cdot h$ 全钒液流电池储能项目顺利并网，该项目是目前行业内规模最大的全钒液流电池用户侧储能电站。对于全钒液流电池，钒电解液的成本约占电池成本的 60%，这大大提高了初始投资门槛。全钒液流电池使用硫酸作为电解液，而硫酸具有较强的腐蚀性，这也增加了电池系统的维护和安全性方面的挑战。

（2）锌溴液流电池

锌溴液流电池（Zinc Bromine Flow Battery，ZBFB）是由美国埃克森美孚公司（ExxonMobil Corporation）发明的，其工作原理是基于锌和溴的电化学反应，锌溴液流电池基本反应如下[15]：

负极：$Zn^{2+}+2e^- \rightleftharpoons Zn$ $\qquad E=-0.76V$ （25℃）

正极：$2Br^- \rightleftharpoons Br_2+2e^-$ $\qquad E=+1.076V$ （25℃）

总反应：$ZnBr_2 \rightleftharpoons Br_2+Zn$ $\qquad E=+1.836V$ （25℃）

锌溴液流电池工作原理如图2-6所示。在充电过程中，电流使得锌溶液中的锌离子还原为锌单质，同时溴溶液中的溴离子氧化为溴，溴会马上被电解液中的溴络合剂络合成油状物质，使液相中的溴含量大幅度减少。在放电过程中，锌金属被氧化成锌离子，络合溴被重新泵入循环回路中并被打散，转变成溴离子。在锌溴液流电池工作原理中，溴单质会与溶液中的相关物质结合，沉积在电解质溶液底部[16-19]。因此，锌溴液流电池是一种单沉积液流电池。

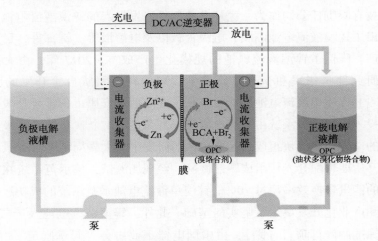

图2-6 锌溴液流电池示意图[20]

C. S. Bradley在1885年最早提出了锌溴液流电池的概念，从20世纪70年代中期到80年代初，Exxon公司以及Could公司对锌溴液流电池存在的问题进行了技术改造，有效地解决了锌溴电池自放电的问题。20世纪80年代，Exxon公司将锌溴液流电池的技术许可转卖给了江森自控公司、欧洲的SEA公司、澳大利亚的舍尔伍德工业公司、日本的丰田公司以及明电舍公司。1994年，江森自控公司将自己的锌溴电池技术转卖给了ZBB Energy公司（后改名为EnSync），EnSync公司经过了20多年的发展，在锌溴液流电池技术方面的发展已经取得了质的突破，处于世界前列水平[21]。随着澳洲、欧洲、北美等发达国家的家用储能市场的兴起，EnSync公司在家用储能上也在加大扩张，进行家用级别储能系统业务的开拓，对微型储能设备进行生产，开展家用级别储能设备的选型和设备的测试。

我国对锌溴液流电池的研究起步较晚，直到20世纪90年代，锌溴液流电池的相关课题才在国内部分高校与企业开展起来。如今，在零部件国产化的情况下，锌溴电池的成本接近于铅酸电池，但能量密度却为铅酸蓄电池的3~5倍。安徽美能储能系统有限公司推出全球首个利用领先的"锌溴液流电池"技术实现的车载式电源系统，通过了淮北市科技局组织的科技成果鉴定。该项目是与安徽省电力公司淮北供电公司共同合作的"新型绿色环保锌溴电池储能可移动式保电系统研究"，为全球首个以液流电池为移动电源系统课题的科技项目，得到了淮北市政府的高度重视，于2012年进行科技项目立项，2013年初又被立为国家电网公司的科技项目。2014年，该项目正式通过安徽省电力公司的验收。北京百能汇通科技有限责任公司作为一家从电池部件研发做起的锌溴液流电池公司，已成功研制出了锌溴液流电池隔膜、电极极板以及电解液等关键部件，已经实现了批量化生产，降低了锌溴液流电池的规模化生产成本。2017年，由大连化物所储能技术研究部张华民和李先锋研究员领导的科研团队自主开发的国内首套5kW/5kW·h锌溴单液流电池储能示范系统在陕西省安康市华银科技股份有限公司厂区内投入运行。该系统由一套电解液循环系统、4个独立的千瓦级电堆以及与其配套的电力控制模块组成，主要为公司研发中心大楼周围路灯和景观灯提供照明用电，后期将配套光伏组成智能微网。经现场测试，该示范系统在额定功率下运行时的能量转换效率超过70%。锌溴单液流电池示范系统的成功运行为其今后工程化和产业化开发奠定了坚实的基础。此外，锌溴液流电池入选《2019年第三批行业标准制修订项目计划》，由中国电器工业协会等起草制定了"锌溴液流电池用电堆性能测试方法"，目前关于锌溴液流电池的研究正在不断向前推进，预计在不久的将来会发挥出巨大的应用潜力。

2022年1月，国家发改委和国家能源局发布的《"十四五"新型储能发展实施方案》明确提出，要加快锌溴液流电池的产业化应用。《2023—2028年中国锌溴液流电池行业市场深度调研及发展前景预测报告》显示，锌溴液流电池主要应用于大型储能系统，伴随我国光伏发电、风力发电、新能源汽车等行业发展速度的加快，锌溴液流电池储能系统市场需求将持续增长。近年来，对锌溴液流电池的研发热情高涨，国内外新能源的快速发展使得锌溴液流电池在发电侧和电网侧被大规模使用，锌溴液流电池也是除全钒液流电池以外商业化较为成功的液流电池。2022年，大连化物所储能技术研究部李先锋和袁治章团队，成功研发出低成本的30kW级锌溴液流电池电堆，这就意味着我国高能量密度锌溴液流电池关键技术取得新突破。目前，我国已拥有锌溴液流电池储能系统自主研发实力，在全球市场具备竞争优势。在此背景下，我国锌溴液流电池市场将迎来广阔的发展空间。

由于地球上锌、溴原料的储量相对较高，易于开采，这使得锌溴液流电池原料廉价易得。同时，锌/溴液流电池具有相对较高的工作电压(1.6V)，拥有较高的能量密度，理论质量能量密度可以达到419W·h/kg[26]。锌溴液流电池由于具有独特的优势被人们所青睐，从而引起广泛的研究[22-25]。与其他液流电池体系相比，由于锌溴液流电池的正负极电解液中电解质组分是一样的，所以不会发生交叉污染现象[27]。然而，在锌溴液流电池中，当金属锌生长达到一定限度后，便会呈枝状生长，形成枝晶。随着充电过程的进行，枝晶也会不断生长，容易发生枝晶刺破隔膜的情况，导致正、负极电解液互混，正极区域生成的单质溴与负极生成的金属锌发生氧化还原反应，导致出现严重的电池自放电现象，影响电池能量效率以及安全性能。极端条件下，如果枝晶刺破隔膜继续生长触碰到负极，会导致电池短路发生，严重威胁电池寿命。因此，锌溴液流电池作为一种有潜力的能量储存技术，未来的发展应集中在提高能量密度、降低成本、提高效率和拓展应用领域等方面，以进一步推动其商业化应用并促进清洁能源转型。

（3）铁铬液流电池

作为目前极具发展前景的大规模储能技术，铁铬液流电池也正朝着商业化方向迈进，其工作原理及其在储能中的应用如图2-7所示。2015年国家电投集团科学技术研究院有限公司（以下简称国电投）成立，2022年1月，国电投"容和一号"生产线投产，每条生产线每年可生产5000台30kW电池堆，标志着量化供货的最后堵点已彻底打通。国电投铁铬液流电池250kW/1.5MW·h储能示范项目在河北张家口成功应用，经受住了-40℃的极寒考验，其成熟度已与其他主流电化学电池储能技术相当，开启了该技术商业应用的新征程，为北京冬奥会地区稳定存储并且提供清洁电能超过50MW·h。

2023年，国家电投集团内蒙古公司成功建设并调试完成了霍林河循环经济"源-网-荷-储-用"多能互补关键技术研究创新示范项目中的铁铬液流电池储能系统。这一里程碑事件标志着全球首套兆瓦级铁铬液流电池储能示范项目的成功建设，并将铁铬液流电池储能技术推向兆瓦级应用时代，同时也将刷新全球铁铬液流电池储能系统的最大容量纪录。然而，相较于全钒液流电池，虽然铁铬液流电池的铬原材料储量更加丰富、价格更加低廉，系统运行温度范围更广，但有关更低成本的铁铬液流电池的研究与应用却很少。此外，有关铁铬液流电池管控系统整体研究开发以及单项技术研究的成果也较少。

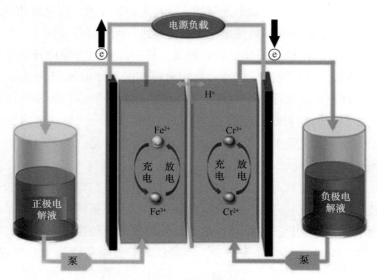

图 2-7　铁铬液流电池的工作原理[28]

现阶段关于大规模铁铬液流电池运行中的电极改性，副反应析氢改善，再平衡装置的利用和液流电池系统运行中的控制系统等研究较少，尤其是现有的铁铬液流电池电堆容量还不足以支撑可再生能源装机容量的上涨。因此，目前需要通过机理分析、数值模型、实验验证及开发方案设计相结合，来抑制副反应的发生，提升电池性能；需要通过开发改性电极和电极催化剂高效沉积技术、石墨双极板流道开槽技术、再平衡装置技术等提升电池寿命；需要通过模块化设计电堆组装，数据驱动型智能化管控系统，实现规模化、定制化和个性化储能，实现低成本、大规模液流电池长时储能的高效开发与在新应用场景中的使用，给予智能电网在发电、配电等环节可靠的储能技术支撑。

（4）有机液流电池

有机氧化还原物质作为继钒化合物之后的新一代氧化还原电解液材料，具有成本低廉、种类多样、可调控性强等优异特性，近十年来受到极大的关注，世界各国都在开展相关研究，取得了长足的进步和发展[29]。有机液流电池一般可分为水系有机液流电池和非水系有机液流电池。自 20 世纪 80 年代以来，水系有机液流电池在有机液流电池体系中得到了长足的发展，因此前者的研究数量和地位高于后者。这些研究不仅在电解质选择方面灵活多样，而且还产生了一种新型的高性能有机液流电池。有机液流电池由于其低成本和有机物种组成元素丰富而显示出大规模商业化应用的光明前景。此外，这些系统通过在有机分子结构上引入特定官能团,对有机分子的氧化还原电位和溶解度提供了极大程度的控制,从而产生了廉价和高能量密度的有机液流电池[30-31]。

在酸性[33-34]、中性[35-37]和碱性介质[38-39]中,通过使用氧化还原活性分子,正极物质有二茂铁衍生物、四甲基哌啶氧化物;负极材料有蒽醌衍生物、酚嗪衍生物、咯嗪(维生素 B_2)衍生物、紫精衍生物等,正负极材料在有机液流电池水溶液中取得了重大进展。在水溶液中,大多数报道的有机氧化还原材料具有较好的溶解度(>0.5mol/L),而其中一些可以达到 4.3mol/L。因此,与非水系相对应的有机液流电池相比,水系有机液流电池通常具有更高的容量(>15A·h/L)。2012 年前后,Wang 等[40]在一种有机氧化还原液流电池中使用了 π 芳香族氧化还原活性有机分子蒽醌(AQ)。目前,AQ 及其衍生物已成为水系有机液流电池的主要电解质材料,具有化学稳定性高、分子尺寸大、可抑制交叉互混、化学性质灵活可调、加工成本低等优点。基于蒽醌的有机液流电池在酸性、中性和碱性条件下的原理如图 2-8 所示。利用不同的比钒离子相对分子质量大的蒽醌衍生物作为阳极电解液,在一定程度上有效地减少了离子交叉[41]。

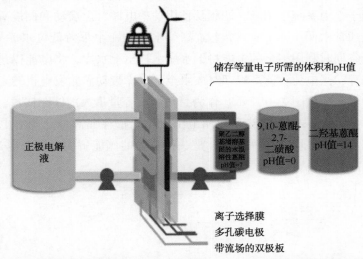

图 2-8 基于蒽醌的有机液流电池在酸性、中性和碱性条件下的原理图,
利用不同的蒽醌衍生物作为阳极电解液[32]

相较于水系有机液流电池,非水系有机液流电池不受限于水的电压稳定窗口,基于不同的溶剂,其电压可达到 2~5V[42]。而且某些材料在特定溶剂中的溶解度很高,如对甲基苯醌在乙腈中的溶解度可达 6mol/L[43]。但更多的材料在非水系溶剂里的溶解度较低的问题却是非水系有机液流电池发展的阻碍。此外,非水系有机液流电池的安全性不如水系的,这也增加了其本身的危险系数。

铁铬液流电池具备长循环寿命、高安全性和低度电成本等优势，目前正处于商业化示范应用阶段，商业化前景良好。相比铁铬液流电池，虽然全钒液流电池的产业链成熟度相对较高，但是，基于钒、铬两种元素固有的资源禀赋及其对应的生产特性，相较于铁铬液流电池工艺路线，全钒液流电池未来的规模化发展在一定程度上受到钒资源的制约。从度电成本的角度来说，铁铬液流电池相较于锂离子电池、全钒液流电池也有相对的竞争优势。同时，铁铬液流电池储能系统的成本有望进一步下降，预计到"十四五"末，6h 铁铬液流电池储能系统价格可降至 1500 元/kW·h，具有广阔的商业前景。

2.3.2 铁铬液流电池与国内外储能技术综合对比

基于研究和工程实践及其所获得的业界共识，适合于长时间、大规模的储能形式，主要包括抽水蓄能、压缩空气储能、锂离子电池和液流电池。

（1）抽水蓄能

抽水蓄能（Pumped Storage Hydropower）是一种基于水力学原理的储能技术，被广泛应用于电力系统中调峰、调频及备用功率电源、黑启动和储能等方面。抽水蓄能系统通常由两个水库（一个上游高位水库和一个下游低位水库）组成，在电力负荷低谷期时利用多余的电能将下水库水抽至上水库，将电能以重力势能的形式进行储存，当电力负荷高峰期时放水至下水库带动涡轮发电机转动，将重力势能转变为电能，如图 2-9 所示。作为目前装机容量最大的储能技术，抽水蓄能技术具有可再生能源整合、储存周期范围广、能量存储高效、调节电力供需灵活、响应速度快、环境友好等优势，是一种重要的储能解决方案，也是实现"双碳"目标的重要支撑[44]。

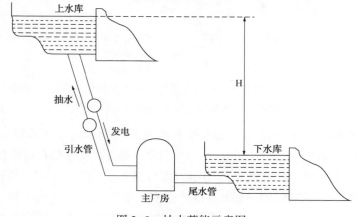

图 2-9 抽水蓄能示意图

2020 年 4 月，为落实好《抽水蓄能中长期发展规划（2021—2035 年）》，促进抽水蓄能高质量发展，国家发改委、国家能源局联合印发通知，部署加快"十四五"时期抽水蓄能项目开发建设，这一文件为抽水蓄能产业的快速发展提供了政策支持。由此可见，作为最成熟可靠的储能技术，抽水蓄能是近年来中国重点投资建设的储能形式。发展至今，国内外已有众多的建成电站与应用案例，中国抽水蓄能领域的关键技术也取得了显著突破。

2022 年 5 月 9 日，国内首例梯级水光蓄互补联合电站——四川春厂坝抽水蓄能电站成功并网发电，它结合了水电和光伏发电两种能源形式，实现了能源互补，提高了电站可再生能源利用比例和供电的稳定性。同时，这也代表着我国首台自主研发 5MW 级全功率变速恒频抽水蓄能机组投运成功，这种新型机组通过调节转速和频率提高了电站的响应速度和运行效率。2022 年，安徽金寨电站在其第三代抽水蓄能技术中，相较于过去 7 叶片或者 9 叶片的转轮设计，此次机组首次采用 13 叶片的抽蓄转轮设计，提升了机组的稳定性及相关振动指标。2022 年 6 月，梅州抽水蓄能电站的第一期机组已全面投产，创下了国内抽水蓄能电站主体工程建设最短工期的纪录。其中，4 号机组成功实现了开关成套设备国产化，打破了此前该系列设备被国外厂商垄断的局面。2022 年 12 月，全球最大的混合式抽水蓄能项目——国投集团雅砻江水电两河口混合式抽水蓄能项目正式开工建设。项目位于四川省甘孜州雅江县，是全球最大的混合式抽水蓄能项目，也是我国海拔最高的大型抽水蓄能项目。

根据 2023 年 6 月 28 日发布的《抽水蓄能产业发展报告（2022）》显示，2022 年中国抽水蓄能迎来了 880 万 kW 的新增投产装机规模，截至 2022 年底，中国已经建成和在建的抽水蓄能电站装机规模达到了 1.6 亿 kW。同时，还有接近 2 亿 kW 的抽水蓄能电站正在进行前期的勘探工作。其中，仙游木兰抽水蓄能电站作为国家抽水蓄能长期发展规划中的"重点实施项目"，其总投资约为 94 亿元，项目建成之后将优化能源结构，进一步推进我国抽水蓄能产业快速建设。

在抽水蓄能技术的起源和发展方面，瑞士在抽水蓄能领域有着悠久的历史和丰富的经验。该国拥有一系列规模庞大且高效的抽水蓄能电站，如格里登斯抽水蓄能电站和劳特布龙嫩抽水蓄能电站等。这些项目已经成功运营多年，为瑞士的电力系统提供了可靠的调峰和备用能源。美国克利奥抽水蓄能项目是美国地下抽水蓄能电站之一，它利用峡谷地形，在山脉中建造地下洞穴作为水库，采用先进的水泵水轮机组技术，并对电站的系统控制进行了创新，减少了成本，增加了系统的灵活性。德国深湖抽水蓄能电站是一个具有高度柔性和快速响应能力的抽水蓄能项目，该电站利用地形的变化实现能量的转换，其优化了调度策略、提高了水轮机效率且降低了对环境的影响。日本富士抽水蓄能电站通过高效的水泵水轮机组技术并利用智能化控制系统进行调度优化，提高系统稳定性、降低能耗和提高启动响应速度。国际可再生能源署（IRENA）在《电力存储与可再生能源：2023年的成本与市场》中提出，到2023年，全球抽水蓄能装机增长幅度约为30%~50%，全球抽水蓄能累计装机规模不断增长。这显示了全球对抽水蓄能技术的日益重视和市场需求的增长。随着可再生能源的快速发展和电力系统的转型，抽水蓄能作为一种高效、可靠的储能解决方案，将在未来继续迎来强劲的增长势头。

我国抽水蓄能技术虽相较于其他国家起步较晚，但在经历了研究起步阶段、引进发展阶段以及自主发展阶段后，当前我国在设计施工、装备制造及电站运行等方面已达到世界先进水平。目前，抽水蓄能作为大规模储能的标杆，经常以其能量转换效率、初始投资及全寿命成本等指标来对发展的新型储能技术进行比较评判。抽水蓄能电站造价为6800~7000元/kW（6h发电），能量转换效率可以达到70%左右。然而，抽水蓄能的局限性主要在于其对建设选址的要求较高（建坝条件、环境影响和淹没区移民等），一些地区可用于建设大型抽水蓄能电站的资源已近枯竭（如江苏省等），且建设周期漫长（7~10年），经济性差，投资回报周期长。

（2）压缩空气储能

压缩空气储能（Compressed Air Energy Storage，CAES）是一种基于燃气轮机发展而产生的储能技术，它主要由压缩系统、膨胀系统、发电装置和储气罐四大部分构成，图2-10是压缩空气储能示意图。传统压缩空气储能技术原理脱胎于燃气轮机，一般工作流程为压缩、储存、加热、膨胀和冷却。压缩空气储能是通过压缩空气存储多余的电能，在需要时将高压气体释放到膨胀机做功发电。在储能时段，压缩空气储能系统利用风、光电或低谷电能驱动压缩机，将电能转化为压缩空气的压力能。这些高压空气被密封存储在报废的矿井、岩洞、废弃的油井或人造的储气罐中，以便在需要时使用。在释能时段，储

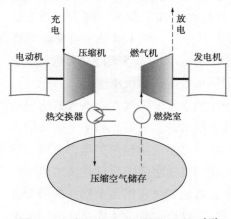

图2-10　常规压缩空气储能示意图[45]

存的压缩空气被释放出来推动膨胀机，将储存的压力能转化为机械能或电能。释放压缩空气的过程还可以回收释放的压缩空气中的热能，并利用它来加热蒸汽或其他工质，从而提高发电效率。压缩空气储能系统可以实现对电力的储存和调度，这使得它成为一种重要的储能技术，可以平衡电网负荷波动，提供备用能源，并促进可再生能源的大规模应用。压缩空气储能技术正在不断发展和完善，尤其是在提高系统效率、降低成本和增加储气罐容量等方面取得了重要进展。它在清洁能源转型和能源系统可持续发展方面具有广阔的应用前景。

压缩空气储能技术是从 20 世纪 50 年代发展起来的，世界上最先商业运行的两个压缩空气储能电站，分别是德国 Huntorf 电站和美国 Mcintosh 电站。Huntorf 电站于 1978 年建成并开始商业运营，是世界上第一座商业化运营的压缩空气储能电站。该电站采用了地下储气库的形式进行能量储存，并通过燃气轮机将储存的压缩空气转化为电力输出，其在电力系统调峰、备用能源和频率调节方面发挥了重要作用。Mcintosh 电站于 1991 年投入商业运营，是世界上第二座商业化运营的压缩空气储能电站[46]。该电站也是利用地下储气库储存压缩空气，并通过膨胀机和发电机将储存的能量转化为电力输出，其具有较大的储能容量和可调度性，为电力系统提供了稳定的备用能源。这两个电站的成功商业运营标志着压缩空气储能技术的进一步发展和应用，它们为后续的压缩空气储能项目实施提供了宝贵经验和技术基础，并在推动可再生能源的大规模应用和能源系统的可持续发展方面起到了重要作用。

中国对压缩空气储能系统的研究开发比较晚，2013 年至今，国内已有多个压缩空气储能示范项目落地。2013 年，国际首套 1.5MW 超临界压缩空气储能系统于河北廊坊建成，系统效率达到了 52.1%，被评价为"我国压缩空气储能的一项重要突破，达到国际领先水平"。2016 年，国际首套 10MW 先进压缩空气储能国家示范项目在贵州毕节兴建，其系统效率达到了 60.2%。国际首套 10MW 岩穴先进压缩空气储能国家示范电站于 2021 年 9 月在山东肥城建成，电站效率可达 60.7%[47]。作为世界首个非补燃压缩空气储能电站，江苏金坛岩穴压缩空气储能项目于 2021 年 9 月并网成功，该项目实现了主装备完全国产化。另外，100MW 先进压缩空气储能示范项目拟在河北张家口建设，项目建设规模为 100MW/400MW·h，系统设计效率为 70.4%。

虽然传统的压缩空气储能技术已经成熟，但由于系统在运行过程中需要补充额外能源(压缩过程放热能量散失，膨胀过程吸热需用燃气燃烧予以补充)，导致系统的能量转换效率偏低(仅 20%~50%)。电站投资成本高，投资回报长，并且其与抽水蓄能一样也受资源条件限制（需要利用大型地下岩洞、盐洞或矿洞等作为储气库），这在一定程度上影响了整个技术应用时的经济性。

（3）锂离子电池

锂离子电池（Lithium-ion battery）是一种二次电池，它主要依靠锂离子在正极和负极之间进行嵌入和脱嵌来实现充放电过程。全固态锂离子电池基本组成如图2-11所示，在充电过程中，锂离子电池中的正极材料（通常是金属氧化物）释放出锂离子（Li⁺），同时负极材料（通常是石墨）接受这些锂离子并将其嵌入分子结构中，此时，正极处于富锂状态，负极则处于贫锂状态。在放电过程中，锂离子从负极材料脱嵌，并通过电解质传输到正极材料中，同时释放出电子，这个过程电荷流动通过外部电路完成整个电路循环，从而释放了电能。锂离子电池的工作原理是基于锂离子在正负极材料之间的迁移、嵌入和脱嵌反应。这种可逆的充放电反应使得锂离子电池成为一种高能量密度、可重复使用的电池技术，现已被广泛应用于移动设备、电动车辆、储能系统等领域。

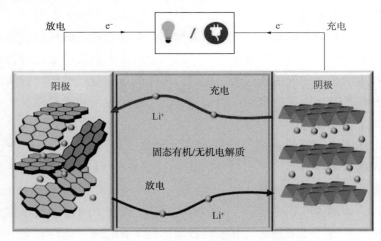

图 2-11　全固态锂离子电池基本组成示意图[48]

锂离子电池储能是当前技术最为成熟、装机规模最大的电化学储能技术。自20世纪90年代初正式开始商业化应用以来，锂离子电池由于绿色环保、循环寿命长、能量密度高、工作电压高等优点，成为新一代电动汽车的理想动力源。2021年，锂离子电池占中国新型储能装机量的89.7%，目前广泛应用于1~8h的储能场景中。北京海博思创科技股份有限公司针对户用、储能电站以及工商业等不同应用场景，基于本质安全的固态磷酸铁锂电池，推出了新一代 HyperSafe 系列固态电池储能系统产品。此外，北京卫蓝新能源科技股份有限公司推出了

2MW·h 的高安全等级的混合固液锂离子储能电池系统，这个系统结合了固体和液体电解质的优势，旨在提供更高的安全性和可靠性。

在"双碳"目标的推动下，2022 年国内完成了多个标志性锂离子电池储能电站示范项目。宁夏地区首批电网侧液冷大型储能项目——中核同心泉眼 100MW/200MW·h 储能电站成功并网，该项目共建设了 30 套 3.45MW/6.7MW·h 的磷酸铁锂电池储能系统。磷酸铁锂电池是一种锂离子电池的类型，具有较高的安全性和耐久性。这些储能系统在年平均放电量方面达到了 5000 万 kW·h 的水平。2022 年 7 月，英国牛津正式投运了 55MW 的锂离子电池+全钒液流电池联合储能项目，这也标志着世界上最大的锂电-全钒液流联合电池储能项目正式投入使用。该项目的核心部分是由 Wärtsilä 提供的 50MW/50MW·h 锂离子电池系统和 Invinity Energy Systems 提供的 2MW/5MW·h 全钒液流电池组成的联合电池储能系统。通过锂离子电池和全钒液流电池的联合应用，这个储能项目能够充分发挥两种技术的优势，提供更加灵活、可靠的储能解决方案。这也将进一步推动清洁能源转型，促进可再生能源的更广泛应用，并为其他地区和企业在储能领域的发展提供有价值的参考。

但是随着全球电池需求量的迅速增长，锂资源开始面临着资源约束问题。锂矿资源的总量分布有限，空间分布不均匀，而现在的电池生产用锂对外依存度过高。此外，锂电池安全性能较差，由于其内部化学反应特性，锂离子电池在过充、过放、过热或损坏时可能发生热失控，有引发火灾或爆炸的风险，这对于大规模储能系统来说是极其不利的。

（4）液流电池

液流电池目前根据电极活性物质的不同可分为全钒液流电池、铁铬液流电池、锌溴液流电池、锂离子液流电池等。全钒液流电池具有较好的反应可逆性、较高的循环寿命、良好的可扩展性和耐用性，并且能够提供中等到大规模储能解决方案。铁铬液流电池使用含有铁和铬离子的电解液来实现储能，该类型电池具有较高的能量密度和较低的成本，适用于长时间储能和大容量需求。锌溴液流电池采用溴化锌电解液进行储能，具有较高的能量密度和较长的循环寿命，且溴化锌是一种相对廉价的材料。在这些不同的液流电池中，全钒液流电池储能系统的研究开发和工程应用示范不断取得重要进展，发展越来越快，技术越来越成熟，是长时大规模储能的首选。但钒资源的含量和成本将是其发展的阻力，在原料储量和成本上具有优势的铁铬液流电池正高速发展，其产业链已逐渐完善，具有广阔的应用前景。

2023 年 2 月，根据国家能源局发布的 2022 年可再生能源发展情况，截至 2022 年底，全国新型储能装机中，锂离子电池储能占比 94.5%、压缩空气储能占比 2.0%、液流电池储能占比 1.6%、铅酸（炭）电池储能占比 1.7%、其他技术路线占比 0.2%。以上数据显示了当前全国新型储能装机不同技术路线的分布情况，反映了锂离子电池储能在市场中的主导地位，其他储能技术的发展和应用也在逐步增加，为未来储能领域的多样化提供了可能性。此外，飞轮、重力、钠离子等多种储能技术已进入工程化示范阶段，将为新能源储存领域的创新应用和产业高质量发展带来更多可能性。而储能技术的不断成熟和商业化应用将为清洁能源的可靠供应、电力系统的稳定性以及可持续发展提供更多选择。

表 2-2 中介绍了不同储能技术的各项指标、应用场景及限制，其中液流电池能量密度高，寿命长，适用于太阳能和风能发电的储能系统。但液流电池也存在一定的限制，如设备成本较高、上下游产业链条配备不完善等。

表 2-2　不同储能技术各项指标、应用场景及限制

储能方式		安全性	价格	发展现状	环保型	应用场景	发展限制
抽水蓄能		好	高	商业应用	好	大规模长时储能	必须临近水源，与地理位置强相关
压缩空气		中	高	商业推广	好	大规模长时储能	高价储能罐，低能量转化
锂离子电池		差	低	商业应用	差	动力电池和短时储能	安全隐患大
液流电池	全钒	好	高	商业推广	中	大规模长时储能	原材料价格高
	铁铬	好	低	商业推广	中	大规模长时储能	无
	锌溴	中	低	实验室阶段	中	大规模储能	系统效率低

2.4　铁铬液流电池相关政策及市场预期

2.4.1　铁铬液流电池相关政策

为实现国家重大需求，推动能源清洁、低碳、安全、高效利用，加快构建清洁、低碳能源体系，国家出台了一系列政策文件，使得储能电池产业得到快速发展。党的二十大报告中指出须积极稳妥推进"碳达峰碳中和"，坚持先立后破，深入推进能源革命，加快规划建设新型能源体系。2022 年 3 月，我国出台的《"十四五"新型储能发展实施方案》中指出，到 2025 年，新型储能需由商业化元年步入规模化发展阶段，并具备大规模商业化应用条件。其中，"电化学储能技术性能进一步提升，系统成本降低30%以上"。

当前在国内"双碳"目标持续推进以及市场对大规模储能技术需求不断攀升的背景下，铁铬液流电池作为一类具有众多优势的新型储能电池，逐渐受到市场青睐。2022年1月，国家电投正式投产"容和一号"铁铬液流电池堆生产线，并正式启动国内首个兆瓦级铁铬液流电池储能示范项目，标志着我国铁铬液流电池产业化进程开启。除此之外，截至目前，国内铁铬液流电池建设项目已超过5个，如2022年华电国际建设了1MW/6MW·h铁铬液流电池项目，2022年华润电力建设了1MW/2MW·h铁铬液流电池项目等。在国内铁铬液流电池众多项目加速投产背景下，其在未来产业化中的步伐有望进一步加快。同时，当前国内铁铬液流电池行业发展还受政策大力支持，2022年6月国家发布的《关于进一步推动新型储能参与电力市场和调度运用的通知》提出，新型储能可作为独立储能参与电力市场；同时期发布的《防止电力生产事故的二十五项重点要求(2022年版)》提出，中大型电化学储能电站不得选用三元锂电池、钠硫电池，不宜选用梯次利用动力电池。未来在政策持续利好的情况下，铁铬液流电池有望成为储能电站电池市场的主流产品之一。

目前在市场需求持续增长驱动以及政策大力支持背景下，铁铬液流电池凭借其独特优势逐渐获得市场青睐，产业化进程不断加快。但国内铁铬液流电池行业尚处于发展初期阶段，行业发展仍有较多的困境，例如电池负极材料析氢问题、铬氧化还原性差问题等，未来国产铁铬液流电池技术水平仍有巨大的提升空间，行业发展潜力巨大。表2-3介绍了液流电池与其他电化学技术的对比，可以看出铁铬液流电池的各项指标均优于其他种类的储能电池。

表2-3 液流电池与其他电化学电池技术对比

指标	铁铬液流	全钒液流	钠硫液流	锂离子
循环寿命/次	>10000	>10000	约2500	4000~5000
能量密度	10~20W·h/L	15~30W·h/L	150~240W·h/kg	300~400W·h/L
安全性	很好	很好	不好	不好
毒性腐蚀性	极小	极小	较大	较大
运行温度/℃	−20~70	5~50	300~350	常温~45
能量转换效率	70%~75%	70%~75%	60%~80%	90%
自放电	极低	极低	低	中
电池回收	电解液重复利用	电解液重复利用	中	难

在过去的几十年里，人们对铁铬液流电池进行了广泛的研究。因为铁铬液流电池的成本在理论上可以低于锌溴和全钒液流电池，具有大规模推广的潜力，被

认为是最有前途的储能技术。随着析氢和电解液互混等问题的解决，铁铬液流电池技术正在走出实验室，满足更大的电力需求和更稳定的工业化要求。除了原材料成本优势外，铁铬液流电池还有其他优势：环境友好、运行温度范围广泛、可以使用非氟离子传导膜替代昂贵的 Nafion 膜，降低成本并消除国外材料垄断，具有较好的产业化与市场推广应用前景。

2023 年，是储能产业高速发展的一年，国家及地方对长时储能的支持力度不断加大。2023 年 1 月 7 日，工信部等六部门发布了《关于推动能源电子产业发展的指导意见》，其中明确，发展低成本、高能量密度、安全环保的全钒、铁铬、锌溴液流电池。突破液流电池能量效率、系统安全可靠、全周期使用成本等制约规模化应用的瓶颈，促进质子交换膜、电极等关键材料产业化。2023 年 6 月，国家能源局发布《新型电力系统发展蓝皮书》，其中提出了储能技术发展的三大阶段：2030 年之前，储能多应用场景、多技术路线规模化发展，重点满足系统内平衡调节需求。2030—2045 年，规模化长时储能技术取得重大突破。2045—2060 年，重点发展基于液氢和液氨的化学储能、压缩空气储能等长时储能技术路线，在不同时间和空间尺度上满足未来大规模可再生能源调节和存储需求。未来 5 年，"新能源+储能"将是新型储能的主要应用场景，政策推动是主要增长动力。

保守场景：预计 2026 年新型储能累计规模将达到 48.5GW，2022—2026 年复合年均增长率（CAGR）为 53.3%，市场将呈现稳步、快速增长的趋势。

理想场景：随着电力市场的逐渐完善，储能供应链配套、商业模式的日臻成熟，新型储能具有建设周期短、环境影响小、选址要求低等优势，随着商业模式的成熟，新型储能在竞争中有望脱颖而出。预计到 2026 年，新型储能的累计规模将达到 79.5GW，2022—2026 年的复合年均增长率为 69.2%。

"十四五"是加快构建以新能源为主体的新型电力系统，推动实现碳达峰目标的关键时期，《中共中央 国务院关于完整准确全面贯彻新发展理念做好碳达峰碳中和工作的意见》提出了加快形成以储能和调峰能力为基础支撑的新增电力装机发展机制。新能源的大规模并网带来不同时间尺度的电力供需平衡问题，新型储能不仅可促进新能源大规模、高质量发展，助力实现"双碳"目标，作为能源革命核心技术和战略必争高地，有望形成一个技术含量高、增长潜力大的全新产业，成为新的经济增长点。国家各个部门也提供政策支持，鼓励可再生能源发电企业自建或购买调峰能力增加并网规模，助力可再生能源以及储能技术的发展。截至 2022 年 6 月，共有 20 余个省、自治区、市先后发布新型储能产业规划相关实施细则，所在省、市、自治区发改委、能源局要求新型储能电站配备不少于10%功率，4h时长的储能设备，表2-4列出了部分我国对于储能政策的支持方案和扶持政策。

表2-4 储能实施政策

政策文件	发布部门	内容
《关于鼓励可再生能源发电企业自建或购买调峰能力增加并网规模的通知》	国家发改委、国家能源局	保障性并网以外的规模初期按照功率15%、4h以上配建调峰能力
《山西独立储能电站并网运行管理实施细则（试行）》（2023.1.13）	山西能监办	独立储能电站是指以独立法人主体身份、不受接入位置限制，直接与电力调度机构签订并网调度协议、参与电力市场交易的储能电站。新能源配套储能、用户侧储能和其他电源侧储能等满足独立并网运行技术条件的，可自愿申请转为独立储能电站
《关于申报贵州省"十四五"新型储能试点项目的通知》（2023.1.12）	贵州省政府	新型储能项目应结合电源侧、电网侧、用户侧多元化需求开展建设，有效提升与源网荷储协调互动能力，保障新能源高效利用，提高电力系统灵活调节能力和安全保障能力。项目类型包括但不局限于电化学储能、压缩空气储能、飞轮储能等。新型储能示范项目将纳入贵州省"十四五"新型储能发展专项规划
《内蒙古自治区电力源网荷储一体化实施细则（2022年版）》	内蒙古自治区政府	源网荷储一体化综合调节能力原则上不低于新能源规模的15%，时长不低于4h，应确保在新能源全寿命周期内有效
《新疆发改委服务推进自治区大型风电光伏基地建设操作指引（1.0版）》	新疆维吾尔自治区发改委	对建设4h以上时长储能项目的企业，允许配建储能规模4倍的风电光伏发电项目，鼓励光伏与储热型光热发电以9∶1规模配建
《天津市加快建立健全绿色低碳循环发展经济体系实施方案》	天津政府	推动储能技术应用，提升电网消纳、调峰能力，加强新能源汽车充换电、加氢等配套基础设施建设
《甘肃省电力辅助服务市场运营规则（试行）》（2023.1.5）	甘肃政府	储能资源交易包括调峰容量市场交易和调频辅助服务市场交易，储能充电功率应在1万kW及以上、持续充电2h及以上，具备独立计量和自动增益控制（AGC）功能

续表

政策文件	发布部门	内容
《四川省能源领域碳达峰实施方案》(2023.1.11)	四川政府	加强大容量电化学、压缩气体等新型储能技术攻关、示范和产业化应用,研发熔盐储能供热和发电,开展百兆瓦级高原光储电站智能运维技术与应用示范
《关于促进西藏自治区光伏产业高质量发展的意见》(2023.1.16)	西藏自治区政府	项目竞争性配置评分细则要求配置储能不低于项目装机容量的20%,储能时长4h配置的得5分,在此基础上,储能时长每增加1h增加1分

2.4.2 铁铬液流电池市场预期

储能电池是提高电力系统消纳能力的关键手段,近年来,国家大力发展清洁能源,储能电池产业也得到快速发展。截至 2023 年 8 月,中国液流电池装机规模达到 220MW/865MW·h,中国目前液流电池储备项目规模 5GW/18GW·h。到 2025 年,主要受到政府和公共事业公司示范项目的推动,预计中国液流电池装机规模将显著增长,中国将部署最多 4GW 的液流电池。2025 年以后,液流电池的潜在市场将取决于其成本竞争力和中国对长时储能的需求。根据 2022 年国家电投推介会信息,预测 2023—2027 年铁铬液流电池累计装机规模达到 7.9GW。据不完全统计,2023 年已签约的铁铬液流电池电站项目容量合计约为 1.5GW·h,已签约的铁铬液流电池生产装置年生产能力合计达到 1.2GW。随着需求的增长,储能系统电池技术进一步优化,能量密度、安全性和效率进一步提升,未来行业将保持快速增长态势。

国内液流电池市场发展呈现以下特点:市场并未商业化,正处于项目示范阶段,且示范项目远低于锂离子电池的示范项目;技术路线具有较明显的偏向,以商业化程度最高的全钒液流电池为主;示范规模偏小,基本以千瓦到兆瓦级别为主,混合型示范居多,结合铁锂、三元等锂离子电池混合应用与考察,全液流电池示范项目偏少。

未来 10 年,液流电池有望进入高速增长阶段,其主要驱动力有:液流电池技术与长时储能匹配性高,电池循环寿命一般在 10000 次以上,没有起火爆炸的风险,功率与容量可分开设计,能根据需求灵活扩充储能容量;液流电池经过过去十余年的工程示范,国内产业配套成熟度快速提升,制造成本下降明显;随着示范规模突破百兆瓦和头部企业产能的扩张,其投资成本有望进一步下降;"十四五"储能规划提出重点支持百兆瓦液流电池技术项目示范，预计更多的央企和地方政府将会采用该技术路线。

近年来，电化学储能快速发展，随着国家清洁能源发电政策的出台和储能电池的不断发展，储能电池已成为提高电力系统消纳能力的重要手段。电力系统储能应用是储能电池下游主要的应用场景。例如，华永投资集团50MW/200MW·h共享储能项目落户黑龙江省，其规模仅次于大连液流电池储能调峰电站，位居全钒液流电池共享储能项目全国第二。2023年10月，北京绿钒新能源科技有限公司发布了自主研发的单个功率为100kW的"超级电堆"，该款产品是截至目前国内功率最大的单电堆，其规格和技术均处于国内领先水平。

铁铬液流电池发展至今，其产业链已逐步完善，产业化进程加速。在上游原材料方面，铬盐行业整体市场具有规模小、集中度高、区域独家主导的特点。在产业链的上游，湖北振华化学股份有限公司成立于2003年，是业内较早布局铁铬液流电池的铬盐企业，也是全球铬盐龙头企业。该公司年产6000t三氯化铬生产线已经于2022年8月上旬建成投产，根据当前市场主流的工艺路线，该项目所产的三氯化铬为铁铬液流储能电池负极电解液的主要原材料。

在电池整装上，目前布局力度较大、进展较快的铁铬液流电池企业为国家电投集团。2017年，国家电投集团中央研究院布局储能产业，进军铁铬液流电池技术研发领域，开了能源央企进军储能产业的先河。研发出第一代具有自主知识产权的铁铬液流电池储能产品——"容和一号"，实现了铁铬液流电池储能技术的产品化、标准化、示范验证及产线建设，打造了完整的铁铬液流电池产业链。2023年2月28日，由国家电投集团内蒙古公司建设的我国首个兆瓦级铁铬液流电池储能示范项目(1MW/6MW·h)在霍林郭勒市成功试运行。该项目共安装34台"容和一号"电池堆和四组电解液储罐，共同组成兆瓦级储能系统，实现6000kW·h电储存6h的储能目标。

除了国家电投集团之外，更多的新力量也在逐渐布局铁铬液流电池储能赛道。中海储能基于自由基的量子点沉积技术，大幅度提高电极表面的催化剂沉积水平，大幅降低了铁铬液流电池中的析氢反应，已研发出了"中海一号250kW"和"中海一号500kW"产品。目前，经过世界各地科研人员、国家电投集团、中海储能等的努力合力解决了铁铬液流电池电解液互混、负极充电析氢、容量衰减等问题，铁铬液流电池是一条非常有潜力的技术路线，其储能商业化前景良好。

图2-12展示了近年来，随着新能源产业的快速发展和电力市场的逐步开放，电化学储能市场装机规模呈现出快速增长的趋势。在"双碳"目标背景下，加大

力度推广新能源已成为大趋势。因为新能源发电存在供应随机性、发电功率不稳定、并网困难等问题，所以发展新能源储存技术越发重要。国家发改委和国家能源局《"十四五"新型储能发展实施方案》提出，到 2025 年，新型储能由商业化初期步入规模化发展阶段。这将会是我国储能电池行业发展的一大机遇，预计到 2027 年规模可达到 1160 亿元。储能技术是构建以新能源为主体的新型电力系统，实现"双碳"目标的关键支撑技术[12]。铁铬液流电池储能技术具有安全可靠、寿命长、环境友好等优势，成为规模储能的首选技术之一。表 2-5 展示了不同储能技术的参数。

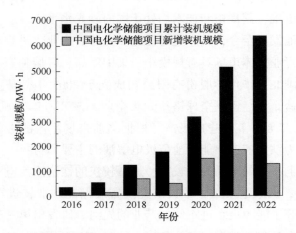

图 2-12　2016—2022 年中国电化学储能市场累计及新增装机规模

表 2-5　不同储能技术的参数对比

项目	铁铬	全钒	锂电
技术现状	商业推广	商业推广	商业应用
储能时长	>8h	>8h	1~4h
循环寿命	>2 万次	>2 万次	约 5000 次
安全性	高	高	低
初装成本	2000 元/kW·h	3500 元/kW·h	2100 元/kW·h
核心原材料价格	铬 16.7 元/kg	钒 53.9 元/kg	锂 78.5 元/kg
核心原材料储量	铬储量 5.1 亿 t 产量 2200 万 t	钒储量 2000 万 t 产量 40 万 t	锂储量 1600 万 t
系统效率	约 80%	约 80%	>85%
规模化难度	易	易	难
电流密度	220mA/cm^2	200mA/cm^2	

图 2-13 表示了对未来中国储能市场规模的预测，未来电化学储能市场将会继续保持快速增长的趋势。随着新能源装机规模的不断扩大和电力市场的逐步开放，电化学储能市场的增长速度将会继续加快。未来电化学储能市场的前景非常广阔，这将为新能源产业的发展提供更加坚实的支撑。

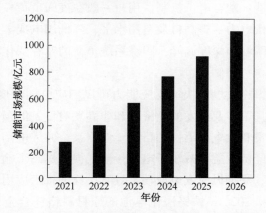

图 2-13　2021—2026 年中国储能市场规模预测

随着近年国内外对储能市场开发的重视以及钒价格的下降，一大批全钒液流电池示范项目在世界范围内建成。2019 年，大连液流电池储能调峰电站国家示范项目开建，总体规模 200MW/800MW·h。2022 年 5 月，大连液流电池储能调峰电站示范项目成功接入大连电网，正式并网投运，技术与市场日趋成熟。根据 USGS 数据显示，2021 年全球钒产量为 10.7 万 t，中国钒产量为 7.3 万 t，占比 68%。未来作为 GW 级别的订单势必会进一步催生钒矿开采与使用需求。

目前，全钒液流电池已经在国内外进行了多项储能应用示范和商业化应用项目，但是，由于钒原材料价格较高，导致全钒液流电池电解液成本较高，对全钒液流电池的成本分析发现，其成本的 53% 来自电解液，极大地限制了全钒液流电池的发展及其产业化应用[13]。中国科学院大连化学物理研究所、液流电池权威技术专家张华民教授警示道"电解液五氧化二钒的价格如果超过 15 万/t，全钒液流电池产业很有可能会夭折"。因此，低成本液流电池开发对于液流电池的商业化普及应用具有重要的意义。

液流电池储能系统的作用：加强系统灵活性，缓解高峰时刻的用电紧张，减少因负荷管理而带来的限电和断电；弥补风力发电的间歇性缺陷，平滑可再生能源发电，提升电力输出稳定性，增加上网电量，促进清洁能源的应用，实现节能减排；使因负荷变化而带来的电力系统的设备投资更加经济有效，在负荷接近设备容量的输配电系统内，利用储能系统通过较小的装机容量能有效提高电网的输配能力，延缓新建输配电设施，降低成本；使火电机组保持高效，提高能源转化效率，延长机组使用寿命，为社会和电厂创造出更多的效益；发生停电故障时，储能设备能够将储备的能量供应给终端用户，避免了故障修复过程的电能中断，以保证供电的可靠性；配合电价机制，用户一般在夜间负荷较高，通过配置储能可以更好地利用光伏电力，提高自发自用水平，降低用电成本；参与电力市场辅助服务，参与启停调峰和深度调峰，跟踪系统负荷的峰谷变化及可再生能源出力变化，平衡发电侧与负荷侧。

储能系统的频繁充放电和快速反应能力可以响应电网调度发出的频率调节、电压调节等要求，且不涉及满发的经济性和非满发对设备的损耗等问题，达到了经济地保证电能质量和供电可靠性的目的。储能系统并入电网，增强了电网的安全性，大幅提高了经济效益，减小了电网传输线损，提高了输电线路和设备的使用寿命，削峰填谷、平抑风光发电波动，具有广泛的推广应用价值。

如表2-6所示，2020年铁铬液流电池的原材料铬铁合金现已经探明储量有570000万t，年产量达到4000万t。

表2-6 三种技术原材料指标对比

项目	铁铬液流电池技术	钒电池技术	锂离子电池技术
关键材料	铬铁合金	钒矿	碳酸锂
探明储量	2020年全球570000万t	2020年全球2200万t	2020年全球12800万t
年产量	2020年4000万t	2020年8.6万t	2020年35万t
1GW·h用量	1.5万t	6647t	550t
1kW·h造价	400元	1700元	600~800元
占比年产量	0.0375%	7.729%	0.157%
655GW·h用量	982.5万t	435.4万t	36万t

中大型电化学储能电站应注意选用合适的电池类型，不宜选用三元锂电池、钠硫电池，梯次利用动力电池需进行一致性筛选并结合溯源数据进行安全评估。锂离子电池设备不宜设置在人员密集场所、有人居住或活动的建筑物内部或地下空间。目前电化学储能电站采用的消防标准不适用于实际情况，灭火系统中的灭火剂和灭火措施也不确定是否有效，发生火灾后若不能及时扑灭，火灾将会发生蔓延。锂离子电池燃烧不用氧气参与，属于内部材料化学反应，传统隔绝氧气灭火办法不起作用。因此，大型电化学储能系统建设主要还是得依靠液流电池技术，钒电池技术成本远远高于铁铬液流电池技术，这也是铁铬液流电池技术能够

在未来占据一定市场的原因所在。

对于铁铬液流电池长时储能系统，电解液的成本(价格)约占系统总成本的30%(全钒液流电池为50%)；如果该系统配备再平衡装置，铁铬液流电池电解液可以不断进行循环利用，残值率将进一步提升。除电解液以外，铁铬液流电池其他系统单元的造价成本也明显低于全钒液流电池，而且铁铬液流电池系统运行20~25年报废后，电解液、电极和双极板(碳材料)、电极框(塑料件)、质子交换膜、集流板(铜板)、端板(铝合金板或铸铁板)以及紧固螺杆(钢材料)，这些材料都很容易回收循环利用。预计在未来大规模长时储能技术中，铁铬液流电池会逐渐成为主流储能技术。

综上所述，铁铬液流电池储能系统具有储能时间长、循环次数多、原材料价格低、电流密度大、易于形成规模化等优点，是一种高安全、高环保的环境友好型储能装置。对于铁铬液流电池储能技术的研发与应用，教育部批准中国石油大学(北京)建立了碳中和未来技术学院，并开展本博一体化教育，着重培养新型储能技术人才，这为该项目的未来发展和铁铬液流电池储能技术的开发提供了充足的人才支持，也对当地储能项目的建设、共享模式等独立储能电站的开发起到积极的推动作用，但真正推进铁铬液流电池储能技术的普及应用，还需要"政、产、学、研、用(户)"共同努力，加大投入，不断创新，完善技术，进一步降低成本，大幅度提高储能系统的可靠性和稳定性。

参 考 文 献

[1] 杨林，王含，李晓蒙，等．铁-铬液流电池 250kW/1.5MW·h 示范电站建设案例分析[J]．储能科学与技术，2020，9(3)：751-757.

[2] 鲍文杰．典型液流电池储能技术的概述及展望[J]．科技资讯，2021，19(28)：33-42.

[3] Nozaki K, Ozawa T. Research and development of redox-flow battery in electrotechnical laboratory [C]//Proceedings of the Seventeenth Intersociety Energy Conversion Engineering Conference，1982，2：610-615.

[4] Sun C, Zhang H. A review of the development of the first-generation redox flow battery：iron chromium system[J]. ChemSusChem，2021，15(1)：101798-101812.

[5] Li Z, Guo L, Chen N, et al. Boric acid thermal etching graphite felt as a high-performance electrode for iron-chromium redox flow battery[J]. Materials Research Express，2022，9(2)：10-18.

[6] Guo Y, Huang J, Feng J K. Research progress in preparation of electrolyte for all-vanadium redox flow battery[J]. Journal of Industrial and Engineering Chemistry，2023，118(2023)：33-43.

［7］ Skyllas-Kazacos M，Kasherman D，Hong D R，et al. Characteristics and performance of 1 kW UNSW vanadium redox battery［J］. Journal of Power Sources，1991，35(4)：399-404.

［8］ Shibata A，Sato K. Development of vanadium redox flow battery for electricity storage［J］. Power Engineering Journal，1999，13(3)：130-135.

［9］ Joerissen L，Garche J，Fabjan C，et al. Possible use of vanadium redox-flow batteries for energy storage in small grids and stand-alone photovoltaic systems［J］. Journal of Power Sources，2004，127(1-2)：98-104.

［10］ Huang K L，Li X，Liu S，et al. Research progress of vanadium redox flow battery for energy storage in China［J］. Renewable Energy，2008，33(2)：186-192.

［11］ 吕正中，胡嵩麟，武增华，等. 全钒氧化还原液流储能电堆［J］. 电源技术，2007(4)：318-322.

［12］ Zhao P，Zhang H，Zhou H，et al. Characteristics and performance of 10 kW class all-vanadium redox-flow battery stack［J］. Journal of Power Sources，2006，162(2)：1416-1420.

［13］ 严川伟. 大规模长时储能与全钒液流电池产业发展［J］. 太阳能，2022(5)：14-22.

［14］ 乔永莲，许茜，张杰，等. 钒液流电池复合电极腐蚀的研究［J］. 电源技术，2008，32(10)：687-696.

［15］ 戴维·林登，托马斯，雷迪. 电池手册［M］. 汪继强，译. 3版. 北京：化学工业出版社，2007：968.

［16］ Poon G，Parasuraman A，Lim T M，et al. Evaluation of N-ethyl-N-methyl-morpholinium bromide and N-ethyl-N-methyl-pyrrolidinium bromide as bromine complexing agents in vanadium bromide redox flow batteries［J］. Electrochimica Acta，2013，107：388-396.

［17］ Winsberg J，Stolze C，Schwenke A，et al. Aqueous 2，2，6，6-Tetramethylpiperidine-N-oxyl Catholytes for a High-Capacity and High Current Density Oxygen-Insensitive Hybrid-Flow Battery (Article)［J］. ACS Energy Letters，2017，2(2)：411-417.

［18］ Knehr K W，Biswas S，Steingart D A. Quantification of the voltage losses in the minimal architecture zinc-bromine battery using GITT and EIS［J］. Journal of the Electrochemical Society，2017，164(13)：A3101.

［19］ Rajarathnam G P，Montoya A，Vassallo A M. The influence of a chloride-based supporting electrolyte on electrodeposited zinc in zinc/bromine flow batteries［J］. Electrochimica Acta，2018，292：903-913.

［20］ Zhang Y Q，Wang G X，Liu R Y，et al. Operational Parameter Analysis and Performance Optimization of Zinc-Bromine Redox Flow Battery［J］. Energies，2023，16(7)：3043.

［21］ Lex P，Jonshagen B. The zinc/bromine battery system for utility and remote area applications［J］. Power Engineering Journal，1999，13(3)：142-148.

［22］ Wu M C，Zhao T S，Zhang R H，et al. Carbonized tubular polypyrrole with a high activity for the Br_2/Br^- redox reaction in zinc-bromine flow batteries[J]. Electrochimica Acta, 2018, 284: 569-576.

[23] Biswas S, Senju A, Mohr R, et al. Minimal architecture zinc-bromine battery for low cost electrochemical energy storage[J]. Energy & Environmental Science, 2017, 10(1): 114-120.

[24] Wu M, Zhao T, Zhang R, et al. A zinc-bromine flow battery with improved design of cell structure and electrodes[J]. Energy Technology, 2018, 6(2): 333-339.

[25] Peng M, Yan K, Hu H, et al. Efficient fiber shaped zinc bromide batteries and dye sensitized solar cells for flexible power sources[J]. Journal of Materials Chemistry C, 2015, 3(10): 2157-2165.

[26] 项宏鑫. 高效氮掺杂碳催化剂的制备及其于锌/溴液流电池中的应用[D]. 广州：华南理工大学, 2020.

[27] Jiang T, Lin H, Sun Q, et al. Recent progress of electrode materials for zinc bromide flow battery[J]. Int. J. Electrochem. Sci, 2018, 13: 5603-5611.

[28] Chen N, Zhang H, Luo X D, et al. SiO_2-decorated graphite felt electrode by silicic acid etching for iron-chromium redox flow battery[J]. Electrochimica Acta, 2020, 336: 135646.

[29] Li Z, Jiang T, Ali M, et al. Recent progress in organic species for redox flow batteries[J]. Energy Storage Materials, 2022, 50: 105-138.

[30] Diaz-Munoz G, Miranda I L, Sartori S K, et al. Anthraquinones: an overview[J]. Studies in Natural Products Chemistry, 2018, 58: 313-338.

[31] Leung P, Shah A A, Sanz L, et al. Recent developments in organic redox flow batteries: A critical review[J]. Journal of Power Sources, 2017, 360: 243-283.

[32] Jin S, Jing Y, Kwabi D G, et al. A water-miscible quinone flow battery with high volumetric capacity and energy density[J]. ACS Energy Letters, 2019, 4(6): 1342-1348.

[33] Yang Z, Zhang J, Kintner-Meyer M C W, et al. Electrochemical energy storage for green grid[J]. Chemical Reviews, 2011, 111(5): 3577-3613.

[34] Hoober-Burkhardt L, Krishnamoorthy S, Yang B, et al. A New Michael-Reaction-Resistant Benzoquinone for Aqueous Organic Redox Flow Batteries[J]. Journal of the Electrochemical Society, 2017, 164(4): A600-A607.

[35] Soloveichik G L. Flow batteries: current status and trends[J]. Chemical Reviews, 2015, 115(20): 11533-11558.

[36] Luo J, Hu B, Debruler C, et al. Unprecedented capacity and stability of ammonium ferrocyanide catholyte in pH neutral aqueous redox flow batteries[J]. Joule, 2019, 3(1): 149-163.

[37] Liu Y, Goulet M A, Tong L, et al. A long-lifetime all-organic aqueous flow battery utilizing TMAP-TEMPO radical[J]. Chem, 2019, 5(7): 1861-1870.

[38] Darling R M, Gallagher K G, Kowalski J A, et al. Pathways to low-cost electrochemical energy storage: a comparison of aqueous and nonaqueous flow batteries[J]. Energy & Environmental

Science，2014，7(11)：3459-3477.

[39] Yang Z, Tong L, Tabor D P, et al. Alkaline benzoquinone aqueous flow battery for large-scale storage of electrical energy[J]. Advanced Energy Materials, 2018, 8(8): 1702056.

[40] Wang W, Xu W, Cosimbescu L, et al. Anthraquinone with tailored structure for a nonaqueous metal-organic redox flow battery[J]. Chemical Communications, 2012, 48(53): 6669-6671.

[41] Kelsall G H, Thompson I. Redox chemistry of H_2S oxidation by the British Gas Stretford Process Part Ⅲ: Electrochemical behaviour of anthraquinone 2, 7 disulphonate in alkaline electrolytes[J]. Journal of Applied Electrochemistry, 1993, 23: 296-307.

[42] Weber A Z, Mench M M, Meyers J P, et al. Redox flow batteries: a review[J]. Journal of Applied Electrochemistry, 2011, 41: 1137-1164.

[43] Wei X, Xu W, Vijayakumar M, et al. TEMPO-based catholyte for high-energy density nonaqueous redox flow batteries[J]. Advanced Materials, 2014, 26(45): 7649-7653.

[44] 郑琼，江丽霞，徐玉杰，等. 碳达峰、碳中和背景下储能技术研究进展与发展建议[J]. 中国科学院院刊，2022，37(4)：529-569.

[45] He W, Luo X, Evans D, et al. Exergy storage of compressed air in cavern and cavern volume estimation of the large-scale compressed air energy storage system[J]. Applied Energy, 2017, 208: 745-757.

[46] 钟伟杰，唐俊杰，孙青，等. 计及压缩空气储能的发输电系统可靠性评估[J]. 电力系统自动化，2023，47(8)：145-200.

[47] 韩肖清，李廷钧，张东霞，等. 双碳目标下的新型电力系统规划新问题及关键技术[J]. 高电压技术，2021，47(9)：3036-3082.

[48] Wu C W, Ren X, Zhou W X, et al. Thermal stability and thermal conductivity of solid electrolytes[J]. APL Materials, 2022, 10(4): 040902-040911.

第 3 章　铁铬液流电池电极

3.1　铁铬液流电池电极概述与发展

铁铬液流电池的电解液具有酸性，这就要求电极材料必须具有良好的耐腐蚀性。过去 40 多年的研究和开发中，只有全钒体系、铁铬体系、锌溴体系和多硫化钠/溴体系接近全面商业化，并在紧急连续供电设施、工业电池、电力牵引、独立应用、电负载平衡等领域得到了广泛应用，如图 3-1 所示。然而，目前的液流电池技术由于性能和成本问题不能满足市场商业化的严格要求。因此，研发更廉价、性能更优的液流电池成为液流电池研究者的首要任务。

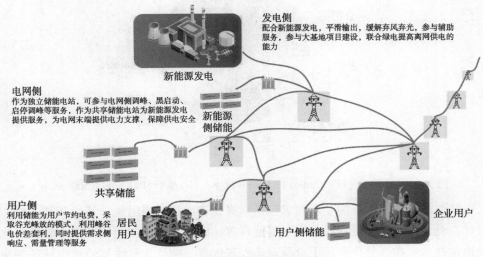

图 3-1　液流电池的应用实例

全钒液流电池和铁铬液流电池的组装成本具有明显的区别[1]。与成本为189美元/kW·h的全钒液流电池相比，铁铬液流电池中使用的活性物质成本低至17美元/kW·h。从图3-2中可以看出，铁铬液流电池的电极、电解液、泵成本占比较高。其中电极成本可以占到10%以上，因而提高电极传质效率，降低材料成本成为铁铬液流电池电极发展的一大趋势。

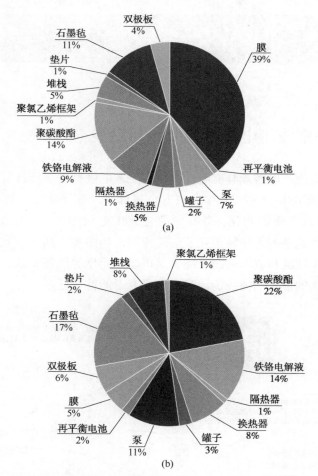

图3-2 (a)基于传统的 Nafion 的 ICRFB 成本；(b)基于 SPEEK 的 ICRFB 成本

铁铬液流电池电极的基本要求包括：高比表面积、高电化学活性和高电子传导性；低成本；对酸类物质具有耐腐蚀性等。因此，碳基材料因其成本较低、化学稳定性高、在高氧化介质中电位窗口大等优点，被认为是铁铬液流电池的理想电极材料。常见的碳基材料有石墨毡、碳毡、碳布、碳纸等。同时除碳基材料作为铁铬液流电池电极材料外，金属电极、浆料电极也被认为是可行性材料。

铁铬液流电池早期使用全钒液流电池中应用成熟的碳毡作为电极材料，其独特的 3D 多孔结构可以提供更大的表面积以减小极化损失，从而减少电池在充放电过程中的电荷转移极化。然而碳毡电极中的碳纤维结构多为非晶态，导致电导率较低，减缓了铁、铬离子在其内部的传质速率，抑制了电池能量效率，因此拥有更多石墨态碳纤维结构的石墨毡逐渐受到关注。与碳毡一样，石墨毡具有充沛的多孔结构来提供较大的比表面积，同时在石墨化过程中，其纤维收缩、微晶结构发生明显的变化，有利于电催化活性的提升。然而与碳毡一样，厚度较大的石墨毡的体电阻相对较高，在实际使用过程中铁铬液流电池体系铬反应活性较低，尤其是在高电流密度下电极的欧姆电阻会被显著放大，导致电池电压效率显著降低，且碳毡内部极易形成积液与循环死区，影响系统的传质传热效率。

为了进一步提升电池内部电/离子传输速率，减少碳毡/石墨毡电极由于厚度过高带来的欧姆电阻过大的副作用，更多的学者将研究重心放到碳布电极上。碳布电极采用有序编织结构，由预氧化/稳定化聚丙烯腈纤维经碳化或碳纤维纺丝而成，其内部纤维排列有序，孔隙分布广泛，具备优异的离子传输性能。虽然较薄的厚度使碳布电极欧姆极化大幅度降低，但相比于采用碳毡和石墨毡作为电极的铁铬液流电池，其电解液不会直接泵入电极内部，而是流经式结构，电解液流过时会产生较大的压降，影响电池效率。碳纸作为一种更薄的碳基材料，表面具有均匀致密的多孔结构，同时由于其厚度小，具有高电子传导性，首先被应用于燃料电池领域，但由于在铁铬液流电池上过薄的厚度影响电极与膜之间的贴合，使得电解液流动过程中易造成正负极交叉污染，因此未在铁铬液流电池上实际应用。

电极材料的选择一直随着新材料和新结构的出现进一步发展，近年来出现过一些金属电极及浆料电极等，由于受到技术的限制，未实现大规模普及，因此研究人员将更多的研究重心放在对碳基电极的改性上。

由于碳基材料较差的电化学活性和亲液性的需求，铁铬液流电池电极材料的发展过程中大量改性方法出现，其目的是改善电化学性能和物理性质，目前应用最广泛的修饰方法是增加电极表面的含氧官能团和引入催化剂。通过在电极表面添加含氧官能团来修饰电极的原理是氧化碳基电极表面的不饱和碳，形成 C=O、C—OH 等含氧官能团，从而提高电极的亲水性和电化学活性[2]。常用的方法包括热处理、酸处理、碱处理。最近有学者提出也可以通过 $K_2Cr_2O_7$ 溶液和 $KMnO_4$

溶液氧化、激光烧蚀技术、气凝胶改性等方法增加含氧官能团。催化剂的引入主要包括通过物理或化学方法将金属、金属化合物和其他材料引入电极[3]。

铁铬液流电池中氧化还原反应的发生需要与电极的活性位点接触，因此，在电极表面增加反应活性位点可以有效提高其电化学活性，进而提高电池的性能。Zhang 等[4]对聚丙烯腈基石墨毡（GF）和碳毡（CF）进行高温优化处理，通过对石墨化程度、含氧官能团和比表面积的调控，发现在 500℃高温下进行 5h 的热处理过程对 GF 和 CF 的理化参数均有显著影响。高石墨化的 GF 具有较完整的碳网结构，导电性较好，经过热处理之后，GF 表面生成含氧官能团，同时具备较好的导电性和电化学活性[2]。Chen 等[5]使用硅酸在热空气的作用下对石墨毡进行刻蚀，使石墨毡的比表面积增大，产生更多的反应活性位点，如图 3-3 所示。而且硅酸热分解生成的 SiO_2 可以阻碍热空气对石墨毡的进一步刻蚀，保证了碳纤维网络的完整性，同时生成大量含氧官能团，提高了石墨毡的亲水性。实验表明，适当的硅酸与热空气协同控制可以有效地提高石墨毡的比表面积和含氧官能团数量，使其获得更好的电化学活性。但是，二氧化硅也会让热空气引起的氧化点更集中，导致石墨毡的电导率下降。

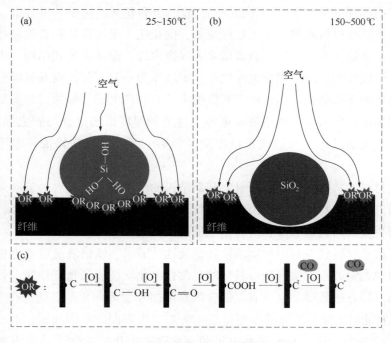

图 3-3　在石墨毡表面引入 SiO_2 的流程图[5]

最初，铁铬液流电池中最常用的电极是碳毡，但通过比较大量以石墨毡和碳毡作为铁铬液流电池电极的研究和数据，发现石墨毡比碳毡具有更高的能量效率和更好的电化学稳定性，更优的抗外界环境的干扰性，因此很多改性研究围绕着石墨毡展开。Su 等[6]将 In^{3+} 引入石墨毡并将改性后的石墨毡作为铁铬液流电池的电极材料，发现有明显的抑制析氢效果，在电化学反应过程中氧化还原反应速率和电荷转移速度均得到明显提升。如钴粉和氧化钴粉末等钴类化合物理论上可以降低化学反应势垒和增加析氧电位，因此得到了研究者的广泛关注，进而作为催化剂应用在各个电化学领域中，增加化学反应速率。到目前为止，各种不同结构的钴氧化物已成功应用于各种液流电池体系和电催化体系中。由于钴改性电极性能的研究大多集中在全钒液流电池上，而对廉价的铁铬液流电池的研究相对较少。Yan 等[7]采用浸渍、超声波和煅烧相结合的方法在石墨毡表面涂覆一层薄薄的氧化钴涂层，并将其应用于全钒液流电池。与原石墨毡电池相比，能量效率高出 12.7%。由此可见，钴及其氧化物不仅对液流电池中的电极反应具有催化作用，而且钴氧化物本身所携带的含氧官能团也能提高电极的电化学性能。改变碳电极表面含氧官能团的含量也可以改善钒液流电池中碳电极的性能。在表面引入低百分比的含氧官能团后，可获得较好的电化学性能。采用电沉积法和水热法均可在石墨毡上制备 Co_3O_4 镀层，但是电沉积法制备的样品具有更高的能量效率和更好的循环稳定性。

铁铬离子在电极表面发生氧化还原反应，除了需要大量的反应活性位点，还需要外界提供大于反应所需活化能的能量。因此，使用催化剂降低反应活化能，可以促进电解液中活性物质氧化还原反应在电极上进行。目前，将催化剂修饰在电极上的方法主要有两种，即电化学沉积法和黏结剂涂覆法。采用电化学沉积的方式，可以将金属催化剂修饰在电极表面，例如金、铋等金属，可以催化 Cr^{2+}/Cr^{3+} 氧化还原反应，提高其反应活性。NASA 首先提出使用 Au、Pb、Bi 等金属作为催化剂来促进 Cr^{3+}/Cr^{2+} 氧化还原反应。其中，金属铋（Bi）由于其原材料价格较低，且催化效果较好，被广泛应用于铁铬液流电池中[8]。Bi 对 Cr^{2+}/Cr^{3+} 电对的催化机理普遍认为是 Bi 先被氧化成 Bi^{3+}，然后与 H^+ 形成中间产物 BiH_x，BiH_x 不会分解为 H_2，而是会促进 Cr^{2+}/Cr^{3+} 的氧化还原反应。Wu 等直接将铋的衍生物固态氢化铋（S-BiH）作为催化剂修饰在碳毡电极上，同样可以提高负极 Cr^{2+}/Cr^{3+} 氧化还原反应的可逆性。虽然电化学沉积法具有较好的应用效果，但是金属在电极上沉积会受到包括流速空间分布和电极孔结构在内的各种条件的影响，导致其分布不均匀；另外，在电解液的冲击下，催化剂容易从电极表面脱落，其可靠性有待进一步提高。

Ahn 等[9]将科琴炭黑和铋纳米粒子（Bi-C）用 Nafion 溶液黏结在碳毡电极表面，制成了一种双功能催化的电极材料，兼具催化活性物质反应和抑制析氢的作用。通过 DFT 计算和一系列实验表明，科琴炭黑的修饰增加了电极的比表面积，为 Cr^{2+}/Cr^{3+} 氧化还原反应提供了更多的催化活性位点，而 H^+ 在 Bi 表面的吸附减缓了 H^+ 向 H_2 转变的趋势。Bi-C 的结构具有协同效应，在提升 Cr^{2+}/Cr^{3+} 氧化还原反应的电化学活性的同时，抑制析氢反应的发生，使电池具有优异的电压效率和能量效率。虽然采用 Nafion 溶液等黏结剂将催化剂粘在电极表面可以避免电化学沉积带来的催化剂分布不均和脱落等问题，但是也会使接触电阻增大，因此催化剂的合理利用是一个亟待解决的问题。

中国科学院、大连物化所的张华民团队，近年来致力于液流电池电极的研发和改性，并取得了丰硕的成果。他们报道了新型的具有超高层间距的 3-苯基丙胺[10]和聚苯胺[11]插层分子作为稳定的电池阴极材料。各种离子和导电聚合物被引入电极中间层中，结构表征发现层间有机分子可以形成柱状结构，加快电荷转移。

如图 3-4（a）所示，V_2O_5 纳米层中具有稳定的氢键。这种强相互作用有利于在循环过程中形成坚固的层间结构。利用扫描电子显微镜（SEM）和透射电子显微镜（TEM）对 3-苯基丙胺插层 V_2O_5 的形貌和微观结构进行了研究。如图 3-4（b）所示，不同放大倍数的 SEM 图像显示出典型的纳米带形态，其长度为几微米，宽度为数百纳米。纳米带的厚度只有几个纳米，这使得材料的离子扩散距离很短，有利于离子的迁移。能量色散能谱（EDS）元素映射结果［图 3-4（b）］表明，V、O 和 N 在纳米带中均匀分布。在图 3-4（c）、（d）中，纳米带的 TEM 图像也支持 SEM 结果，高清电镜图（HRTEM）图像测量的层间间距也证实了 X 射线衍射（XRD）结果。

嵌入的聚苯胺插层增强了层状结构的电子导电性，避免了层状结构的相变和坍塌，强化了电极的电化学性能。同时，导电聚合物起到"H^+"储层的作用，从而在水合阳离子的反复插入/提取过程中保护氧化钒基体免受"H^+"的攻击。张华民教授对全钒液流电池电极改进的思路对铁铬液流电池电极优化也具备一定的指导意义。

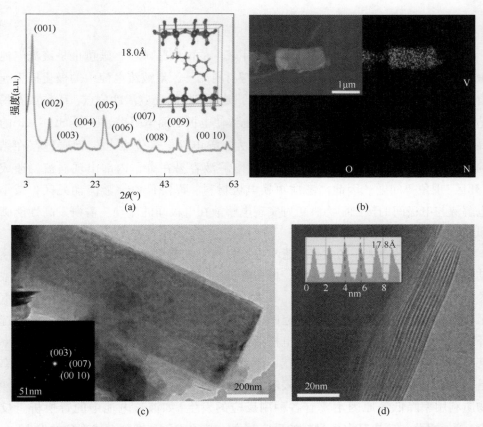

图 3-4 3-苯基丙胺插层 V_2O_5 纳米带的化学和物理性质：（a）XRD 图和晶体结构；（b）SEM 图及其元素映射；（c）TEM 图和选择区（插图）电子衍射图；（d）高分辨率 TEM（HRTEM）图[10]

3.2 铁铬液流电池电极材料

铁铬液流电池电解液为酸性体系，电极材料与电解液直接接触，因此耐腐蚀性强的碳基电极成为首选。目前的研究主要集中在碳毡、石墨毡和碳布（CC）。碳毡和石墨毡是由碳纤维组成的具有大比表面积的三维网状结构，高孔隙率的结构有利于电解质流动传质。碳布即碳纤维布。碳布纤维排列相对有序，孔隙分布广泛。与相同孔隙率和纤维直径的碳纸相比，碳布具有更高的透气性和更低的曲率、更高的渗透性、更低的流动阻力和更低的泵送损失，因此碳布电极也是近年来的热门改性材料。

3.2.1 碳毡电极

在众多的电极材料当中，商业化应用较广的电极是碳毡，碳毡也是液流电池最常用的电极材料。作为液流电池的关键材料之一，对液流电池中的极化损失起着至关重要的作用[12]。通常情况下，为了提供充足的反应活性位点，碳毡或石墨毡的截面厚度一般不低于3mm，但是这也致使电极的面电阻率处于 $3\sim5\Omega\cdot cm^2$ 的高位区间。碳毡具有来源广泛、表面积大、导电性好等优点[13]，但碳毡存在结构较厚，与电解液间的接触阻力较大，电解液容易在碳毡内部出现涡流，造成"死区"现象等问题。因此需考虑更换电极材料，以降低电解液流动死区，减小电解液与电极间的接触阻力，更好实现电解液在电极间的流动，需研发高性能碳布电极提升电池各项性能。

影响电压效率大小的主要因素有电极材料、电流密度、电解液组成、电解槽结构、电解槽温度及搅拌强度等。电压降低的多少由电极反应的电化学极化、浓差极化及体系的欧姆极化所决定。其中，欧姆极化包含电池各部件之间的接触电阻、固相电阻以及液相电阻等引起的极化。因此，要获得高的电压效率，必须选择具有高电化学活性的物质作为电极活性材料，并发展与之适配的具有高电导率特征的电解质体系，同时，尽量减小体系的固相电阻及接触电阻。所谓反应效率是指实际电池反应能进行的最大限度，也就是活性物质的利用率。导致电极活性物质利用率降低的原因主要有各种副反应的发生（如液流电池中的置换析氢反应）等。因此，要提高电极材料的反应效率，必须避免和抑制上述现象的发生。

碳毡作为液流电池电极时电池的库仑效率随循环次数变化。库仑效率的计算方法如下：库仑效率=电池放电容量÷循环过程中充电容量。碳毡作为液流电池电极时，在30个循环内，通常库仑效率稳定在90%以上，说明以碳毡为电极的电池在充放电过程中的衰减小、寿命长。

碳毡用于液流电池电极时电压效率随循环次数变化，电压效率稳定在80%左右。电压效率的计算方法如下：

$$电压效率=（理论分解电压/槽电压）\times100\% \tag{3-1}$$

碳毡，即碳纤维毡，是采用铺网、针刺等工艺由纤维原丝经过高温碳化后制成的高孔隙材料，其实物图如图3-5所示。碳毡是一种低强度的碳纤维制品，具有密度小、线膨胀系数小、热容量低、导热系数小、耐高温、耐热冲击性强、耐化学腐蚀性强等优异的性能，目前广泛应用于高温工业、储能行业、汽车行业以及化工环保等领域。根据碳纤维的原料体系，碳毡主要分为聚丙烯腈（PAN）基碳毡、黏胶基碳毡、沥青基碳毡和酚醛基碳毡。PAN 碳毡因其价格低廉、导电性好、孔隙率大、化学稳定性好等优势而成为部分储能电池的电极材料[14]。活性碳纤维毡直径为 5 ~ 20nm，平均比表面积约为 1000 ~ 1500m²/g，平均孔径为 1.0~4.0nm，微孔均匀分布在纤维表面。活性碳纤维毡孔径小、分布窄且均匀，结构简单、导电性高、成本合理，对小分子物质的吸附速率快，易脱附。与被吸附物接触面积大，能均匀接触吸

图 3-5　碳毡实物图

附，使被吸附物得到充分利用，效率高。孔隙直接开在纤维表面，其吸附质向吸附位的扩散路径短，其外表面积比其内表面积高两个数量级。

此外，碳毡具有三维针刺结构，因此电解液流过碳毡时不产生较大的压力降，属于流通型流动。碳毡电极在液流电池内的压缩和变形取决于几个参数，如弹性模量和厚度、夹紧力、氧化还原电解质流动的压力、衬垫材料和厚度、温度、湿度等。这些材料的变形对液流电池组装和堆叠的效率有很大的影响。如果夹紧力过大或过小，则系统效率降低。在液流电池系统中夹紧后，碳毡作为液体扩散层，可能是变形最严重的部件之一。渗透率或孔径的变化必然会影响电池的功率密度或效率[8]。

碳毡电极的制造工艺在文献中描述得很少，通过碳毡电极的主要供应商之一 SGL Carbon SE 公司提供的信息得知，最先进的工艺开始于所谓的白色纤维，聚合物或生物纤维。用铺放和针刺工艺生产原毡，这是一种不使用水生产毡的纺织工艺。碳毡的热处理、氧化和稳定化生产工艺的第一步在 180~260℃的温度范围内的空气中进行。随后的工艺步骤在惰性气体中进行。部分碳化在 320~800℃下进行。由于氢、氧和氮的损失，毡的碳含量比例提高，碳骨架的交联度提高。在 800℃的温度(碳化步骤)下，碳毡原有的长丝几乎完全转化为碳材料。

聚丙烯腈基碳毡的制造包括以下步骤：前体和白色纤维的制备、由丙烯腈纤维对原毡进行纺织加工和最后的碳化步骤。重要工艺步骤和关键中间体见图 3-6 所示。可反向计算生产 1kg PAN 基碳毡所需的原材料，在完整生产的碳化工艺过程中，考虑到 50%的碳化损失率，需要大约 2kg 的丙烯腈纤维。PAN 由丙烯腈(AN)与共聚单体[甲基丙烯酸甲酯(MMA)]聚合反应产生。进一步假设以

0.90kg AN 与 0.10kg 甲基丙烯酸甲酯进行溶液聚合制备 2kg PAN。AN 主要是在 Sohio 工艺中由丙烯和氨制成。丙烯是原油炼制后得到的产物，而第二原料氨通过哈伯-博施法生产。生产 0.90kg AN 需要 0.91kg 氨和 2.24kg 丙烯。

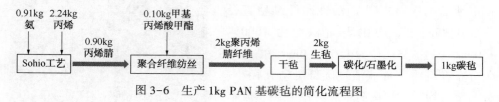

图 3-6 生产 1kg PAN 基碳毡的简化流程图

3.2.2 石墨毡电极材料

石墨毡电极材料是一种高性能的电极材料，具有良好的导电性能、耐腐蚀性能、耐热性能和耐电磁干扰能力，比其他电极材料具有更高的耐电压和耐机械摩擦性能，石墨毡电极的导电性主要反映在碳纤维的结构上，主要用途是作为单晶硅冶炼炉的保温、隔热材料。

在化学工业中可作为高纯度腐蚀性化学试剂的过滤材料，经过修饰后的石墨毡也常常被用作电极材料。相比于碳毡和碳布，虽然高孔隙率和高比表面积 GF 有利于传质和电极反应，但其通常较厚(3~5mm)，亲水性较差(尽管通过一系列工艺处理可以显著改善)，但是如何提高 GF 的电导率和电化学活性仍然是一个重要的问题。碳毡在真空或惰性气氛下经 2000℃ 以上高温处理后转化为石墨毡，含碳量进一步增加，达 99% 以上。20 世纪 60 年代末世界已有石墨毡商品供应。石墨毡因选用原材料的不同主要分为沥青基、聚丙烯腈基和黏胶基石墨毡三种。石墨毡电极的发展和应用超过 30 年，时间轴如图 3-7 所示，可见在电化学尤其是电池领域石墨毡应用很广泛。

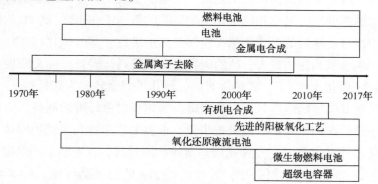

图 3-7 使用石墨毡作为电极的应用时间轴

石墨毡是通过碳毡的碳化和石墨化来制造的，制造碳纤维所需的前驱体具有理想的物理化学特性，可通过成本效益高的加工工艺，轻松转化为碳含量高的碳纤维，常用的碳纤维前驱体主要来自纺织品、纤维素和沥青材料。

用于生产 GF 的主要前驱体是 PAN。来自 PAN 前驱体的 GF 材料通常由六个阶段获得：聚合、氧化、碳化、石墨化、表面处理、洗涤，然后干燥、上浆、卷绕，如图 3-8 所示。根据前驱体直径和前驱体纤维的特性，改变各工序的温度及时间，可使聚丙烯腈前驱体在几个小时内转化为高质量石墨材料。在石墨化过程中，由于石墨烯平面在最终形成石墨结构之前变得相互平行，PAN 纤维的结构发生了变化，纤维素前驱体通常是人造丝，沥青基前驱体是石油炼制的产物或煤焦化的产物。需要注意的是，碳毡的物理和化学性质主要取决于所使用的前驱体，Skyllas-Kazacos 等[6]发现，一旦 GF 表面被活化，以 PAN 纤维为前驱体的 GF 比以人造丝为前驱体的 GF 具备更好的导电性和电化学性质。随后这些纤维（含有碳晶体的扁平带状物）由制造商捆绑成较厚的纤维束，然后编织成石墨布，制成毡。

图 3-8 GF 及其常见前驱体 PAN 或聚酯/聚氨酯前体

石墨毡是液流电池中最常用的电极材料，这是由于它们的成本低廉，且具有高孔隙率、耐酸性、高电导率的特性。目前，大量的研究集中在石墨毡改性以加速氧化还原反应从而降低电化学极化等方面。由于纤维表面上缺乏活性官能团，导致石墨毡的疏水性和电化学性质较差。氧官能团和氮官能团已被证明在改善石墨毡的电化学性能和亲水性方面是有促进作用的。迄今为止报道的各种改性石墨毡中，人造丝和聚丙烯腈基毡是最受欢迎的。然而，大多数研究者关注的是改性方法是否能提高其电化学活性，往往通过将其组装成单个电池的形式，测评其电化学数据。评估人造丝和聚丙烯腈基石墨毡性能：使用 Nafion 115 膜，正极电解液为 500mL 0.35mol/L $FeCl_2$+0.47mol/L $CrCl_3$+2mol/L HCl，负极电解液为 500mL 0.35mol/L $FeCl_2$ + 0.47mol/L $CrCl_3$ + 2mol/L HCl + 1mol/L $BiCl_3$，分别与 R-GF、PAN-GF 电极组成电池在电压范围为 0.65~1.35V，电流密度为 60mA/cm^2，温度为 65℃ 的条件下进行充电-放电测试。

计算效率的公式如下：

$$电压效率(VE) = \frac{V_{cc}(放电)}{V_{cc}(充电)} \tag{3-2}$$

$$电流效率(CE) = \frac{Q(放电)}{Q(充电)} \quad\quad\quad (3-3)$$

$$能量效率(EE) = CE \times VE \quad\quad\quad (3-4)$$

在实际运行过程中，电流密度的提高可以提升电池的功率密度，即可以用同样的电堆实现更大的功率输出，而且还可以减少储能系统的占地面积和空间，提高其环境适应能力及系统的可移动性，扩展液流储能电池的应用领域。将碳布作为液流电池电极时在多次循环后电池系统依旧能够保持一个较高的电流效率，说明碳布具有良好的液流电池应用前景。

3.2.3 碳布电极材料

虽然碳毡力学性能良好、成本低廉，但是电化学活性不高且亲水性差，结构较厚也使电解液流经时不能被充分润湿，电解液与电极之间阻力较大，因此需要研发新型电极。碳布中碳纤维排列有序，气孔在 $100\mu m$ 左右，具有更高的透气性。并且，碳布还具有较低的弯曲度和较高的亲水渗透率，有利于提高电极的离子/质量传输性能。碳布电极最吸引人的特点是电阻率低，化学稳定性和热稳定性高，机械强度高，表面孔隙率高和电位窗口广泛，可用于氧化和还原水性电解质。此外，碳布中没有使用黏结剂，避免了黏结剂的氧化，有利于保持液流电池在循环过程中的稳定性。

碳纤维是碳布电极的基础材料。碳布通常是从富含碳的前驱体中获得的，例如沥青(煤基或石油基)和聚丙烯腈。尽管碳纤维生产的基本过程是相似的，但根据前驱体的不同，纤维的特性也有很大不同。碳纤维的生产可以通过三个主要阶段进行：热稳定、碳化和石墨化，如图 3-9 所示。第一个阶段是在空气气氛中控制氧化(200~300℃)，通过促进前驱体的交联形成物理稳定的纤维。一旦纤维稳定下来，它们就会在惰性气体中碳化(1500~2000℃)，从而产生沿纤维排列的涡轮层碳。石墨化(2000~3000℃)修复了涡轮层碳缺陷，使得碳纤维结构更加均匀，同时在这一阶段可以提高碳含量的占比[15]。

碳布常用的纺丝技术主要是静电纺丝法和熔喷法。静电纺丝法是一种运用于制备纳米材料的技术，通过添加高压装置产生电场，使静电力大于聚合物溶液的表面张力，从而得到连续不间断的纳米级纤维，因而静电纺丝技术在业界内备受关注。静电纺丝技术所使用的装置大多由三部分构成[图 3-10(a)]：①高压推送装置：此装置为纤维形成的最大动力；②溶液推送装置：一般来说，这种装置都

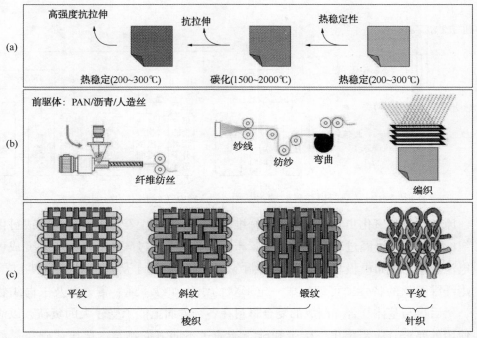

图3-9 （a)碳纤维材料制造过程；（b)碳布丝制造过程；（c)布料编织和针织图案[15]

会利用导电注射器针头，将导电的注射器针头作为输出装置，接入高压静电发生装置；③收集装置：一般会使用平板接收装置和滚筒接收装置，从而获得纤维。静电纺丝技术的整个过程操作起来似乎不难，但是实际情况下，其影响因素有很多[9]，如图3-10(b)所示。熔喷法则是将聚丙烯原料高温熔融后，通过高速热风气流牵引喷出很细的丝，在凝聚帘子和转筒上堆砌成布[16]。熔喷法纤维长度不均匀，纤维直径为1~5μm，这些超细纤维堆叠成的熔喷布，结构蓬松、孔隙率高、比表面积大，具有很好的过滤性、阻隔性，但是对于铁铬液流电池来说，其所制备的碳布均匀性差，厚度不均，这对于电极是一个严重缺陷，特别是在装配电池过程中容易出现电解液渗出甚至漏液等问题。

在铁铬液流电池中，所使用的碳纤维厚度较薄，熔喷法和静电纺丝法所制备的电极较厚，而且均匀性较差，同时在单位面积下，采用编织工艺得到的碳纤维更多，能够提供的碳纤维密度更厚。因此，在铁铬液流电池当中所采用的是编织工艺碳布。

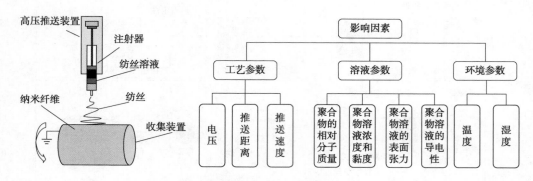

图 3-10　(a)静电纺丝装置示意图；(b)静电纺丝技术的影响因素

原丝经过预氧化步骤变成预氧化纤维，在这个基础上经过上浆加捻变成可供编织的纤维。纤维经过编织变成原始碳布，原始碳布经过碳化石墨化工艺变成可供电池使用的碳布电极材料。碳布的制备工艺如图 3-11 所示。对于编织工艺，利用纤维柔软的特性，可编织成一定形状的织物如纱、绳、带、布及三向织物等，然后再与基体复合。制成的复合材料在各个方向上能承受较大的负荷，以满足使用的要求。应当指出，碳带和碳布能通过不同方向缠绕、层压或碳布层叠"三向"增强，来克服其各向异性。

图 3-11　碳布制备工艺

上述工艺中，碳化是形成无规则碳的关键步骤，随着温度的升高随即进入石墨化处理工艺，使得碳形成规整的碳环。用碳丝直接织成碳布困难较大，其主要原因是碳丝断裂伸长率低，通常纱线的断裂伸长率要求在 20%～30%，才能打紧织成密实的布。因此，要使碳纱直接织布获得成功，首要需要重视和解决两个关键问题：①具备适合编织的碳纤维的织机；②合适的柔韧性和可编织性。利用该方法制备的碳布经活化后，较一般碳布表面具有更多沟壑，更大的比表面积，并伴有缺陷位的生成，使表面具有更多的活性位点，亲水性增强，利于电化学反应发生和电解液流动。经过高温碳化处理，电极碳纤维表面无序化程度升高，具有更丰富的缺陷位以及较多的表面官能团，有效增大了电极和电解液的接触面积，为氧化还原反应提供了更多的活性位点。选用市面上常售的 PAN 基 GF 与 CF 电极进行对比，即 500℃热处理的电极为 T-GF、T-CF，经过 500℃热空气活化工艺处理 5h 后，GF 的比表面积增加了近 4 倍，但是，在相同的热活化条件下，CF 的表面积增加了约 6 倍。高温热空气会使纤维表面缺陷碳或边缘碳的数量增加，因此热空气对碳结构缺陷较多的 CF 表面氧化性更强。

峰值电流与电极的面积有关，因此比表面积较大的碳布电极具有更大的优势。能量效率也称电能效率，是指电池放电时输出的能量与充电时输入的能量之比，电池内阻是影响电池性能的主要因素之一，会导致充电电压增加、放电电压下降和能量损耗。液流电池中，碳布和碳毡作为电极材料，其能量效率在循环次数不同的情况下会有所变化，在同样的循环次数内，碳布相对于碳毡拥有更高的能量效率，说明碳布作为电极可以减小能耗的损失，增加电池运行寿命。碳布电极在多次循环后依旧能够保持一个较高的电流效率，说明碳布具有良好的应用前景。

3.2.4　其他电极材料

铁铬液流电池除常见碳基材料电极外，还包含一些金属电极及浆料电极等。金属电极由于其高氢过电势和快速反应动力学，在延长铁铬液流电池寿命和充放电功率上具有显著优势。常见的金属电极材料有铁电极材料，铁电极材料的理论比容量较高，但由于材料本身的反应活性较低以及电极制造工艺的限制，工业化铁阳极只能达到理论容量的 20%~40%。同时在酸性环境下，由于金属铁的析氢过电位较低，充电过程中铁电极表面会伴随析氢反应，降低电池的库仑效率并影响铁电极表面沉积物的形貌。

由于电极中固体活性材料的存储容量有限，铁铬液流电池的容量和功率的调节范围受到限制。研究浆料电极的目的是将功率传输能力与电极的能量存储能力解耦。浆料电极由悬浮在电解液中的导电性良好的固体颗粒制成，浆料可以像整个液流电池中的电解液一样通过动力泵泵入电池的阳极和阴极。浆料电极类似于充满电解质的石墨毡电极，这种电极内部同时存在离子相和电子相。浆料电极的优点是电极面积与膜面积无关，随着浆料量的增加而增大。生产简单，可以通过过滤回收。然而在酸性条件下的铁铬浆料电池，金属铁会沉积在导电固体悬浮颗粒上。然而，当固体颗粒的体积分数超过另一个临界体积分数时，浆料中将没有足够的液体来渗透所有颗粒，导致流动性损失，因此，需要在改进电解液组成的同时研究浆料电极，以便可以使用更具成本效益的浆料来支持更高的电流密度，从而实现可接受的铁沉积。

3.3 铁铬液流电池电极的活化方法

普通碳材料电极由于其相对较低的比表面积和较少的表面活性官能团数量导致其固有电容较小。因此，目前针对碳布、碳毡、石墨毡的容量提升也主要围绕着比表面积增加、表面官能团丰富、孔隙分布率提升等方面开展研究。常见的碳材料电极活化方法包括热处理、湿法化学氧化、电化学氧化和等离子体处理等。

3.3.1 热处理

热处理是最早用于提高电极反应活性的方式，也是提升其电容性能的方法之一。然而，热处理的作用机制目前还没有得到相对统一的解释。一种解释是，热退火过程促进了电极表面的某些化学反应过程，最终使得碳表面被刻蚀，扩大了比表面积或引入活性官能团，增加了电荷存储位点；另一种解释认为，高温处理本身可以通过改变碳纤维的表面纳米结构，产生高反应活性缺陷来改变碳基底的表面状态。准确区分这两种机制并不容易，因为它们可能会同时作用，从而使碳材料电极具有更优异的电容性能。

对于具有双电层电容的碳布材料而言，热处理操作不会影响碳布电极原有的机械柔韧性和强度，较高的比表面积则意味着材料具备良好的电化学性能。一种简便的高温退火方法是在氮气氛围中 $1000\,℃$ 下直接退火，$1h$ 后碳纤维的外壳形成了较多的缺陷和纳米孔结构。通过调整处理温度和时间，可以获得较高比表面积($500\sim800\,m^2/g$)的活化碳布。由于纳米孔的存在和超亲水性等效应，活化碳布的比表面积可以比初始碳布提高 3 个数量级。不仅如此，在中低温度、空气气氛中直接热处理也能提高碳布的电容性能，这是因为碳布在空气中发生了热氧化，在表面形成了含氧官能团，提高了表面亲水性。例如在空气气氛中 $450\,℃$ 烧 $2h$，碳布的比表面积急剧增加，接触角显著增大，说明碳布表面已经转化为亲水表面。同时，含氧官能团还产生了额外的赝电容，提高了电化学活性。

3.3.2 湿法化学氧化法

湿法化学氧化法可以增加碳布比表面积，或在碳布比表面引入官能团来产生赝电容。同时氧化过程也使得含氧官能团被引入了碳布表面，实现了碳纤维的表面改性。但是，过量的含氧基团会减少碳纤维的表面石墨化层，降低碳布的整体导电性，从而对碳布的电化学性能造成负面影响。为了消除过量的含氧官能团，可以将氧化处理后的碳布用有机肼进行还原，然后在 NH_3 气氛中再进行热还原。还原过程中不会改变碳素材料电极的形貌和表面积，但可以使碳布表面重新实现石墨化。经过两步还原处理的活化碳布表现出良好的电化学性能，可以成倍率提升电化学容量。

3.3.3　电化学氧化法

电化学氧化法也可以提高碳布比表面积、孔隙率和含氧官能团数量，与湿法化学氧化法相比，电化学氧化过程更为简单，成本更低，同时也更为环保节能。电化学氧化方式的优势在于其参数可调，因此可以对碳布表面的官能团数量进行调控。电化学氧化法会使碳布表面变粗糙，提高比表面积；同时在表面形成大量的含氧官能团（—OH、—C=O 和—COOH），这些结构方面的变化有效提升了碳布电极的电荷存储能力。

碳布的电化学氧化过程通常是在 H_2SO_4、HNO_3 及其混合溶液等强酸性电解质中进行的，因为强氧化性酸可以促进碳纤维的表面剥离和含氧官能团化。考虑到强酸性环境对设备和操作的要求较高，可以在 KNO_3、$(NH_4)_2SO_4$ 和 Na_2SO_4 等温和中性电解质中对碳布进行电化学活化，实现电容性能的提升。对于表面不稳定的含氧官能团，可以通过适当的电化学还原过程去除，同时可以提高活化碳布的倍率能力和循环耐久性。

3.3.4　等离子体处理

等离子体处理的目的是通过在纤维表面生长含氧官能团或氮掺杂的缺陷位来提高商用碳布材料的润湿性，这两者都增强了电化学反应性。特别地，氧等离子体处理在射频等离子体装置中进行，并将碳基材料放入充满氧气的等离子体室中。该过程受处理时间、射频发生器功率和氧气压力等控制，形成的等离子体为中性原子、带正电荷的离子、带负电荷的电子和中性分子等多组分的混合物。涉及等离子体的操作可以实现在较低温度下的高能量输入。因此，等离子体刻蚀是改善碳布表面性能的有效方法。根据等离子体气体（惰性气体或活泼气体）种类的区别，刻蚀可通过物理方法或化学方法完成。物理刻蚀以惰性气体为气源，可以依靠离子的加速度方向实现各向异性的刻蚀，但其选择性差；化学刻蚀包括自由基的形成以及通过气相扩散输运，然后与基底发生化学反应。显然，气体介质和基底间需要有良好的匹配，因此化学刻蚀具有良好的选择性，在所有方向上具有各向同性。通过选择合适的气源，适当的等离子体处理可以在碳纤维上形成新的微结构，使碳布的比表面积增大，并借助元素掺杂引入新的活性位点。例如，含氮等离子体的掺杂会在碳布表面生成多种氮氧化物和官能团，这会使碳布的导电能力和活性位点数量提高。

3.4　铁铬液流电池的电极改性方法

铁铬液流电池电极材料是提供电化学反应的场所，因此电极材料的性能会对电池系统造成极大的影响。如果材料本身的欧姆阻抗较大，活性位点较少，电化学反应速率过慢，产生的电化学极化以及浓差极化都会造成电极的电压损失。碳毡或石墨毡以及碳布等多孔碳介质作为典型的电极材料被广泛应用于铁铬液流电池系统中[21]。在铁铬液流电池中，电解液在电极间隙流淌，在电极表面充分润湿，在一定程度上为缓解浓差极化造成的电压损失起到积极作用。由于铁铬液流电池采用的是强酸电解液，因此电极材料应具备优异的耐腐蚀性、良好的催化活性、高导电性、高比表面积、低流动阻力和一定的机械强度等特点。

电极的导电性和电化学催化性能会在整个充放电周期内对铁铬液流电池电压效率起到至关重要的作用。值得注意的是，可充电电池在大规模储能领域中的应用壁垒是能量和功率之间存在不可避免的耦合。这是因为电极不仅是电子的传输介质，也是活性物种的宿主。因此，为了提升电池的能量密度，满足实际应用条件，电极尺寸以及活性物质的使用量需要被提高。然而，电极尺寸在增大的同时，会增加电池系统中集流体、电解液和密封材料的使用。此外，活性物质使用量的提升会不可避免地增大电池的极化损耗，从而降低电池的比功率和循环效率。因此，对于大规模储能系统来说，解耦能量和功率之间的关联是十分必要的。

石墨毡是最常用的碳材料电极，以石墨毡为例，适当的改性可以增强石墨毡的亲水性和电化学活性。目前，石墨毡的改性方法一般分为增加表面含氧官能团和引入表面催化性物质两种方法。增加表面含氧官能团通常是利用氧化反应刻蚀石墨毡表面，在增大比表面积的同时引入 OH、C=O 和 COOH 等活性含氧官能团，如热处理、酸处理和电化学氧化等，如图 3-12 所示。

大量的研究结果证实含氧官能团可以进一步提高石墨毡的电化学活性，但与此同时比表面积和导电性也会发生相应改变。研究表明，增大比表面积有利于电解液在石墨毡表面传质，为氧化还原反应提供更多的活性位点。用 KOH 制备活性多孔碳纤维电极，可以刻蚀电极表面得到大于 5nm 的孔径，这能为氧化还原反应提供更广的活性位点和反应场所。同时由于 C=O 官能团存在协同作用，这使

图 3-12 几种增加表面官能团后石墨毡的微观形貌：（a）N_2 700℃ ；（b）1mol/L H_2SO_4，
100mA/cm^2 ；（c）1mol/L H_3BO_3，800℃ ；（d）硫酸：硝酸（体积比）= 3 : 1[1]

得电极能够获得较多的电化学反应活性位点，增加电池的能量效率。虽然石墨毡表面的含氧官能团可以为电极反应提供活性位置，但石墨毡的导电性和强度较低，电池欧姆极化损失较大。针对碳材料电极而言，研究表明含氧官能团的含量对电极电化学性能的影响并不是呈现单向递增的，而是存在最优的区间。一般而言，碳布、碳毡材料维持 4%~5% 的含氧区间时，电极材料表现出更好的电化学性能和优异的导电性能。

除了引入适量的含氧官能团外，引入表面活性物质如 Sb、Cu、Bi、PbO_2、ZrO_2、CoO 等也能促进电极表面氧化还原反应，如图 3-13 所示。以 CoO 和 Bi 为例[1]，可以通过浸渍、超声波分散和煅烧在石墨毡表面引入一层薄薄的 CoO。实验表明，CoO 作为催化剂使氧化还原反应的电催化活性和可逆性显著增强，能有效提高液流电池的效率并起到降低容量衰减的作用。利用热还原法将金属铋引入到石墨毡表面，用以增强电极材料的电化学活性，从而进一步提高液流电池性能。实验结果表明，铋作为一种低成本的催化剂，可以有效提高液流电池中氧化还原反应的电催化活性。1%的铋引入量改性的活性石墨毡作为液流电池的正极可以使液流电池在较高电流密度下具有良好的电化学可逆性。因此，铁铬液流电池电极改性的方法主要包含：金属元素掺杂改性，非金属元素掺杂改性，高分子聚合物改性，碳纳米材料修饰，石墨烯基材料改性等。

图3-13　改性后的石墨毡微观形貌：（a）Sb；（b）Bi；（c）CoO；（d）PbO$_2$[1]

3.4.1　金属元素掺杂改性

金属元素掺杂改性主要是通过化学手段将金属颗粒、金属离子或金属氧化物修饰在碳材料电极表面。一方面金属或金属氧化物作为催化剂，能促进氧化还原反应；另一方面由于电极材料上负载了金属或金属氧化物，可有效地提高电极的电导率，加快电极反应速率。早在1991年，Skyllas-Kazacos等[6]用离子交换的方法在石墨毡上引入Pt^{2+}、Pd^{2+}、Au$^+$、Mn^{2+}、Te^{4+}、In^{3+}和Ir^{3+}等金属离子。其中引入Ir^{3+}掺杂改性的电极电化学性能最佳，Mn^{2+}、Te^{4+}、In^{3+}修饰的电极电化学活性有所提升，Pt^{2+}、Pd^{2+}、Au$^+$修饰的电极易于析氢并且价格昂贵，不适合用于液流电池系统中。

现在的金属离子掺杂改性是通过在碳毡表面包覆铂、铅、金、锰、铋、钨、碲、铟和镓等金属离子来提高碳毡的电导率。但贵金属催化剂如金、铂等的成本较高，严重制约了这种改性方法的商业化运用，因此人们将研究重点转向选用价格相对低廉但同样具有良好性能的其他金属催化剂，例如铅、锰和铁离子。这类金属离子的活性相对较高，在和电解液接触后会被氧化释放出电子，从而显著地增加离子的传导效率，但其使用寿命也会因电解液的腐蚀问题变得相对较短。

根据 Skyllas-Kazacos[17] 的报道，在循环过程中沉积在正极或负极上的 PbO_2 分别可以激活反应或抑制 H_2 的生成。受此项研究启发，Wu 等[18] 将正交 α-PbO_2 和四方 β-PbO_2 晶体相的混合物通过脉冲电沉积修饰到正极的 GF 上，形成致密的 PbO_2 层，如图 3-14 所示。制备的电极在腐蚀性介质中具有良好的化学稳定性，并且在析氧反应中具有较高的过电位值，可有效降低电荷转移电阻。

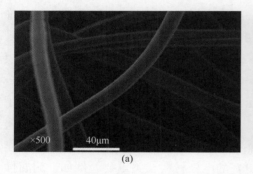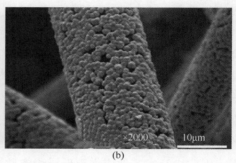

图 3-14　(a)GF 和(b)脉冲电沉积 PbO_2 修饰 GF SEM 照片[18]

Gonzalez 等[19] 将碳素电极在空气中在 450℃加热 4h，用单一主族金属铋修饰 GF。Bi 包覆的 GF 在低金属含量改性的碳毡中具有良好的电化学性能。同时，Li 等[20] 在正负极电解液中将 Bi^{3+} 同步电沉积在电极上。然而，由于 Bi/Bi^{3+} 的氧化还原电位，Bi 纳米颗粒只在负极存在。这两项研究都在 GF 上修饰了 Bi 纳米颗粒，但在循环伏安方面显示出不同的结果。有必要确认差异是否由方法引起的。将碳布材料浸没在 BiO_3 溶液中，随后将碳布置于空气中，在 450℃的高温下加热制备了 Bi 金属掺杂的改性碳毡，改性后的 Bi 掺杂碳毡相比于未处理的碳毡表现出了更好的电化学性能，且使用 Bi 掺杂碳毡制备的液流电池的循环稳定性也随之提升。

尽管沉积在碳材料电极表面作为催化剂的贵金属如 Au、Ir、Pt、Pd 和 Ru 显示出较好的催化活性，但是由于成本问题，贵金属并不适用在液流电池中。人们致力于寻找设计合理、价格低廉的金属氧化物催化剂，并将其沉积在碳材料电极表面以提高电催化活性。碳材料电极表面上金属材料的生长主要是通过电沉积、浸渍和热还原协同法等处理工艺来进行的。第一种方法是在给定电流下通过电镀槽在碳材料表面电沉积金属。第二种方法是将碳材料浸入含有金属离子的溶液中，然后在空气中高温热处理。纤维表面上金属的量可以根据改性方法和处理时间进行调整。在循环过程中，沉积在正极或负极上的金属氧化物可分别激活反应或抑制氢气的析出。利用以上机理，可以采用脉冲电沉积将金属氧化物的结晶相改性到正电极或负电极的 GF 上，以形成金属氧化物的致密层，并且如此制备的电极在腐蚀性介质中表现出良好的化学稳定性和析氧反应的高过电位值，降低了电荷转移电阻。

金属改性的目的是提高碳毡电极材料的导电性，以确保更低的极化和更好的钒氧化还原反应的动力学可逆性。金属氧化物修饰电极性能的提高也可能是由金属氧化物产生的丰富的氧官能团引起的。与贵金属电极相比，金属电催化剂修饰的碳电极具有更高的电池性能，而且更经济。然而，这些过程中的大多数仍然是高能量/耗时的，并且需要使用对环境不友好且昂贵的化学试剂，这对于大规模储能用的大面积电极是不可取的。为了满足液流电池的实际应用要求，必须进一步降低电极修饰成本。此外，它们的稳定性和电池寿命的下降也不容忽视。由于高酸度的电解液不断流动冲刷电极表面，这些生长的金属物质，包括附着力较弱的金属氧化物，在漫长的循环过程中可能会从基体表面脱落，最终失去电催化作用。因此，开发其他成本更低、稳定性更好的电极材料至关重要，例如，耐腐蚀性强、表面积大、电导率高的纳米级金属合金。

3.4.2 非金属元素掺杂改性

修饰材料的均匀性对电极的性能影响很大，通常采用水热法或溶剂热法进行修饰碳毡，生成具有高比表面积的均匀纳米材料，并最终提高电极的性能。非金属掺杂改性是通过在碳毡表面引入含氮、硫、硼和磷等元素的官能团以提高碳毡的电化学性能。氮元素被广泛应用于碳材料掺杂剂，因为氮掺杂碳材料可以有效降低氧化还原反应的活化能和提供充足的活性位点来促进电极/电解质界面的电荷转移。有机物通常作为杂原子源，而无机物如 NH_3 甚至 N_2 等离子体也被认为是改性中有效的 N 源，旨在提高商业碳毡电极的润湿性和提高电化学反应活性。由于商业化的氮掺杂碳粉阻断了 GF 中电解质的通道，典型的有机物质如吡咯和多巴胺可以作为有效的氮源，通过聚合和热解包裹在 GF 上。例如，Park 等[22]用氮气修饰 GF，只需在 900℃下加热，在 Co 的作用下形成聚吡咯层。用氮气处理

GF 的电池的 EE(能量效率)比用氮气处理 GF 的电池高 13.8%(在 150mA/cm² 下的原始状态)。同时，Lee 等[23] 在 GF 上生长了一层聚多巴胺(PDA)，修饰电极后的电池 EE 分别比未修饰电极高 12.6%和 6.3%。

碳碳复合改性可以认为是非金属掺杂改性的一种，但与在碳毡表面掺杂非金属元素官能团的改性方法不同，碳碳复合改性法是在碳毡表面引入碳纳米材料，例如石墨烯、碳纳米管和碳纳米纤维等来提高碳毡的电化学性能和电池性能的方法。这些可用于掺杂的碳材料具有较高的比表面积、较高的离子电导率、良好的机械性能和优异的电化学稳定性，能有效地提高碳毡的电催化活性和电化学活性，在近年来被广泛研究。

3.4.3 高分子聚合物改性

高分子聚合物改性是在碳毡表面包覆易制备、导电率高和环境稳定性好的高分子膜来提高碳毡的电化学活性，常用的高分子聚合物是聚苯胺和聚吡咯。Park 等[23] 将碳毡浸没在吡咯/乙醇和过硫酸铵的混合溶液中，随后干燥并在 Ar 气的保护下 900℃高温加热 1h 制备了氮掺杂的改性碳毡，其放电容量在 150mA/cm² 的电流密度下相比于未处理的碳毡提高了 211%。

导电聚合物作为具有共轭结构的有机大分子，在超级电容器、电池等储能器件中得到了广泛的应用。可充电电池中的导电聚合物可直接用作活性电极材料或电极修饰组分。由于不可逆反应破坏结构，导电聚合物通常容量低，循环性能差。此外，结构设计和大半径离子的掺杂也被用于提高导电聚合物的性能。导电聚合物具有构建高效电子传递网络、抑制电极/电解质界面副反应、提高电极结构稳定性等优点，在电极修饰领域受到广泛关注。首先，导电聚合物具有优异的可加工性，可与不同结构的材料结合，构建空心、核壳、夹心、蛋黄壳和嵌入等独特的复合结构[24]，如图 3-15 所示，优化电子传递路径，提高活性材料的利用率。其次，导电聚合物掺杂特性可以有效防止电极与电解液的直接接触，同时吸收电解液分解产生的副产物，减弱对电极的损伤。

根据反应介质的种类，化学聚合通常在气相或液相中进行。液相化学聚合对合成设备要求低，反应条件温和，适合小规模合成。基于上述特点，大多数复合电极采用液相合成方法制备。在聚乙烯吡咯烷酮(PVP)和十二烷基硫酸钠(SDS)等表面活性剂的帮助下，导电聚合物(CPs)可以在颗粒表面聚合，从而制备出均匀涂覆的 CPs 复合电极。在电化学聚合过程中，单体在外加电场的驱动下被氧化，得到基于导电衬底的特定结构。电化学聚合常用的方法有恒电位法、恒流法和 CV 法。与化学聚合相比，电化学聚合不仅可以避免使用氧化剂，而且具有形貌和厚度控制精确、与衬底接触好、连续沉积、多层聚合等优点。CPs 作为导电基质，通过构建导电网络，可以有效提高活性材料的利用率。一方面，复合电极可以增强电子和离子的输运能力；另一方面，它可以抑制电极与电解质界面的副反应。

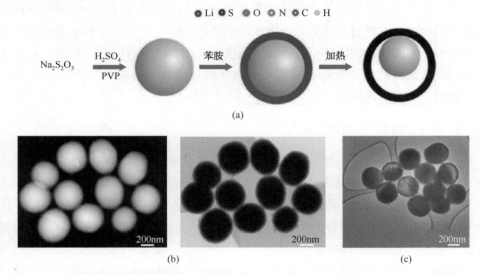

图 3-15 （a）蛋黄壳-聚苯胺复合材料的制备工艺；（b）核壳结构复合材料的高角环形暗场和亮场扫描透射电子显微镜（STEM）图像；（c）具有蛋黄壳结构的复合材料的 TEM 图像[24]

3.4.4 碳纳米材料修饰

在电极上生长碳纳米材料是另一种典型的形态修饰方法。具有多种性能的功能碳基材料在电极材料的修饰方面具有广阔的应用前景，如碳纳米管（CNTs）、碳纤维管（CNFs）、石墨烯基材料、生物质多孔碳等。碳毡纳米材料具有较高的比表面积和良好的导电性，是一种极具吸引力的电催化剂。由于反应活性位点位于碳纤维表面，因此零维（0D）碳纳米材料如碳纳米颗粒（CNPs）、介孔碳（MPC）、木炭等可以很容易地修饰在碳纤维表面，以获得最大的比表面积。

如上所述，介孔最有可能改善活性物质的运输，但需要一个最佳的孔径范围，以此来创造一个可接近的和均匀的活性表面。除了 CNPs 外，MPC 和木炭表面有丰富的孔，也用于扩大基材纤维的比表面积。过溶胶-凝胶工艺和随后的碳化生成 MPC，表面积的改善增加了活性位点，改善了离子的扩散。活性炭具有表面积大、吸附性能好、活性位点丰富、成本低等优点，被广泛用作储能装置的电极材料。活性炭和 GF 本质上是碳材料，原位形成的热解碳可以自然地达到良好的黏合性和低的接触电阻。

电极表面含氧官能团的含量可以显著影响 Fe^{2+} 和 Fe^{3+} 电对的活性。碳纳米管可以均匀分布在碳纤维表面，在提高比表面积的同时，增加了电解液与电极的接触面积。用碳纳米管修饰碳电极，电极的比表面积增加，电池峰电流明显升高，电极表面电子转移速率增加，同时发现电极的比表面积对电池阳极反应的影响较大。另外，随着活性炭原子数目增加，碳纳米管表面具有的活性位点和缺陷位可以为电化学反应提供更多场所，电化学活性提高，交换电流密度也随之增加。

碳纳米管可以在电极表面开始生长，在生长过程中，碳纳米管将从底部到顶部呈螺旋状生长。碳纳米管的石墨烯层不仅黏附在碳材料电极上，而且直接与石墨纤维相连。碳纳米管为柱状结构，直径为 $10\sim20nm$。不同基团主导的修饰电极对电化学活性的影响也有差别。修饰后电极的电化学活性由高到低的顺序为：羧基化的碳纳米管>羟基化的碳纳米管>普通碳纳米管。羧基基化的碳纳米管修饰电极时，氧化还原反应的峰电流是其他电极材料的 3 倍，表明羧基更有利于电极表面电化学反应的进行，电化学活性明显提高。用羟基化的碳纳米管修饰，电极可逆性较好。普通的碳纳米管修饰，正负极均表现出比普通电极更好的活性。当然，碳纳米管的数量并非越多越好。研究显示碳纳米管数量过高时，反而会阻碍碳材料电极本身与电解液的接触，导致电极整体电化学活性降低。

将碳纳米管修饰在正极和负极对电池性能的影响也不同。纳米管层位于正极侧时，无论碳纳米管层位于质子交换膜附近还是集流层附近，对电池性能影响都不大；纳米管层位于负极集流层附近时，电池能量效率可以明显提高。化学气相沉积技术（CVD）是一种在 CF 上生长多壁碳纳米管（MWCNTs）的有效方法。例如，当用铁系化合物作为合成碳纳米管的前驱体时，碳纳米管将依附铁位点进行生长，通过调整二价铁在有机溶剂中的浓度可以控制碳纳米管的长宽高比例。这些铁位点是由沉积在 CF 底物上的二价铁前驱体的铁分解和随后的成核而产生的。改性后材料的机械强度和电导率随有效表面积的增加而提高。当碳纳米管的吸收量为 98% 时，碳纳米管的表面积可达 $150m^2/g$。垂直排列的碳纳米管表面残留的铁通过酸处理去除，形成含氧官能团。其他的碳纳米管/碳纳米管电极是在不同的金属催化剂（包括钴、锰和锂）作用下利用甲醇的分解制备的。扫描电镜显示，CF 电极上的碳纳米管具有可识别为柱状的结构，与直径无关。

一些研究报道了碳纳米管表面和侧壁的—OH 官能团可以提高液流电池的性能。在石墨毡上使用氮掺杂的 CNTs，发现氮掺杂不仅可以改变 CNTs 的电子性质，还可以在其表面产生缺陷位点。用于修饰的碳纳米管材料本身也会影响电极的导电性能。当分别用纯碳纳米管(MWCNTs)、氮掺杂碳纳米管(CN_xMWNTs)和含氧官能化碳纳米管(MWCNTs-Cs)作为液流电池的正极时，循环伏安(CV)曲线显示的电化学性能提升依次为：MWCNT-Cs>CN_xMWNTs>MWCNTs。其原因并不是含氧官能化碳纳米管(MWCNTs-Cs)有最大的比表面积或最多的官能团，而是因为它们具有最高的sp^2碳含量。

综上所述，碳纳米管被用作碳材料电极的反应催化剂。酸处理可以增加电极上附着的氧官能团和表面缺陷，进而增加了反应位点，加速了氧和电子的转移。然而，用碳纳米管修饰过后的电极在阴极上更容易发生表面析氢反应，这将降低电池效率。与使用普通的碳毡、碳布的电池相比，使用碳纳米管改性后的电极，电池具有更高的VE(电压效率)和EE。因此，碳纳米管作为电极催化剂在铁铬液流电池中具有广阔的研究前景。

3.4.5　石墨烯基改性

近年来，石墨烯已成为材料科学和凝聚态物理研究中的一个热门研究方向。由于其优异的电学、物理、热学、光学、机械性能和高比表面积，它受到了广泛的关注。因此，石墨烯被广泛用作电极的电化学活性的改性材料。一些常见的方法，如浸涂法、恒电位法和电泳法可以对石墨烯基材料在毡电极上进行有效的改性，如图3-16所示。下面介绍一种实用且简单的石墨烯基碳改性方法。

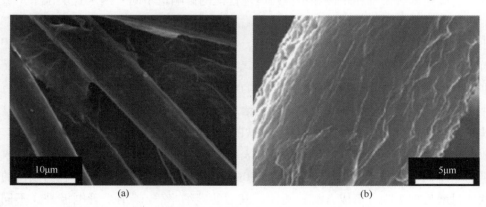

(a)　　　　　　　　　　　　　(b)

图3-16　(a)CF表面氧化石墨烯涂层的SEM图像；(b)GF表面
氧化石墨烯涂层的SEM图像[25]

① 在水介质中，通过超声1h制备氧化石墨烯(rGO)悬浮液，使氧化石墨烯脱落。②在制备的氧化石墨烯悬浮液中，通过浸渍-干燥工艺将氧化石墨烯加载到钛材料电极表面。③在0.5mol/L Na_2SO_4溶液中施加-1.2V恒定电压10min，

对氧化石墨烯进行电化学还原。对比 0.5mol/L Na_2SO_4 溶液中 CV 曲线的响应，在 -0.6~0.6V 电压内，rGO/CF 电极比普通的 CF 具有更高的电流密度，表明修饰后的电极表面积更大，电导率更好。

此外，可以将分散良好的带电粒子的悬浮液(如氧化石墨烯溶液)浸入碳毡电极，形成的表面薄膜具有沉积速率高、操作简单、易于扩展以及避免使用黏合剂等优点，同时避免了使用黏合剂而产生的接触电阻。以氧化石墨烯悬浮液为原料，采用电泳技术(EPD)在双电极电池中合成了石墨烯修饰的 GF(GF-G)。通过施加 10V 电压 3h，负极的氧化石墨烯薄片向正极的 GF 电极移动。GF-G 显示，石墨烯样薄片沉积在毡的表面，要么呈褶皱状，要么固定在毡与毡之间，证明氧化石墨烯部分还原。由于石墨烯基材料具有优异的电化学性能，在碳材料电极的商业化应用中具有广阔的应用前景。

3.4.6　酸刻蚀改性

酸处理法是将碳基材料电极置于强氧化性的酸或其他溶液中，对碳毡表面的纤维进行氧化刻蚀，增加碳材料电极表面的含氧官能团和碳毡的比表面积、电化学性能和电导率。常用于刻蚀的酸有氢氟酸、硅酸、硝酸等。酸刻蚀后，电极表面的亲水性明显增强，在接触电解液时快速下沉。以石墨毡为例，用酸刻蚀碳材料电极的表面出现大量的深纵脊，并附有大量的圆孔，且孔的数量和直径都随着酸溶液浓度的增加而增加。刻蚀后石墨毡的电荷传递电阻明显降低，加速了铁铬离子的氧化还原反应和电荷转移速率。适量酸热刻蚀的石墨毡作为铁铬液流电池的负极，可以减缓充放电容量的衰减。刻蚀对降低充放电循环容量衰减的作用在高电流密度下更为突出，因为酸热刻蚀使负极能够更快进行电荷转移，有效地减少极化现象。

3.4.7　物理形态改性

在电池的设计和加工过程中，电极材料的原始厚度以及电极层数的改变都会影响电池中多孔电极的实际厚度(一般情况下，电极实际厚度范围为 0.3~3mm)。电极厚度的变化会改变电解液在电极厚度方向的流动路径长度，且会改变电解液在电极平面方向的流动速度。此外，流道宽度的改变也会影响电解液流速和流动路径各个部分的长度，因此，本部分在一定流道横截面宽度(1mm)下探究电极厚度变化对反应离子浓度分布的影响。

$$n_x = \frac{-RT}{z_j F}\ln\left(1 - \frac{\vec{i}}{z_j aF\lambda}\frac{1}{c_{j,x}}\right) \tag{3-5}$$

图 3-17 展示了电极厚度变化对电极中电解液流动沿程反应离子浓度分布及浓差过电位分布的影响，其中，0.5mm、1mm、1.5mm 分别为不同的电极厚度。无论是 U 形流动还是 L 形流动，电极厚度的增加均使反应离子浓度降低[图 3-17(a)、(b)]，研究者认为这是由肋下流动部分电解液流速随电极厚度的增加而降低进而使反应离子输运速率降低导致的，这与流速降低导致 Pe 数减小进而导致反应离子浓度降低的趋势相吻合。虽然反应离子浓度的降低会增加电极中的浓差过电位，但是电极中反应面积随厚度增加因而降低了电极中碳纤维表面的反应电流密度，所以电极中浓差过电位最终呈现为伴随着电极厚度增加而降低的趋势[图 3-17(c)、(d)]。另外，在沿程电解液流量不变的情况下，当电极厚度大于流道宽度时(图中电极厚度为 1.5mm 时)，由于电解液在下部分的流速低于流道下的部分，这导致该部分的浓差过电位略微增加[图 3-17(b)、(d)中的虚线]。

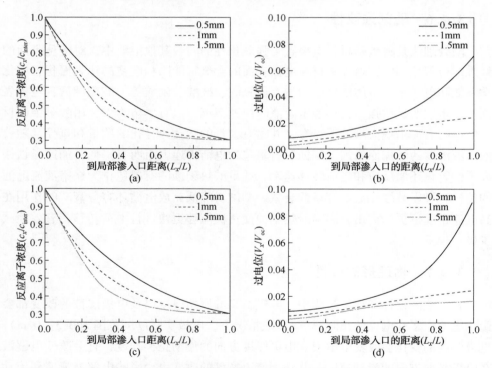

图 3-17　改变电极厚度对反应离子浓度分布和浓差过电位分布的影响[施加的电流密度和流量分别为 $100mA/cm^2$ 和 $0.11mL/(min \cdot cm^2)$]：(a)U 形流动电解液流动沿程反应离子浓度分布；(b)U 形流动电解液流动沿程浓差过电位分布；(c)L 形流动电解液流动沿程反应离子浓度分布；(d)L 形流动电解液流动沿程浓差过电位分布

3.5 铁铬液流电池的催化剂沉积方法

原始碳布电极的性能还不能满足现有液流电池高效运行的要求，因此需要通过使用高效沉积催化剂技术对碳布电极进行改性，进一步优化碳基材料的性能。铁铬液流电池电极高效沉积催化剂技术原理图如图 3-18 所示。为了让液流电池的氧化还原反应发生，必须让电极的活性位点与其接触。因此，在电极表面增加反应活性位点可以提高电化学活性，进而提高电池性能。使用催化剂沉积技术解决了传统工艺中液流电池负极铬的活性低、催化剂的沉积导致电池堆的性能和系统能量衰减速率快的问题。

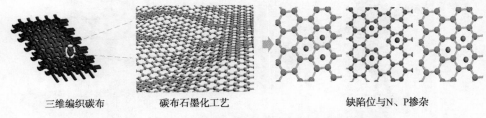

三维编织碳布　　　　碳布石墨化工艺　　　　　　缺陷位与N、P掺杂

图 3-18　铁铬液流电池电极高效沉积催化剂技术原理图

铁铬液流电池负极 Cr^{2+}/Cr^{3+} 对的标准电位接近于析氢电位，极易在充电末期发生析氢副反应，通过增加碳布电极石墨表面的缺陷位与引入异原子掺杂，提升催化剂沉积密度并防滤失，进而提升液流电池能量密度。中国石油大学（北京）徐泉教授课题组研发的新型三维仿生编织碳布电极实现了催化剂高效沉积。通过降低电极厚度，强化了内部传质降低系统欧姆极化；通过电极表面引入仿贻贝含氧官能团活性位点与缺陷位调节技术，降低了电化学反应间隙过电位并实现了催化剂高密度均匀沉积。

3.5.1 碳布电极表面与催化剂表面相作用模型

密度泛函理论（DFT）是一种通过电子密度研究多电子体系电子结构的方法。密度指电子数密度；泛函是说能量是电子密度的函数，而电子密度又是空间坐标的函数；函数的函数，是为泛函（Functional）。具体到操作中，密度泛函理论通过各种各样的近似，把难以解决的包含电子-电子相互作用的问题简化成无相互作用的问题，再将所有误差单独放进一项中（XC Potential），之后再对这个误差进行分析。通过计算说明密度函数理论可以对电极在液流电池中的氧化还原反应进行模拟，以此指导改性研究。

图 3-19(a)为五水铬离子的结构模型，为八面体构型，四个水分子处于一个水平面，氯原子位于八面体的顶角。图 3-19(b)为铬离子 $[Cr(\mathrm{III})]$ 与石墨作用结构示意图。当 Cr^{3+} 被还原为 Cr^{2+} 后，Cr^{2+} 需要从反应表面脱附，Cr^{2+} 从石墨表面脱附能为 1.17eV，是金属 Bi 的 2 倍，脱附能越大，表明从表面离开所需要的能量越多，该团簇越难从表面离开，证明 Cr^{2+} 更容易停留在石墨表面。

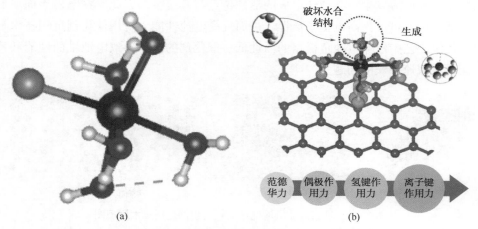

图 3-19　(a)五水铬离子结构模型；(b)铬离子与石墨作用结构示意图

3.5.2　In 催化剂对液流电池性能影响的研究

加入 In 催化剂是提高铁铬液流电池性能的一种有效途径，In 改性电极的制备方法如图 3-20 所示。In 可以有效起到抑制析氢的效果，对添加铟催化剂前后的碳布材料电极的表面性质进行检测，接触角实验可以证明引入 In 催化剂可以提高原始电极的润湿性，使其亲水性更强。

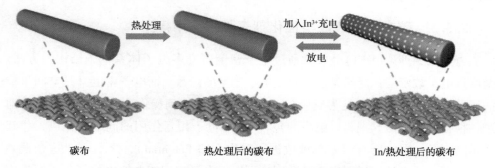

图 3-20　热处理与 In 沉积技术改性碳布示意图

对高效沉积催化剂前后的碳布电极所组装的电池进行充放电测试，结果如图3-21所示。从图中可以看出，无催化剂的电解液组装的电池的能量效率为73%左右，添加In的电解液组装的电池电压效率在50个循环之内的衰减率小于无催化剂的电解液组装的单电池，库仑效率在50个循环之内稳定在97%左右，能量效率大大提高，在50个循环之内稳定在81%左右。这就说明在充放电循环过程中，In催化剂的引入可明显提升电池的循环稳定性。

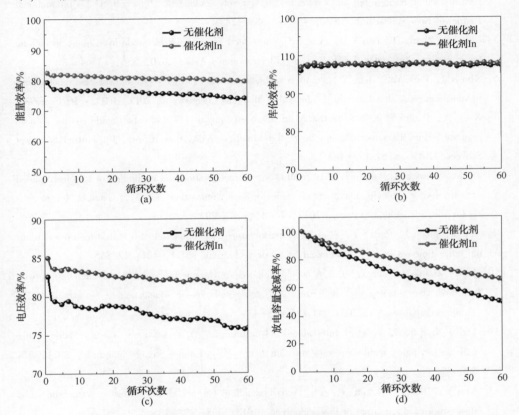

图3-21　使用催化剂In前后碳布作为液流电池电极各项性能参数

综合上述，分析表明In催化剂可以显著提高铁铬液流电池的性能。因此，通过电化学沉积制备改性碳布是一种优秀的电极改性方法，这为铁铬液流电池未来的商业化提供了新的可能。

参 考 文 献

[1] 陈娜. 铁铬液流电池用石墨毡电极的改性研究[D]. 鞍山：辽宁科技大学，2020.

［2］房茂霖，张英，乔琳，等．铁铬液流电池技术的研究进展［J］．储能材料与器件，2022：2022，11（5）：1358-1367.

［3］Zhang H, Tan Y, Li J, et al. Studies on properties of rayon-and polyacrylonitrile-based graphite felt electrodes affecting Fe/Cr redox flow battery performance［J］. Electrochimica Acta, 2017, 248: 603-613.

［4］Zhang H, Chen N, Sun C, et al. Investigations on physicochemical properties and electrochemical performance of graphite felt and carbon felt for iron-chromium redox flow battery［J］. International Journal of Energy Research, 2020, 44（5）: 3839-3853.

［5］Chen N, Zhang H, Luo X D, et al. SiO$_2$-decorated graphite felt electrode by silicic acid etching for iron-chromium redox flow battery［J］. Electrochimica Acta, 2020, 336: 135646.

［6］Kim K J, Park M S, Kim Y J, et al. A technology review of electrodes and reaction mechanisms in vanadium redox flow batteries［J］. Journal of Materials Chemistry A, 2015, 3（33）: 16913-16933.

［7］Xiang Y, Daoud W A. Investigation of an advanced catalytic effect of cobalt oxide modification on graphite felt as the positive electrode of the vanadium redox flow battery［J］. Journal of Power Sources, 2019, 416: 175-183.

［8］Tirukkovalluri S R, Gorthi R K H. Synthesis, characterization and evaluation of Pb electroplated carbon felts for achieving maximum efficiency of Fe-Cr redox flow cell［J］. Journal of New Materials for Electrochemical Systems, 2013, 16（4）: 287-292.

［9］Ahn Y, Moon J, Park S E, et al. High-performance bifunctional electrocatalyst for iron-chromium redox flow batteries［J］. Chemical Engineering Journal, 2021, 421: 127855.

［10］Li R, Zhang H, Yan J, et al. A novel 3-phenylpropylamine intercalated molecular bronze with ultrahigh layer spacing as a high-rate and stable cathode for aqueous zinc-ion batteries［J］. Fundamental Research, 2021, 1（4）: 425-431.

［11］Li R, Xing F, Li T, et al. Intercalated polyaniline in V$_2$O$_5$ as a unique vanadium oxide bronze cathode for highly stable aqueous zinc ion battery［J］. Energy Storage Materials, 2021, 38: 590-598.

［12］Kim Y, Choi Y Y, Yun N, et al. Activity gradient carbon felt electrodes for vanadium redox flow batteries［J］. Journal of Power Sources, 2018, 408: 128-135.

［13］陈娜，罗旭东，张欢．碳化工艺对铁铬电池电极材料性能的影响［J］．电源技术，2019：43（7）：1175-1178, 1200.

［14］张欢，谭毅，施伟，等．液流电池用 PAN 碳毡材料的改性［J］．材料导报，2014：28（3）：124-130, 145.

［15］León M I, Castañeda L F, Márquez A A, et al. Review-Carbon Cloth as a Versatile Electrode: Manufacture, Properties, Reaction Environment, and Applications［J］. Journal of the Electrochemical Society, 2022, 169（5）: 053503.

［16］Peng M, Jia H, Jiang L, et al. Study on structure and property of PP/TPU melt-blown nonwovens[J]. The Journal of The Textile Institute, 2019, 110(3): 468-475.

[17] Kazacos M S. A rotating ring-disk electrode study of soluble lead (Ⅳ) species in sulfuric acid solution[J]. Journal of the Electrochemical Society, 1981, 128(4): 817.

[18] Wu X, Xu H, Lu L, et al. PbO$_2$-modified graphite felt as the positive electrode for an all-vanadium redox flow battery[J]. Journal of Power Sources, 2014, 250: 274-278.

[19] González Z, Sánchez A, Blanco C, et al. Enhanced performance of a Bi-modified graphite felt as the positive electrode of a vanadium redox flow battery[J]. Electrochemistry Communications, 2011, 13(12): 1379-1382.

[20] Li B, Gu M, Nie Z, et al. Bismuth nanoparticle decorating graphite felt as a high-performance electrode for an all-vanadium redox flow battery[J]. Nano letters, 2013, 13(3): 1330-1335.

[21] 张宇, 张华民. 电力系统储能及全钒液流电池的应用进展[J]. 新能源进展, 2013, 1(1): 106-113.

[22] Park S, Kim H. Fabrication of nitrogen-doped graphite felts as positive electrodes using polypyrrole as a coating agent in vanadium redox flow batteries[J]. Journal of Materials Chemistry A, 2015, 3(23): 12276-12283.

[23] Lee H J, Kim H. Graphite felt coated with dopamine-derived nitrogen-doped carbon as a positive electrode for a vanadium redox flow battery[J]. Journal of the Electrochemical Society, 2015, 162(8): A1675.

[24] Zhou W, Yu Y, Chen H, et al. Yolk-shell structure of polyaniline-coated sulfur for lithium-sulfur batteries[J]. Journal of the American Chemical Society, 2013, 135(44): 16736-16743.

[25] Fu H, Bao X, He M, et al. Defect-rich graphene skin modified carbon felt as a highly enhanced electrode for vanadium redox flow batteries[J]. Journal of Power Sources, 2023, 556: 232443.

第4章 铁铬液流电池双极板

双极板在电堆中是连接单个电池的关键组件，同时也实现了隔离相邻单电池正、负极电解液的功能。除此之外，双极板还传导电池中产生的电流。为了满足这些功能需求，双极板必须具备一系列优秀的特性：①双极板需要具备出色的导电性。这就要求双极板材料具有低电阻率和高电导率，以确保电流能够高效地于整个电堆中传输。高导电性可以最大限度地减少能量损耗，并提高电池系统的效率。②双极板需要具备良好的机械强度和韧性，以提供对电极的支撑。电堆中的电极经常会受到应力和形变的影响，因此双极板必须能够抵抗这些力，并保持稳定的形状。此外，良好的韧性可以增加材料的耐久性和可靠性，使其能够长时间承受工作条件下的压力。③双极板还应具备较低的热膨胀率。热膨胀率较低可以避免由于温度变化引起的材料应力和变形，从而确保双极板与其他组件的良好匹配和稳定连接。④双极板还需要具备良好的致密性，以防止电解液泄漏。优秀的致密性可以确保电池系统内部的稳定性和安全性，同时防止不必要的物质流失或与外界环境发生不良反应。⑤双极板还需要具备化学稳定性和耐腐蚀性。在液流电池运行过程中，存在着复杂的化学反应和腐蚀性环境，因此双极板必须能够抵抗这些影响并保持其性能稳定。此外，良好的化学稳定性还有助于减少不必要的能源损耗，并提高电池寿命。

这些特性将确保电池堆的正常运行，并提高整个系统的性能和可靠性。同时，为了满足工业化生产的需求，制造成本要低廉，并且制造工艺要简便。这样可以降低液流电池的生产成本，并推动其在各个领域的广泛应用[1]。

4.1 液流电池双极板概述与发展

4.1.1 液流电池双极板的现状

双极板在液流电池中扮演着重要的角色。它具有多个功能，包括实现电池的串联与分隔、传导电池中产生的电流，以及为液流电池中的反应电极提供支撑。首先，双极板可以将多个电池连接在一起，形成串联结构，从而增加总体电压。同时，它还能够有效地分隔不同电池之间的电解质，防止混合反应发生，确保电池的稳定运行。其次，双极板作为电流的传导介质，能够迅速地将电流从一个电池传递到另一个电池，实现整个电池系统的高效运作。此外，双极板还起到了支撑反应电极的重要作用，确保反应电极在电池循环过程中的稳定性和可靠性。

当前，工程应用中常见的液流电池双极板主要包括惰性金属板、石墨板和复合双极板。然而，由于液流电池在强酸和强氧化性环境中运行，金属板容易受到腐蚀的问题显得尤为突出[2]。为了防止电解液对金属板的腐蚀，需要采用贵重金属或表面电镀稀有合金的方式进行保护，这使得双极板价格昂贵。因此，在目前的阶段，仍然难以进行大规模工程应用。

可选择的石墨双极板材料主要包括人造石墨双极板、天然石墨复合材料双极板。人造石墨双极板具有良好的导电性和化学稳定性，但是加工和安装过程中容易断裂，导致厚度较厚，且加工成本较高，在大规模应用中受到限制。天然石墨复合材料双极板是以导电填料和高分子树脂为原料，同时具有高分子树脂良好的机械强度和加工性能以及导电填料优异的导电性能，近年来受到研究者们的广泛关注。

4.1.1.1 金属双极板

目前主要有三类材料用于制作金属双极板，分别是贵金属、铅和不锈钢。

第一类材料是贵金属，包括金、钛和铂等。这些材料具有出色的耐腐蚀性和导电性能，使其成为理想的双极板选择。然而，由于贵金属的稀缺性和昂贵的价格，并不适合大规模生产，这限制了它们在液流电池中的应用。

第二类材料是铅，它被广泛应用于制作金属双极板。然而，铅具有相当的毒性，并且容易被氧化，这限制了它在液流电池中的使用。出于环境和健康考虑，寻找更可持续、无毒性的材料替代铅成为研究的方向。

第三类材料是不锈钢，它具有价格低廉和可加工性强的优点，在液流电池中得到广泛应用。然而，在酸性环境和高电位下，不锈钢容易被腐蚀。为了改善其耐腐蚀性能，需要对不锈钢表面进行改性处理。这些改性方法包括热喷涂、丝网印刷、物理气相沉积、化学气相沉积、电镀和化学镀等。然而，这些方法的工艺复杂且生产成本高，不适合大规模生产。虽然改性后的不锈钢板寿命得到提高，但在具有强腐蚀性电解质的液流电池体系中（如全钒液流电池），不锈钢仍然不能稳定地工作。

金属双极板由于种种缺点并不能很好地适应具有腐蚀性电解质的液流电池体系，如全钒液流电池。然而，在腐蚀性较弱的液流体系中，比如锌溴液流电池采用的是表面涂覆有碳化钛的钛板作为双极板[3]。碳化钛具有良好的耐腐蚀性和导电性能，使其成为适合锌溴液流电池等体系的理想选择。未来的研究和开发将继续致力于寻找更好的材料，以提高金属双极板在液流电池中的性能和适应性。

4.1.1.2　石墨双极板

石墨双极板是由人造等静压石墨机加工而成，选用高强度、高纯度、高密度等静压石墨经过机械加工成所需要规格产品，再经过树脂浸渍做不透液处理。

由于石墨双极板具有导电率高、化学稳定性和热稳定性强且耐腐蚀的特点，并且具有可以在其表面雕刻导流槽等结构，比较适合于目前液流电池新型流过式电堆使用，并且因其耐腐蚀性强等，可以满足混酸及盐酸体系电堆对其性能的要求。

但是因其刚性结构、易断裂的缺点给大型电堆结构及装配带来困难。为了避免在装配时压裂，不得不将双极板做得很厚，不利于提高单堆的功率密度，并且使电堆重量增加许多，因其材料成本高且加工复杂造成造价成本高，受原料及加工工艺制约其成本下降空间有限。

石墨双极板的优势：液流电池使用石墨板作为双极板具有许多明显的优势，这些优势使得石墨板成为液流电池领域的理想选择。

① 石墨板具有低内阻和良好的导电性能。其高度晶化的结构以及碳原子的紧密排列使得电子能够自由地在其表面和内部传输。因此，石墨板能够有效地传递电流，降低电池系统的内阻，提高能量转换效率。

② 石墨板具有出色的耐蚀性。它能够抵御多种电解质的腐蚀，包括强酸、强碱和氧化剂。这使得石墨板在液流电池中能够长时间稳定运行，延长电池寿命，并减少维护和更换的需求。

③ 石墨板的轻质和可塑性好。石墨板相对较轻，可以减轻整个电池系统的重量，降低材料成本，并且便于制造和组装。同时，石墨板具有一定的可塑性，

可以根据需要进行切割、弯曲和加工，以适应不同形状和尺寸的电池设计。

④ 石墨板具有良好的热稳定性。它能够承受高温环境，不容易变形或失去其性能。这对于液流电池中的高温操作是非常重要的，因为高温可能会导致其他材料的降解或损坏。最后，石墨板是可再生材料。废旧的石墨板可以被回收和再利用，减少资源消耗，并对环境产生较小的影响。

石墨双极板的不足：石墨双极板树脂浸渍是一个复杂而又耗时的过程，它既降低了电导率，也增加了电极与双极板之间的界面接触电阻，树脂浸渍使得双极板形成了一层绝缘层，阻碍了电子的流动。这种电阻会影响电极的响应速度和效率，从而降低整体性能。树脂浸渍需要精确的控制和调整，以确保树脂在整个双极板结构中均匀分布。浸渍过程需要时间，以允许树脂充分渗透和固化。这可能导致制备过程的延长，并增加生产周期[2]。

虽然石墨板具有较低的内阻和良好的导电性能，并且在某种程度上具有耐腐蚀性，但长期在电化学电场中使用仍存在腐蚀问题。尤其是在石墨板上雕刻流道并在拐角处，由于电解液的腐蚀作用，石墨板容易发生腐蚀。这可能导致石墨板的损坏和表面形成孔洞，影响电池的性能和寿命。此外，石墨板比较脆弱，在大面积、大功率电堆组装中存在破裂的风险。石墨板的脆性使其容易受到力的集中作用而发生破裂，进而引发电堆内部短路等问题。

4.1.1.3 复合板

为了克服金属和石墨双极板所面临的这些问题，需要寻找替代材料，这些材料既具备金属材料的优点（如良好的机械强度和易于切削加工），也具备石墨材料的优点（如耐腐蚀性）[2]。在这个背景下，研究人员正在努力寻找新型的双极板材料。这些材料可以是合金、复合材料或者其他具有适当性能的材料。这些替代材料应该具备高度的化学稳定性，能够抵御电解液的腐蚀作用，并且在长时间的使用中保持其性能。

复合板是一种新型的双极板，由高分子材料和导电填料直接成型而成。相比传统的石墨板，复合板具有柔性化的特点，能够克服石墨板脆性带来的大功率电堆组装成型的问题。此外，复合板的成本较低，适合大规模应用，因此在双极板技术的发展中具有重要意义，尤其是在一体化电堆中，选用复合双极板被认为是必要的发展趋势。

目前，对于复合双极板的研究主要集中在树脂材料、导电填料和生产工艺等方面。树脂材料的选择对复合双极板的性能至关重要。树脂基体在其中起到了关键作用，它不仅可以增强机械性能，还能黏结导电填料，从而提升气密性、抗弯强度等重要性能指标[4]。

① 通过将树脂与石墨基质结合，可以提高材料的抗弯强度、抗压强度和硬度等机械性能。这使得复合石墨双极板在使用过程中更加稳定和可靠。

② 树脂基体还能起到黏结导电填料的作用。导电填料，如石墨颗粒，通过与树脂基体结合形成传导网络，成为复合石墨板的导电导热的结构基础。这种传导网络可以有效地传递电子，从而实现材料的导电功能。树脂基体与导电填料之间的黏结强度对于确保传导网络的连续性和可靠性至关重要。

③ 树脂基体还可以提升复合石墨双极板的气密性。通过选择适当的树脂材料并优化制备工艺，可以减少气体渗透，防止电解液泄漏，并提高设备的安全性和稳定性。

因此，树脂基体成为复合石墨双极板研究的主要对象之一。研究人员需要寻找具有良好耐腐蚀性、机械强度和导电性能的合适树脂材料，并优化配方以实现最佳综合性能。导电填料的选择对复合双极板的导电性能起着重要作用。导电填料通常包括炭黑、金属颗粒或导电纤维等，这些填料能够提供连续的导电网络，确保双极板具有良好的导电性能。研究人员需要探索不同填料的组合比例和分散方式，以实现高导电性和均匀分布；此外，生产工艺也是复合双极板研究的重要方面。研究人员需要开发适用于复合材料成型、加工和表面处理的工艺，以确保双极板具有一致性、可重复性和稳定性。例如，采用注塑成型、层压等工艺可以获得复合双极板的理想形状和尺寸。

液流电池的双极板的研发可以借鉴燃料电池双极板的研究经验。燃料电池中的双极板也面临类似的挑战，如耐腐蚀性、导电性能和制造工艺等。研究人员可以从燃料电池双极板的设计、材料选择和优化工艺等方面获取有益的经验，为复合双极板的进一步发展提供参考。

4.1.1.4　导电塑料双极板

导电塑料双极板是行业内最常用的双极板，利用 PE 等塑料原料加入导电炭黑、石墨小球、石墨粉、碳纳米管等碳素材料经过混炼挤压成型。因其原料来源丰富、成本低、工艺实施简单等优点被大量使用；但因其导电碳材料添加比例受限造成导电塑料板电阻率降低，并且难以从根本上改善，因此其发展受到限制。随着液流电池电堆技术的进步，高电流密度、大功率电堆不断开发，导电塑料双极板面临被淘汰现状，尤其是伴随如混酸体系全钒液流、盐酸体系全钒液流、盐酸体系铁铬液流等新的液流电池体系发展，开发出一种适合各种体系电堆的双极板材料迫在眉睫。

4.1.2　新型双极板材料的开发

液流电池双极板的新型材料开发是提高其耐腐蚀性和导电性能的关键。石墨复合材料双极板是一种新型双极板，以石墨导电填料及树脂为主要原料制成。以石墨为代表的导电填料在复合材料中相互连接，形成传导网络。如图 4-1 所示，石墨复合双极板导电以及导热等功能，主要通过传导网络来实现，树脂为基体，起到增强机械性能并黏结导电填料的作用，是提升气密性、抗弯强度等性能的主要研究对象。

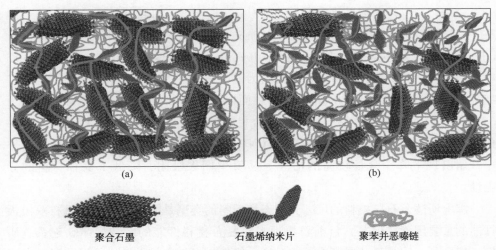

(a)　　　　　　　　　　　　　　　　(b)

聚合石墨　　　　　　石墨烯纳米片　　　　　聚苯并恶嗪链

图 4-1　石墨复合材料及导电传导网络[5]

研究表明，直接影响复合石墨双极板导电性能的因素包含：填料的电导率、结构特性（尺寸、形状、比表面积等）、在复合材料中填料的体积分数、分布和取向以及石墨颗粒间填料间距等。在相同的填料含量下，含有鳞片石墨或者人造石墨复合材料的导电性能显著高于含有碳纤维填料的复合材料。随着填料含量的提升，复合石墨材料的导电性能逐渐上升，但是上升幅度逐渐降低。

二维结构的石墨材料是构筑复合石墨双极板中导电网络的一种常用导电填料，常见的二维石墨材料有天然鳞片石墨、膨胀石墨、石墨烯纳米片（Graphene nanoplatelets，GNP）等。Petrach 等[6]对比不同类型石墨材料在复合石墨双极板中的导电性能差异，试验结果表明，相比于一维结构的碳纤维，具有二维结构的石墨在复合材料中表现出更高的导电性能。这是因为片状结构更容易形成较为丰富的接触面，有利于颗粒间的电子传递。郑昕等[7]的研究结果显示，随着石墨含量的增加，复合材料的导电性能逐渐上升，并逐渐趋近于极限。因此，单纯依靠提升石墨含量，难以满足对于导电性能优化的目标。由于复合石墨双极板的导电性能是通过导电填料构筑的传导通路实现的，因此提高导电填料的离散程度，有利于在相近的填料含量下达到更高的电导率。

GNP 作为一种新型碳基纳米材料，是由天然石墨经过酸性插层工艺，膨胀脱落后形成的超薄的石墨薄片，具有独特的机械及电学性能，表面电导率可达到 $50 \times 10^6 S/cm$。GNP 的颗粒与石墨相比粒径更小、更薄，对于增强复合材料的导电性具有显著的效果。Phuangngamphan 等[5]的研究表明，在保持填料总量不变的情况下，GNP 含量从 0 提升至 10% 后，复合石墨极板的电导率从 284S/cm 提升至 329S/cm，且导热系数也由 12.5W/(m·K) 提升至 14.4W/(m·K)。

一维结构的碳基材料包括碳纤维(Carbon fiber，CF)、碳纳米管(Carbon nanotube，CNT)以及多壁碳纳米管(Multiwall carbon nanotube，MWCNT)等。Radzuan 等[8]以 CF 为主要导电填料，环氧树脂为基质进行了复合石墨极板的制备实验。结果表明，CF 含量达到 80% 的复合材料面内电导率为 4.26S/cm，贯穿电导率为 6.34S/cm。添加 CNT 能够有效提升复合材料的贯穿电导率，在 CNT 含量为 6%（质）时，可达到 40.31S/cm，但随着 CNT 含量的进一步提升，复合材料的电导率开始出现下降。含量较高的情况下易发生团聚吸附，降低了复合材料的导电性。

综上所述，石墨填料的尺寸、形态和填料的类型是影响石墨复合材料双极板性能的重要因素。但是，目前石墨填料对复合材料性能的影响规律缺乏系统研究。特别是，国外已开展了大量二维、一维填料对复合材料性能的影响研究，国内相关研究较少，不利于我国石墨复合材料双极板性能的提升。

天然石墨复合材料液流电池双极板，即柔性石墨双极板，目前国内生产厂家有山东威海南海碳材料有限公司及宁波信远炭材料有限公司两家企业。柔性石墨双极板主要是由膨胀石墨和树脂混合压制而成。其生产工艺为：膨胀石墨与树脂混合后经过滚压成型，裁剪成块，再经模压熔融定型形成双极板产品。目前市场产品因其选用的树脂为美国苏威的聚偏氟乙烯(PVDF)纳米级产品，成本高，原料来源受制约，以及其模压工艺造成的效率低等因素，造成产品生产成本高，难以在市场大规模广泛应用。并且因其产品只是膨胀石墨添加部分 PVDF 树脂压制而成，产品抗剪切力性能较差，在实际使用过程中特别容易破损。由于大功率电堆需要较大的反应电极面积，这使得该产品在生产配套的大规格双极板中还存在困难。

解决液流电池双极板用天然石墨复合材料的发展重点是解决导电率、机械强度、生产工艺、生产成本、生产效率等关键因素间相互制约的问题，实现商业

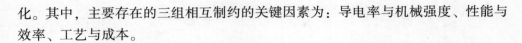

化。其中，主要存在的三组相互制约的关键因素为：导电率与机械强度、性能与效率、工艺与成本。

4.1.3 液流电池双极板制造工艺

液流电池双极板的制造工艺可以分为以下几个主要步骤：①材料准备：首先需要准备双极板所需的材料，包括金属材料、复合材料或其他可导电材料。这些材料通常需要经过切割、研磨和清洁等处理，以获得符合要求的尺寸和表面状态。②设计和成型：根据液流电池系统的设计要求，设计双极板的结构和形状。其次，使用适当的成型方法将材料加工成具有所需形状和尺寸的双极板。常见的成型方法包括压制、注塑成型、层压、激光切割等。③表面处理：为了改善双极板的性能和与电解质之间的接触能力，可能需要对双极板进行表面处理。例如，可以进行氧化、电镀、喷涂或涂覆等工艺，以增强其耐腐蚀性能、导电性能和界面附着力。④组装和连接：将制造好的双极板与其他组件（如隔膜、电解质循环系统等）进行组装和连接。这就需要精确的工艺控制，以实现双极板与其他组件之间的紧密配合和良好的电子通道。⑤检测和测试：在制造过程中，需要对双极板进行检测和测试，以确保其质量和性能符合要求。这可以包括外观检查、尺寸测量、电阻测试、耐腐蚀性能评估等。⑥质量控制和改进：制造完成后，需要进行质量控制，并根据测试结果和市场反馈进行改进。这可能涉及生产工艺参数的调整、材料选择的优化以及工艺流程的改进等。

4.1.3.1 石墨复合材料双极板的模压成型工艺

液流电池用复合材料双极板模压成型通常是将石墨与树脂粉料混合，经冷轧预制成型、切割后，再经热压工序使树脂熔化与石墨润湿形成石墨/树脂复合材料。石墨/树脂复合材料的模压成型原理如图4-2所示。

模压混料的方法包括湿混法与干混法。湿混法是将聚合黏结剂溶解于有机溶剂中，再将石墨分散在这种溶液中得到一种淤浆，然后除去溶剂，模压成型得到双极板。干混法是将聚合物粉末与石墨等导电颗粒在不加溶剂的情况下，干态混合后模压成型得到双极板。

4.1.3.2 石墨复合材料双极板的注塑成型工艺

注塑成型以其成本低的特点，被认为是最有前景的石墨复合材料双极板成型技术。注塑成型是一种常用的生产工艺，其基本过程是采用注塑机将石墨粉或碳粉与树脂、添加剂混合，混合粉末受热融化后注入模具中，经冷却固化得到成型品。注塑成型可直接得到复杂的气体流道，但是由于注射成型的石墨含量受到限

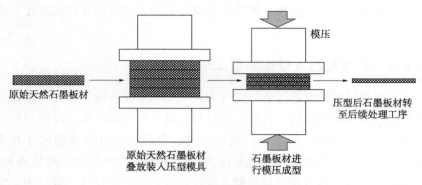

图 4-2　双极板模压成型

制，不能达到很好的导电效果。

中山大学孟跃中等公布的专利 CN200510034173.6 采用芳香双硫醚环状低聚体、膨胀石墨、碳纤维在溶剂中通过溶液法混合，除去溶剂后按所需形状模塑成型。上海交通大学李飞等公布的专利 CN200310108263.6 采用中间相碳颗粒和碳纤维，按比例加入单体溶液中，混合后将浆料浇注到带有气体流道的金属模具中，凝胶注模成型。南通大学黄明宇等公布的专利 CN200510041339.7 通过配制浆料、素坯成型、干燥、埋碳烧结、浸渍、碳化等步骤，凝胶反应注射成型得到双极板。上海交通大学胡晓斌等公布的专利 CN03117062.5 采用中间相碳颗粒为原材料，短切纤维或石墨粉为增强改性材料，流延浆料溶剂采用水和酒精的混合溶剂，通过水基流延工艺制备碳碳复合材料生坯，再通过层压生坯的高温烧结工艺和树脂浸渍封孔，得到石墨复合材料双极板。

4.1.3.3　石墨复合材料双极板的辊压成型工艺

辊压成型方法是将天然石墨（柔性石墨）和树脂混合，然后通过轧制或轧制和热压复合工艺制备石墨复合材料双极板的方法。辊压成型方法具有成本低、效率高等优点，是目前规模化生产石墨复合材料双极板的重要方法。

清华大学郑永平等公布的专利 CN200410008461.X 将膨胀石墨加入模具中，采用模压或辊压的方法直接成型或分步成型双极板[9]。中国科学院大连化学物理研究所张海峰等公布的专利 CN200410020905.1 先将膨胀石墨辊压成低密度板材，再把板材通过热固性树脂混合液，在真空下浸渍，然后烘干辊压，得到 $1\sim1.4\text{g/cm}^3$ 的薄石墨平板，最后加工成板[10]。

新源动力股份有限公司杜超等公布的专利 CN200810246970 将低密度柔性石墨板材，在真空下预压成密度为 $0.65\sim0.75\text{g/cm}^3$ 的板材，在低黏度树脂溶液中真空浸渍，烘干后在真空条件下辊压或模压出流场，固化后得到聚合物柔性石墨复合板。Jeremy Klug 等公布的专利 US7108917B2 采用膨胀石墨辊压至一定厚度后，真空喷洒溶有树脂的溶液，通过控制预压板移动的速度来控制浸入树脂的量，然后烘干辊压，得到带有流场的双极板再固化成型得到最终成品双极板。

在实际生产中考虑到生产效率、成品率和生产成本等因素，国内企业多采用柔性石墨与树脂混合后，先通过冷辊压制成预制板料，然后切割后通过热压成型的工艺方法，生产工序较多，工艺较为复杂，需进一步进行提升和优化。

天然石墨/树脂高效熔融成型是关键问题。石墨复合材料双极板材料的制备工艺为柔性石墨与树脂混合→冷辊压制成预制板料→切割→预制板料热压，其中粉末混合、冷辊工序都可采用连续生产方式。但是，若使石墨/树脂冷压预制板料中的树脂熔化与石墨润湿，形成最终的石墨/树脂复合材料，目前较多采用的是多层热压成型工艺。该工艺特点为：多层冷压预制板料叠加→放入压力设备→加压加热热压成型→冷却。由于冷压预制板料放入热压成型机中的数量受限，单次放入过多的预制板料会导致预制板料中树脂熔化不均匀，影响最终石墨复合材料双极板的性能均匀性。因此，石墨/树脂热压成型工艺生产效率较低，且受设备状态影响较大，生产石墨复合材料双极板的性能也不稳定。

4.2 双极板流道设计

在铁铬液流电池中，双极板通常会被雕刻出特定的流道结构，以优化电池的性能和效率。这种流道设计具有以下作用：①增加电池反应表面积：流道的设计增加了电池反应的表面积。通过增加与电解液接触的界面面积，可以提高反应速率，并实现更高的功率密度。②促进质量传递：流道设计通过增加电解液与双极板之间的接触面积，促进质量传递过程，包括离子传输和质量扩散，有助于加快电化学反应的进行。③减小流阻：雕刻的流道改善了液体在通道中的流动，并减小了流动的阻力，降低了电解液流动所需的能量消耗，提高了电池系统的效率。④通过优化双极板的流道结构，铁铬液流电池可以获得更好的电解液流动性、增加反应表面积、促进质量传递，并减小流阻。这些优化措施可以显著提升电池性能和效率，使铁铬液流电池成为一种具有潜力的能源存储技术。

铁铬液流电池的流场结构对电解液的流速分布和浓度分布有着重要影响[11]。如图 4-3 所示，传统的铁铬液流电池采用了一种简单的流通式结构，其中电解液通过循环泵直接推动穿过多孔电极。循环泵通过产生压力差，使电解液从一个区域流向另一个区域，从而形成了稳定的流动。这样的设计可以确保电解液在整个电池中均匀分布，从而维持反应的正常进行。同时，由于多孔电极的存在，电解液能够有效地进入电极内部，并与电极表面的活性物质发生化学反应[12]。

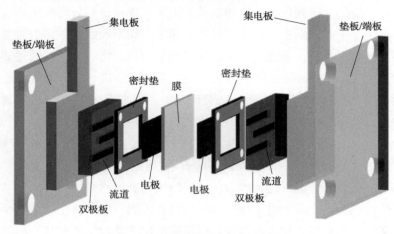

图 4-3　液流电池结构示意图

这种直接穿过多孔电极的流动路径有助于提高电解液的接触效率和反应效率。然而，传统的简单流通式结构也存在一些局限性。例如，由于电解液直接穿过多孔电极，可能导致流速分布和浓度分布的不均匀性。这种不均匀性可能会影响电池的性能和稳定性，需要进一步优化流场结构以改善。因此，对于铁铬液流电池而言，流场结构的设计是十分重要的。通过合理调整流动路径、优化多孔电极的设计和控制循环泵的工作参数，可以实现更均匀的流速分布和浓度分布，进而提高铁铬液流电池的效率和可靠性。

在传统的铁铬液流电池中，通过采用较薄的多孔电极来降低电池的欧姆极化是一种常见的方法。然而，这种设计可能导致电解液受到的流动阻力增加，从而降低流速并影响电解液分布的均匀性，进而增加电池的浓差极化。为了解决这个问题，Zeng 等[13,14]提出了两种改进的流场结构：交叉式流场结构和蛇形流场结构。这些新型结构旨在优化电解液的流动路径，以提高流速分布的均匀性，并减少浓差极化的影响。交叉式流场结构：这种结构是在双极板上雕刻出一系列交叉的流道，使电解液在不同方向上交错流动。这种交叉式流动可以增加电解液与电极的接触面积，促进反应发生，并减少浓差极化的发生。通过合理设计交叉的流道尺寸和形状，可以实现更均匀的流速分布和浓度分布。蛇形流场结构：这种结构类似于蛇形曲线，将电解液的流动路径扭曲起来。蛇形流场结构可以增加电解液在电池内部的流动距离，从而提高电解液与电极的接触时间和反应效率。这种结构还可以减少由于直线流动路径引起的浓差极化现象。

通过采用交叉式流场结构和蛇形流场结构，可以改善电池中电解液的流速分布和浓度分布，减少欧姆极化和浓差极化的影响，提高电池的性能和稳定性。然而，设计和优化这些新型流场结构仍需要进一步的实验验证和数值模拟支持，以确保其可行性和有效性。流场结构的设置对电解液在多孔电极中的流动具有重要影响，它可以有效缩短电解液在多孔电极中的流动距离，并降低流动阻力。通过这种方式，电解液可以更加均匀地分布在整个电极区域。由于流动距离减少，即使使用更薄、更高压缩比的电极材料，也不会影响电解液的流速和压力。

欧姆极化主要是由于电解质溶液的电阻引起的，而电阻与电极的几何形状和尺寸有关。当电极较薄时，电解质溶液在电极上的通过路径更短，电流能够更容易地传输，并且电阻也会减小。较薄的电极还具有更大的比表面积，这意味着相同体积的电解质溶液可以与更多的电极表面接触，从而增加了电流传输的有效区域。这样可以提高电解质中离子与电极之间的交换速率，减少电位梯度，降低欧姆极化效应。

此外，流场结构的设计还会影响催化剂在电极表面的电化学沉积，并改变其在多孔电极中的分布。与蛇形流场相比，交叉式流场迫使电解液通过相邻通道之间的多孔电极，从而使催化剂分布更加均匀。这样的设计可以提高催化剂的利用效率，进一步优化电解液在电极中的反应过程。

综上所述，流场结构的合理设计对于提高电解液流动的均匀性以及催化剂的利用效率至关重要。通过优化流场结构，可以有效减少电解液在多孔电极中的流动阻力，并降低铁铬液流电池的欧姆极化，从而提高电池的性能。传统液流电池使用碳毡作为多孔电极，其厚度较大。尽管这种结构可以提高电解液在多孔电极中的流动效率、降低整体阻力和改善电解液分布的均匀性，但由于碳毡的微观结构较为紊乱，电解质易从层流变为湍流，甚至形成死区。此外，碳毡的厚度增加了离子迁移距离，进而增加了离子迁移阻力，对液流电池的性能产生了不利影响。

受燃料电池结构的启发，在液流电池中创新地采用碳布作为反应电极，并采用石墨双极板开流道的电池结构，来替代传统的碳毡开槽流道结构[15]。这种方式可以将电解液的流动性变为强制流动。具体而言，液体首先在双极板上平均分配后，再进入碳布中进行反应，反应完成后回到附近的流道槽中。这种设计增强了液体进出的有序性，降低了由电极导致的电池电阻，有效提高了电池系统的电流密度。同时，该结构减小了由于流动不均匀而导致的效率损失，减少了副反应的发生，提高了电池堆的一致性。与传统液流电池相比，这种改进的液体流动方式可以提高能量效率，降低泵耗，并降低单位成本。它改善了液体在电堆内的流动方式，从而提升了电池的整体性能。

液流电池的传质过程主要受到流道结构的影响，包括电解液在流道中的流动、多孔电极中的流动以及反应离子的扩散和迁移[16]。流道结构对电解液流速分布和反应离子浓度分布产生重要影响，进而影响液流电池的电化学性能和系统能量效率。为了减小电池阻力、降低泵耗并提高功率密度，需要对液流电池运行过程中电解液在石墨双极板流道及碳布中的分布情况进行研究。

目前，大部分实验和模拟研究以碳毡作为多孔电极，分析不同结构类型的流道对电解液在多孔电极中的分布和整体电池性能的影响。南方科技大学机械与能源工程系的赵天寿院士和魏磊副教授在液流电池强化传质方向取得了重要进展[17]。他们的工作打破了过去流场设计的传统思路，提出了一种针对液流电池传质真空区域检测与调控的全新方法。通过该方法，液流电池的能量效率和额定工作电流密度等关键指标得到了显著提升。在以往的研究中，流场设计主要依赖于固有思路，而此次工作引入了一种被称为"Dead-zone-compensated"的设计方法。该方法能够准确检测和调控液流电池中的传质真空区域，从而提高电池的性能。通过优化流场设计，赵天寿院士团队获得了更高的液流电池能量转换效率和更大的工作电流密度。这些改进对于液流电池的实际应用具有重要意义。这项研究工作作为液流电池领域的发展带来了新思路和方法，有望推动液流电池技术的进一步发展与应用。未来，基于这种"Dead-zone-compensated"设计方法的流场优化策略可能会成为液流电池设计中的常规手段，以提高电池的性能和稳定性。

液流电池内部的传质死区是一个已经被观察到并报道的现象。然而，由于涉及多种部件、尺度跨越和多物理场的耦合过程，其形成机制尚未得到系统性的分析和讨论。典型的液流电池包括流场板、电极和膜等多个组成部分。流场通常设计在导电石墨板上，包括入口、出口和流道。在液流电池工作过程中，电解液携带着活性物质从流场入口流向出口，这个过程伴随着水力压力差的变化。而流道内的水力压力差提供了电解液在"肋"下区域流动的驱动力，也就形成了肋下流。通过这一过程，活性物质完成了从宏观器件到介观孔隙再到微观界面的传输。活性物质的传输不仅受到流动过程的控制，还受到活性表面的电化学反应、电场和热场等多个物理场的影响。复杂的物质传输和耦合反应使得多孔电极表面的活性物质分布变得不均匀。当以活性物质的对流通量作为评价指标时，通常可以观察到传质死区与液流电池的流场结构设计、流道内水力压力和肋下流强度等因素之间存在密切关联。

赵天寿院士团队的发现表明传质死区的形成与液流电池的流场结构和操作参数有关，而且不仅仅是由单一因素导致的。了解和解决传质死区问题对于提高液流电池的传输效率和功率密度至关重要。该研究为进一步深入分析和探索液流电池中传质死区的形成机制奠定了基础，并为优化流场设计和调节操作参数提供了新的思路。未来的研究可以集中在传质死区的定量表征和建立预测模型，以及针对液流电池中多物理场耦合过程的优化策略上。通过克服传质死区问题，液流电池的性能将进一步提升，推动其在能源储存领域的广泛应用。

以碳布作为多孔电极、石墨双极板开流道的液流电池结构的研究较为有限。一般的实验无法详细描述电池内部的流动过程，但可以通过模拟来再现电池内部的流动分布和各项参数，并进行流道优化。通过计算流体力学（CFD）等技术的模拟研究，可以探索优化流道结构、调整流道尺寸和形状、设计合适的流道布局等措施，以改善电解液在电池内部的流动分布，提高传质效率和电化学性能。这种优化设计可帮助减小电池内部阻力、降低泵耗，并提高液流电池的功率密度和系统能量效率。流道结构对液流电池的传质过程起着重要作用，但以碳布作为多孔电极、石墨双极板开流道的液流电池结构的研究较少。通过模拟再现电池内部的流动分布及相关参数，可以进行流道优化，以进一步改善电池性能。

以下将建立铁铬液流电池的三维流动模型，详细介绍铁铬液流电池中的并行流道、蛇形流道和叉指流道，模拟并分析不同流道类型下电解液的流动情况。在流动模拟中，我们将优化流道工艺，以实现电解液的均匀快速流动，同时降低电池运行阻力和副反应的发生率。

其中，叉指流道显示出在碳布电极内电解液速度和压力分布方面的优越性。通过对叉指流道的相应优化，我们可以进一步提高铁铬液流电池的整体性能。这意味着我们将改进流道的形状和尺寸，并调整流道布局，以最大限度地促进电解液的有效流动。通过这些优化措施，我们期望进一步提高铁铬液流电池的传质效率和电化学性能。

4.3 铁铬液流电池流动模型

4.3.1 流场结构

铁铬液流电池的流场结构模型如图4-4所示，包括并行流道[图4-4(a)]、蛇形流道[图4-4(b)]和叉指流道[图4-4(c)]。并行流道[图4-4(a)]：该结构中的并行分支流道的参数如下：

分支流道宽度为 6mm，分支流道深度为 4mm，分支流道长度为 515mm，主流道宽度为 6mm，主流道深度为 4mm，主流道长度为 715mm，分支流道间距为 53.4mm，碳布电极厚度为 0.5mm，碳布面积为 600mm×500mm。

蛇形流道［图 4-4(b)］：蛇形流道结构的参数如下：

分支流道宽度为 6mm，分支流道深度为 4mm，分支流道长度为 4040mm，流道间距为 53.4mm，碳布电极厚度为 0.5mm，碳布面积为 600mm×500mm。

叉指流道［图 4-4(c)］：叉指流道结构的参数如下：

分支流道宽度为 6mm，分支流道深度为 4mm，分支流道长度为 452mm，主流道宽度为 6mm，主流道深度为 4mm，主流道长度为 715mm，分支流道间距为 48mm，碳布电极厚度为 0.5mm，碳布面积为 600mm×500mm。

这些不同的流场结构模型在铁铬液流电池中具有不同的优势和应用。研究人员可以根据具体需求选择适合的结构，以优化电池的性能和效率。

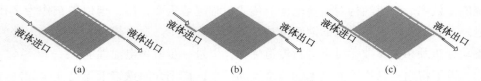

图 4-4　不同流道结构示意图：(a)并行流道；(b)蛇形流道；(c)叉指流道

4.3.2　理论基础

液流电池常使用的流道结构各自具有独特的特点。其中，并行流道在设计中考虑了其流程短和流动阻力小的优势。然而，该结构也存在一些问题：首先，由于极板进出口位置的影响，可能导致各个分路中的流量分布不均匀。这种不均匀性可能会导致不同分支中的电解液流量差异，进而影响电池性能。其次，尽管流阻小可以提高整体流动效率，但过小的流阻也容易导致电解液偏向通过路径阻抗较小的区域流动，造成碳布电极处的电解液流量减少，从而降低了电池的性能。

为了克服并行流道存在的问题，研究人员引入了增设挡板和流堰等结构的方法来改善流量分布的均匀性，叉指流道和蛇形流道就是通过增加这些结构来优化电池内的流动性能。叉指流道通过设置分支流道间距较小的挡板，增加了流动路径，使得电解液更均匀地分布到各个分支流道中。蛇形流道则通过增加流道的长度和配置流堰，使电解液在流动过程中发生多次的曲折、回流和混合，从而提高了流量分布的均匀性。图 4-5 展示了描述并联式电池电堆的流体力学模型。

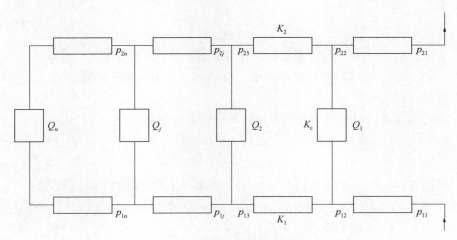

图 4-5 并联式液压阻力网络

该模型能够帮助研究人员更好地理解电池内部液流的行为，进而优化流场结构设计，提高电池的性能和稳定性。通过选择适合的流道结构和采取相应的措施，可以有效改善铁铬液流电池的液流分布，并提升其整体性能。图 4-5 中，K_1、K_2 为标识入口、出口总流道各小段的阻力系数；K_c 为各支流道的液压阻力系数；第 j 支流道内的流量为 Q_j，进出口压力分别为 p_{1j} 和 p_{2j}。

4.3.3 模型方程

对于管内层流，流体的连续性方程符合式(4-1)：

$$\rho_1 \bar{V}_1 A_1 = \rho_2 \bar{V}_2 A_2 \tag{4-1}$$

式中，ρ_1、ρ_2 表示 1、2 位置处的流体密度；$\bar{V}_1$、$\bar{V}_2$ 表示 1、2 位置处的流速；A_1、A_2 表示 1、2 位置处的有效截面积。

压降(Δp_c)与流阻之间的关系符合式(4-2)：

$$\Delta p_c = K \frac{1}{2} \rho v^2 \frac{l}{D_h} \tag{4-2}$$

式中，K 代表液压阻力系数；ρ 表示流体密度；v 表示通过流道横截面的平均流速；l 和 D_h 表示流道长度与水力直径。

假设液流电池内部电解液的流动状态为层流，阻力系数与流速成反比，见式(4-3)、式(4-4)：

$$\Delta p_c = K_c Q \tag{4-3}$$

$$K_c = \frac{\mu l_c}{n f A_c D_{hc}^2} \tag{4-4}$$

式中，K_c 表示液压阻力系数；l_c 表示流道长度；μ 表示黏度；Q 表示支流道流量；n 是支流道个数；f 是摩擦因子；A_c 表示 c 位置处的有效截面积；D_{hc} 表示水力直径。

靠近总流道入口与出口处的支流道压降计算分别见式(4-5)、式(4-6)：

$$\Delta p_\text{入} = K_1 Q_i^2 \tag{4-5}$$

$$\Delta p_\text{出} = K_2 Q_o^2 \tag{4-6}$$

根据式(4-3)、式(4-5)、式(4-6)，得到第 j 支流道的压降，见式(4-7)：

$$
\begin{aligned}
p_{1j} - p_{2j} &= K_1 \left[(Q_j + \cdots + Q_n)^2 + (Q_{j+1} + \cdots + Q_n)^2 + \cdots + (Q_n)^2 \right] + K_c Q_n \\
&\quad + K_2 \left[(Q_n)^2 + (Q_n + Q_{n-1})^2 + \cdots + (Q_n + \cdots + Q_j)^2 \right] \\
&= (K_1 + K_2) \sum_{m=j}^{n} \left(\sum_{i=m}^{n} Q_i \right)^2 + K_c Q_n
\end{aligned}
\tag{4-7}
$$

由式(4-3)可得式(4-8)：

$$p_{1j} - p_{2j} = K_c Q_{j-1} \tag{4-8}$$

假设第 j 支流道内的流量为整个平直并联流道的平均流量，可得式(4-9)：

$$Q_j = \frac{1}{n} \left(\sum_{j=2}^{n} Q_{j-1} + Q_n \right) \tag{4-9}$$

综合式(4-7)~式(4-9)得到式(4-10)：

$$Q_j = \frac{K_1 + K_2 Q^2}{K_c} \frac{1}{12} \left[n(n^2 - 1) \right] + Q_n \tag{4-10}$$

根据式(4-10)，增大支流道的流阻 K_c，可以减少 Q_j 和 Q_n 之间的差值，提高电解液分布的均匀性。

4.3.4　边界条件

根据实验数据给定相应的边界条件和模型假设。以下是一些基本设置和假设：

边界条件：①速度入口(velocity inlet)：该边界条件用于指定电解液进入流道的速度；②压力出口(pressure outlet)：该边界条件用于指定电解液离开流道的压力；③无滑移边界(wall)：该边界条件用于表示流道的固体壁面，假设电解液与壁面之间没有滑移。

模拟方法和求解器：①压力耦合方程组的半隐式方法(SIMPLE 算法)：该方法用于修正压力场并求解不可压缩流场的连续性方程和动量方程。②二阶迎风差分格式离散模型方程：为了数值稳定性和精度，采用二阶迎风差分格式对模型方程进行离散化处理。③收敛精度为 10^{-5}：设置收敛准则，要求模拟结果的误差小于或等于 10^{-5}，以达到足够的精度。

计算模型假设：①电解液流动为层流且不可压缩：假设电解液在流道中的流动是层流的，并且忽略了涡流等湍流效应。同时，电解液被假设为不可压缩的介质。②稳态：模拟计算假设电池内部的流场是稳定的，即不考虑时间上的变化。③恒温：模拟计算假设电池内部的温度保持恒定，不考虑温度变化对流场的影响。根据这些设置和假设，可以进行电池流道的模拟计算，通过求解连续性方程和动量方程，以及修正压力场来获得电解液在流道中的流动行为。计算结果将提供有关电池流场的重要信息，以帮助设计和优化流道结构，改善电池性能。

4.4 模拟结果分析

4.4.1 不同流道结构下的速度分布

电解液在碳布中的流速和速度分布是电池性能的关键因素之一[18]。它直接影响电化学反应的速率，进而影响电池的效率和稳定性。在多孔电极中，如碳布，电解液的流速分布对于铁铬离子在电解液与碳布之间的界面处发生的电化学反应的传质至关重要。而流道结构则决定了电解液在碳布上的分布情况。确保电解液在碳布上均匀分布可以有效降低流动死区的范围，减小电化学副反应的产生。

在电池中，通过控制流道结构和设计合理的碳布，可以更好地实现电解液在碳布内的流动均匀性。经过优化的流道结构可以改善电解液在碳布中的流动状况，促使电解液均匀地分布在整个碳布表面。这样做可以避免电解液在电池中形成不均匀的流动死区，提高对流传质的效率，并最大限度地增加电解液与碳布表面的接触面积。

通过改善电解液在碳布中的流速分布，可以提高电化学反应的效率，降低副反应的产生。这对于提高电池的能量转换效率、增强电池的功率密度以及延长电池寿命非常重要。因此，在电池设计和优化过程中，需要重视电解液在碳布中的流速分布，并采取相应的措施来实现电解液在碳布内的均匀流动。

4.4.1.1 并行流道速度分布

并行流道内的电解液在流动过程中，电解液通过进口分支流道流向各个支路。然而，该结构设计会导致流量分配不均，出现最末端的分支流道的流速较大的问题。当电解液流入第一段分支管路时，由于流道的短路效应，大部分电解液会沿着流道流出分支管路，只有少量电解液会渗透到碳布中，并参与电极反应。这种情况会导致第一段分支管路中电解液的利用率降低。随后，剩余的电解液会继续向第二段分支管路移动，并最终流出该管路。整个过程中，电解液的流动是依次进行的，从第一段分支管路到第二段分支管路，以此类推。

并行流道速度分布图如图 4-6 所示，[图 4-6(a)]为双极板流道中心位置速度分布图，电解液从进口流进主流道，沿进口分配流道进入各分支流道，电解液通过各分支管路与碳布的接触完成传质过程，最后由出口汇集流道流出。由于并行管路各分支管路截面积之和与主管路截面相差不大，所以支管路的阻力损失与主管路的阻力损失差别不大，导致主管路的电解液不能均匀地分配到各个分支管路当中。距离进口端越远，支管路内的速度越大，所分配的流量也就越大。[图 4-6(b)]为碳布中心位置速度分布图，由于在双极板的各分支管路流量分配不均的问题，导致电解液在碳布上的速度也相对应地分布不均，即出现靠近进口处速度低、远离出口处速度高的情况。

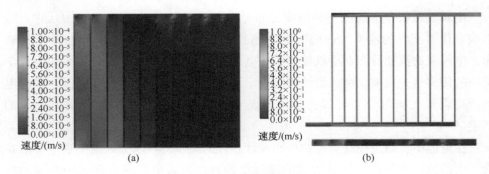

图 4-6　并行流道速度分布图：
(a)双极板流道中心位置速度分布图；(b)碳布中心位置速度分布图

为了改善这种不均匀的流量分配现象，可以采取一些措施。例如，调整进口分支流道的设计，使其能够更均匀地将电解液引导到各个支路中。另外，可以通过引入流量控制装置来平衡流量，确保每个分支流道都能得到适当的电解液供应。此外，还可以考虑在流道中引入流动调节装置，以增加电解液与碳布的接触面积，提高电解液对电极反应的利用率。这样可以进一步优化并行流道内的电解液流动过程，并提高整个系统的效率。综上所述，对于并行流道内电解液的流动过程，需要综合考虑流量分配均匀性、流动调节和电解液利用率等因素，通过合理设计和控制来优化电解液的流动，以实现更高效、稳定的电池运行。

4.4.1.2 蛇形流道速度分布

蛇形流道内电解液的流动过程可以描述如下：首先，电解液通过进口的第一段流道流进碳布所在区域；在此过程中，部分电解液继续沿着流道流动，而另一部分电解液则从双极板流道渗透到碳布中，参与电极反应；随后，电解液从第二段流道流出，整个流动过程会依次在不同段的流道中重复进行，从而使电解液从左侧向右侧流动。蛇形流道双极板中心位置的速度分布如图4-7所示。[图4-7(a)]显示蛇形流道是一个单通道的结构，电解液从进口处流入，并沿着蛇形通道流出。在电解液经过弯头位置时，流速增加且流速方向改变。[图4-7(b)]显示了碳布中心位置的速度分布情况。由于蛇形流道较长，电解液在流道中的流动相对均匀。因此，碳布上的电解液速度分布也相对均匀。然而，由于电解液在弯头位置流态发生改变，并且碳布弯头处与其他位置相比接触面积较大，所以在碳布弯头位置的流速较高。综上所述，蛇形流道内电解液的流动呈现从左至右的趋势，在流动过程中，电解液经过不同段的流道，其中部分继续流动，而另一部分渗透到碳布中进行电极反应。

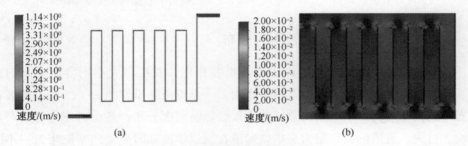

图4-7 蛇形流道速度分布：
（a）双极板流道中心位置速度分布图；（b）碳布中心位置速度分布图

4.4.1.3 叉指流道速度分布图

叉指流道流动过程：电解液由进口流入进液分配流道，电解液通过进口分支流道进入碳布，完成电化学反应，然后流至邻近的出口分支流道，再由每个出口分支流道分别汇入出口收集流道中，经过负极出口收集流道收集并由出口排出，完成电解液在电池中的流动过程。叉指流道速度分布图如图4-8所示。[图4-8(a)]为双极板中心位置速度分布图，可以看到各分支管路的流速基本一致。

因为叉指流道的液流电池运行时的电解液流动变为强制流动，即液体在双极板上流量平均分配后再进入碳布当中，反应完成后再回到附近的流道槽中，增强了液体进出的有序性，也间接增加了分支管路的阻力降，使得分支管路的阻力远大于主路的阻力降，所以电解液在各分支管路中分配的流量趋于一致，流速也就基本一致。[图 4-8(b)]为碳布中心位置速度分布图，可以看到电解液在碳布叉指交集部分当中基本均匀分布，只有叉指端部位置有部分速度较低的区域。由于叉指流端部使得电解液在碳布中形成强制对流，有效减少流动死区，可以提高电极反应的效率。

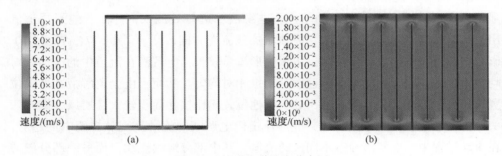

图 4-8　蛇形流道速度分布图：
(a)双极板流道中心位置速度分布图；(b)碳布中心位置速度分布图

4.4.2　不同流道结构的压力分布

压力分布在电池的使用寿命中起着重要作用，而压力大小则会影响泵的能耗。在电池中，压降主要体现在两个方面：一是流道的沿程阻力，二是电解液在碳布中的流动阻力。不同的流道结构不仅会影响速度分布，还会对压力分布产生影响。首先，流道的沿程阻力是指电解液在流道中流动时受到的摩擦阻力。不同流道结构的设计和尺寸会导致不同的阻力特性，从而影响电解液的压降情况。高阻力的流道会使电解液流动时需要克服更大的阻力，导致压降增加。这种增加的压降会导致电池内部的压力变化，进而影响电池材料的使用寿命。其次，电解液在碳布中的流动阻力也会对压力分布产生影响。碳布作为电极材料，具有一定的孔隙度和渗透性，电解液在通过碳布时会产生一定的流动阻力。不同的碳布结构和孔隙度会导致不同的流动阻力特性，进而影响压力分布。

因此，为了实现良好的压力分布和电池性能，需要综合考虑流道结构设计、流道尺寸选择以及碳布的孔隙度等因素。通过优化这些参数，可以使得电解液在流动过程中受到较小的阻力，减小压降，从而提高电池的使用寿命并降低泵耗。同时，对于电解液的压力分布进行合理控制，还可以提高整个系统的效率和稳定性。

4.4.2.1 并行流道

并行流道的压力分布图如图4-9所示。[图4-9(a)]所示为双极板流道中心位置的压力分布，靠近进口的分支流道压力大，远离进口位置的分支流道压力逐渐减小，所以电解液在远离进口处的分支流道内流速较高。[图4-9(b)]所示为碳布中心位置的压力分布，在碳布上出现大面积的高压区，影响电解液在碳布中的流动，使得在高压区内的电解液流速较小，影响反应的进行。

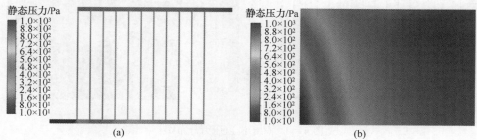

图4-9 并行流道压力分布图：
(a)双极板流道中心位置压力分布图；(b)碳布中心位置压力分布图

4.4.2.2 蛇形流道压力分布

蛇形流道的压力分布如图4-10所示。[图4-10(a)]所示为双极板中心位置压力分布，可以看到蛇形流道进口处压力高，沿流动方向压力逐渐降低，这与电解液在流动过程中的沿程阻力损失有关。[图4-10(b)]所示为碳布中心位置压力分布，因为整体出现左低右高的情况，所以碳布上的流动状态整体呈现出从右往左的流动趋势。

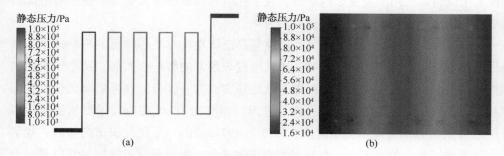

图4-10 蛇形流道压力分布图：
(a)双极板流道中心位置压力分布图；(b)碳布中心位置压力分布图

4.4.2.3 叉指流道压力分布图

叉指流道压力分布图如图4-11所示。[图4-11(a)]所示为双极板中心位置的压力分布，可以看到，进口的主流道和进口叉指流道的压力较大且基本相同，出口的主流道和出口叉指流道的压力小且基本相同。由于进口部分的高压迫使电解液流进碳布，在完成电极反应后再通过出口部分流出碳布。[图4-11（b）]所示为碳布中心位置的压力分布，可以看到碳布中的阻力降主要集中在双极板流道和碳布的位置，且整体分布均匀。

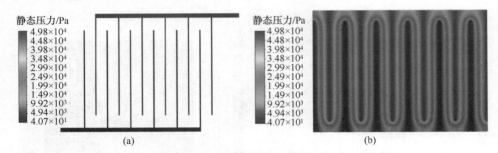

图4-11　叉指流道压力分布图：
（a）双极板流道中心位置压力分布图；（b）碳布中心位置压力分布图

通过计算可以得到并行流道、蛇形流道和叉指流道对应的碳布中心位置的电解液速度。结果显示，这些流道中电解液的平均流速分别为 0.0000127m/s、0.000435m/s 和 0.00137m/s。可以观察到，在叉指流道中，电解液在多孔电极内的平均流速最高。这些不同流道结构的设计导致了不同的电解液流动特性。并行流道中的平行通道使得电解液能够快速通过，因此平均流速较低。蛇形流道则通过多次折返和弯曲，增加了电解液在碳布中的流动路径，从而提高了平均流速。而叉指流道则采用了更复杂的结构，在多孔电极内形成交叉通道，使电解液能够更充分地与碳布接触，促进了更高的流速。

需要注意的是，电解液的平均流速只是流体在碳布中心位置的平均速度，具体的速度分布会受到流道结构和碳布孔隙度等因素的影响。然而，从平均流速的比较可以看出，叉指流道在提高电解液流速方面具有优势，这可能对电池的性能和反应效率产生积极影响。并行流道进出口压降为 1100.82Pa，蛇形流道进出口压降为 106192Pa，叉指流道进出口压降为 49713.3Pa。在优化流道结构时，我们主要考虑了两个关键因素：电解质溶液在多孔电极中速度分布的均匀性以及电池进出口压降的控制。结果表明，叉指流道在电解质溶液流动方面具有明显的优势。它能够实现电解质溶液的均匀快速流动，并显著减小电池的运行阻力。这种设计的优势在满足电解质溶液在多孔电极中速度分布均匀，同时保持较低进出口压降的条件下得到充分展现。传统的平直并联流道流程短，流阻小，导致电解液在碳布上的流量分配不均。叉指流道，电解液从入口流入后，会从入口主流道分支成支流，最后从电池出口流出，属于出入口非连接型流道。蛇形流道则是从入口到出口完全相连，从入口到出口可以选择只流经流道、只流经电极或部分流经流道等。但在相同电解液流量下，蛇形流道的压降要高于叉指流道，并且电极压缩率也对蛇形流道的进出口压降影响作用更为显著。由于蛇形流道在相同环境条件下导致的压降要比叉指流道的更高。综上所述，叉指流道相比于并行流道和蛇形流道，更适合于在以碳布为多孔电极、在石墨双极板开流道的铁铬液流电池。所以后续的研究中将以叉指流道为基础，分析铁铬液流电池内的流动特性以及性能优化。

（1）流动传质及流道模型

为简化计算以及更详细地分析叉指流道的传质过程，采用如图 4-12 所示的简化最小单元的物理模型及网格划分，该模型更贴近实际，且采用过渡网格划分，大大降低了网格数量。

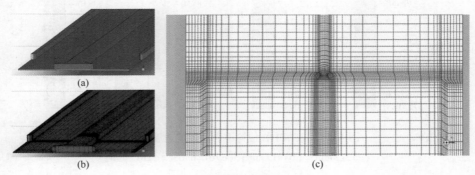

图 4-12 物理模型及网格划分：
（a）物理模型；（b）网格划分；（c）网格局部放大图

（2）石墨双极板+碳布阻力降和流速分布

进行流体动力学（CFD）模拟时，可以按照所需的进口速度设置边界条件，并考虑流体与几何形状之间的相互作用。按照以下步骤进行仿真模拟：①物理模型设定：选择适当的物理模型和流体模型，并设置相关参数。对于流体流动仿真，可以选择合适的湍流模型和离散相模型等。②边界条件设置：为进口边界设置每个速度（流量）的数值。根据实际要求，设定进口流量分别为 2L/min、4L/min、6L/min、8L/min。③材料属性指定：根据实际情况，定义流体的物性参数，如密度、黏度等。④网格生成：使用网格生成工具对几何模型进行网格划分。确保合适的网格密度和质量，以保证模拟结果的准确性和计算效率。⑤数值求解器设定：选择适当的求解器类型和求解方法，并设置模拟的时间步长、收敛准则等参数。⑥运行仿真：

启动仿真计算过程，将根据设定的边界条件和物理模型进行数值模拟。⑦结果分析：分析仿真结果，包括流速、压力分布等。提供多种可视化工具和图表来展示模拟结果，并支持数据导出和后处理分析。图 4-13、图 4-14 为不同流量下碳布中心区域的速度分布和压力云图，可以看到，在进出口流道中间的区域，流速分布比较均匀。随流速的增加，液体在石墨双极板内部流速增加且逐渐向外扩散，但其流速分布的结构是相同的，进出口流道的尖端位置流体聚集且流速较高。在流速分布上，由于进出口处从直角换成了弯角，电解液在流动过程中更为均匀。

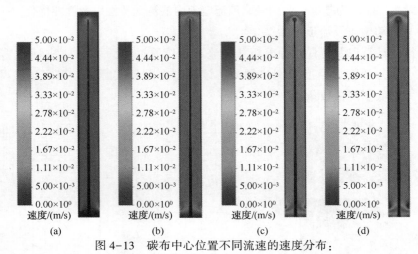

图 4-13　碳布中心位置不同流速的速度分布：
（a）2L/min；（b）4L/min；（c）6L/min；（d）8L/min

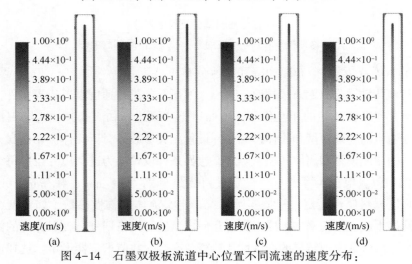

图 4-14　石墨双极板流道中心位置不同流速的速度分布：
（a）2L/min；（b）4L/min；（c）6L/min；（d）8L/min

图 4-15 所示为三维的迹线图，可以看到液体从进口流道逐渐渗入出口流道，也从侧面证明了该模拟的准确性。

石墨双极板上的压力分布也随流量的增加逐渐向外侧扩散，其原理与速度分布基本相同，如图 4-16、图 4-17 所示。

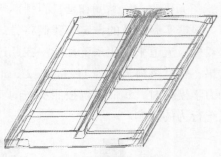

图 4-15　三维迹线图

表 4-1 为不同流速的进口压力。如图 4-18 所示，随着流速的增加，流阻基本不变，但压降是随着流速增加的。这与直角弯头是有不同的，直角弯头时流阻是随着流速的增加而增加的，所以圆角弯头在电池性能上优于直角弯头。

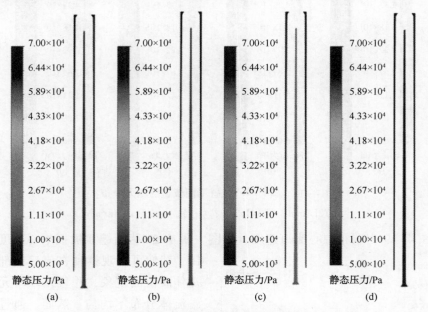

图 4-16　石墨双极板流道中心位置不同流速的压力分布：
（a）2L/min；（b）4L/min；（c）6L/min；（d）8L/min

表 4-1　不同流量的压降

流量/（L/min）	压降/Pa	流量/（L/min）	压降/Pa
2	17677.24	6	53454.81
4	35493.87	8	71560.71

（3）更改介质黏度和延长石墨双极板流道

根据实验参数的设定，我们将尝试通过降低碳布多孔介质的黏度，并延长石墨双极板流道来优化系统性能。在此过程中，我们将比较不同进口流量下的优化效果，包括进口流量为 1L/min、2L/min、3L/min 和 4L/min 的情况。在进行流体动力学模拟时，我们可以按照所需的实验参数设置边界条件，并考虑材料性质对系统行为的影响。

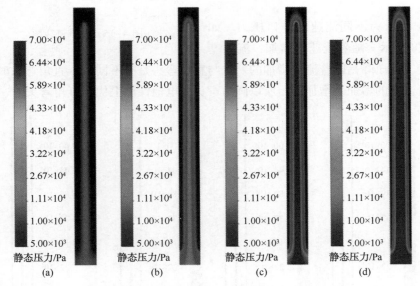

图 4-17　碳布中心位置不同流速的压力分布：
（a）2L/min；（b）4L/min；（c）6L/min；（d）8L/min

图 4-19 为碳布中心流道速度分布图，图 4-20 为石墨双极板中心速度分布图。我们可以观察到在流道端部存在流体滞留的现象，并且在该单元的两端流体分布不均匀。然而，通过延长石墨双极板流道的设计，我们成功地扩大了碳布区域中流速均匀的部分。因此，在石墨双极板的设计过程中，叉指端部到进出口的距离应该略小于叉指的间距。这样的设计调整有助于改善流体滞留问题，并促进更均匀的流体分布。

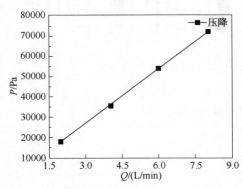

图 4-18　进口流量与进口压力的关系图

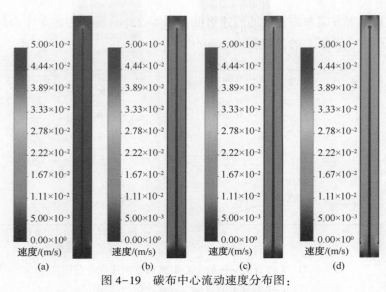

图 4-19 碳布中心流动速度分布图：

（a）1L/min；（b）2L/min；（c）3L/min；（d）4L/min

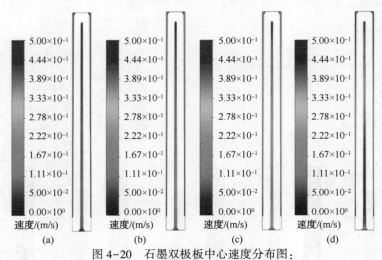

图 4-20 石墨双极板中心速度分布图：

（a）1L/min；（b）2L/min；（c）3L/min；（d）4L/min

图 4-21 为石墨双极板中心沿流动方向速度分布图和单侧流道沿流动反方向的速度分布图，曲线呈类抛物线形，且随流速增加在石墨双极板端部的流态逐渐不稳定，可能与流体在端部停滞有关。

图 4-22(a) 为模型横截面的速度矢量图，从图 4-22(b) 中可以看到在石墨双极板正下位置的碳布中流速较小，在 $2×10^{-8}$ m/s 左右。这个现象是很难避免的，在该位置由于电解质在石墨双极板处的流速较高，电解液会随主流方向流动，所

以导致在其正下方碳布位置处的流速极低。图4-22(c)所示为碳布中心区域的压力分布，压力在碳板上的分布形式基本不变。

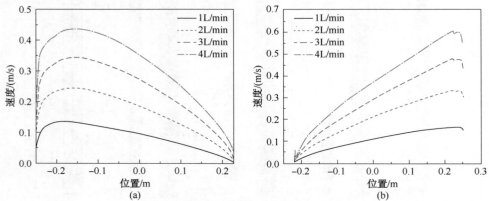

图4-21 （a）石墨双极板中心沿流动方向速度分布图；
（b）单侧流道沿流动反方向速度分布图

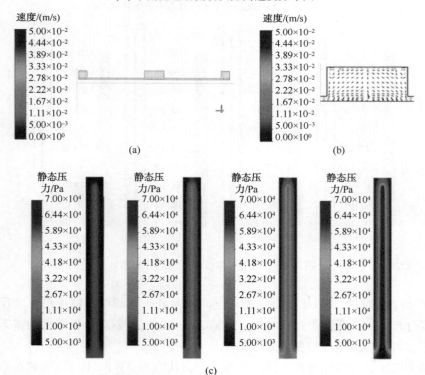

图4-22 （a）模型横截面的速度矢量图；（b）石墨双极板中心区域局部放大图；
（c）碳布中心压力分布：1L/min，2L/min，3L/min，4L/min

从表4-2可以看出在更改流道和介质黏度后，进出口压降有了明显降低。所以给电池的性能增加提供了另一个思路：降低电解液的介质黏度。

表4-2　更改流道和介质黏度的压降变化

进口流速/(m/s)	压降(改后)/Pa	压降(改前)/Pa
1L/min	5885.23	
2L/min	11803.10	17677.24
3L/min	17752.40	
4L/min	23733.77	35493.87

（4）带狭缝模型模拟

由于加工工艺的限制，会在极板的四周形成狭缝，且介质会流进狭缝内，进而流进碳布，所以就导致极板中间变成了两端带狭缝的结构，如图4-23(a)所示，在边缘位置的流道变成了三边带狭缝的装置，如图4-23(b)所示。为贴近现实情况，在之前模拟的模型的基础上，模拟两端带狭缝结构和三边带狭缝结构。

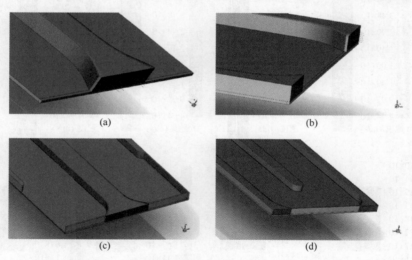

图4-23　两端带狭缝模型：(a)进口端，(b)出口端；
出口端三边带狭缝模型：(c)进口端，(d)出口端

（5）两端带狭缝模型模拟

图4-24(a)、(b)是流量范围1~4L/min的有、无狭缝碳布中心的速度分布云图。可以看到由于狭缝的存在，流体介质会补充到碳布流道的两端，使得碳布两端的平均流速较无狭缝的情况变大，且中心位置速度更高。为详细观察在加入狭缝后的碳布两端的流道分布，如图4-24(c)、(d)所示，选取入口流速3L/min

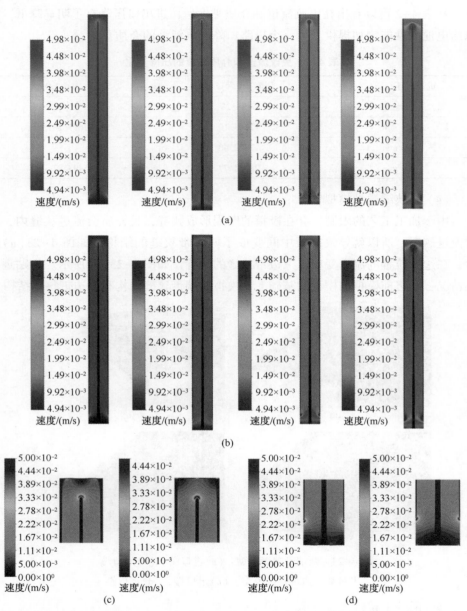

图4-24 (a)流速分别为1L/min、2L/min、3L/min、4L/min端部无狭缝碳布中心速度分布云图；

(b)流速分别为1L/min、2L/min、3L/min、4L/min端部有狭缝碳布中心速度分布云图；

(c)流速为1L/min出口端部有狭缝/无狭缝碳布中心速度分布云图；

(d)进口端部有狭缝/无狭缝碳布中心速度分布云图

碳布端部的局部并将其放大。可以看到，在无狭缝的时候，入口处流体会流向低势能点，即流体会从石墨双极板进口流道就近流进石墨双极板出口流道，所以就出现了速度两边低、中间高的情况；在有狭缝时，部分流体会通过进口端的狭缝以最短路径进入出口流道，所以在进口端部形成了速度两边高中间低的情况。同样的道理，在出口处，就出现了速度两边高、中间低的形状，但是在加入狭缝以后，就出现了速度两边低、中间高的形状。综上所述，加入狭缝后，碳布流道的流动分布发生了变化，造成了不同的速度分布形态。

图 4-25（a）、（b）所示为 3L/min 有、无狭缝碳布两端的速度曲线。可以看到在流道正下方会存在一个流速极小的区域，与之前所述一致。在无狭缝时，流体介质会向出口处汇集，所以流速会出现两头高、中间低的趋势，且流速变化较大；在有狭缝的时候，介质会选择最短的距离流出，所以流速会出现中间高、两边低的情况，且流速变换有所减缓。但是由于狭缝的存在，会导致电解液在碳布

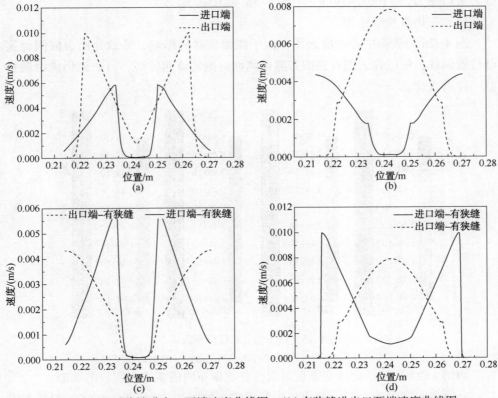

图 4-25　（a）无狭缝进出口两端速度曲线图；（b）有狭缝进出口两端速度曲线图；
（c）有、无狭缝进口两端速度比较；（d）有、无狭缝出口两端速度比较

流动当中出现短路的现象，使得碳布的作用位点减少，影响电池的整体性能，此结构应尽量避免。图4-25(c)、(d)所示为有、无狭缝进出流速的比较，可以看到，由于狭缝的缓冲作用，碳布内部介质流速变换比无狭缝时平缓，且流速最高点比无狭缝时小。

在石墨双极板中，流体介质的主要流向仍然朝向低势能位置流动。特别是在进口的中间流道，流体介质的主流方向仍然保持一致。只有少部分的流体介质会分流进入进口处的狭缝中；在碳布中，流体介质则按照就近原则流出碳布区域。这意味着流体介质会尽量从最近的位置流出碳布，以达到更高的流速。

因此，根据观察，我们可以得出结论：在加入狭缝后，流体介质在进出口位置的主要流向仍然朝向低势能位置流动。在石墨双极板中，主要流向位于进口的中间流道，并有一小部分流体介质分流至进口狭缝中。而在碳布中，流体介质会按照就近原则流出碳布，以提高流速。无狭缝时进口压力为17752.402Pa，有狭缝时进口压力为17663.479Pa，下降了88.923Pa。

(6)三边带狭缝结构

图4-26为碳布中心速度云图，由于侧面狭缝的影响，导致介质会向侧面狭缝位置偏移，所以在云图看到碳布靠近侧面一侧的流速较高。另一侧仍像两端狭缝一样的规律。

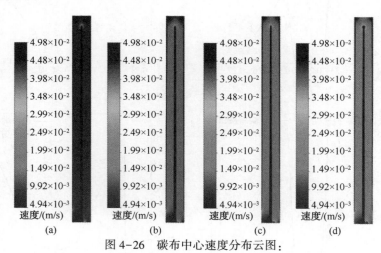

图4-26　碳布中心速度分布云图：

(a)1L/min；(b)2L/min；(c)3L/min；(d)4L/min

如图4-27所示，流体在靠近侧面狭缝的碳布内的流速有明显的增加。

介质在碳布中流动时，会出现短路现象，如图4-28所示，在进口端进入碳布的流体会朝着狭缝处流出碳布，流体在出口端也直接流向狭缝。

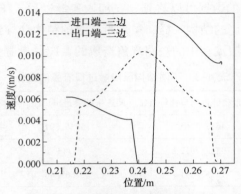

图 4-27 进出口两端速度曲线图

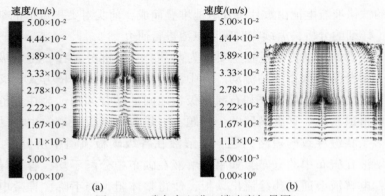

(a)   (b)

图 4-28 碳布中心进口端速度矢量图:

(a) 进口端; (b) 出口端

压力云图跟速度云图是对应的, 流速高的地方, 压力低, 如图 4-29 所示。

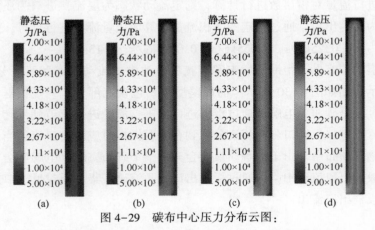

(a)   (b)   (c)   (d)

图 4-29 碳布中心压力分布云图:

(a) 1L/min; (b) 2L/min; (c) 3L/min; (d) 4L/min

而且从表4-3中的数据可以看到，在加入狭缝以后，压力较之前有所降低。但是还是与两边带狭缝的结构一样，虽然带狭缝的结构会导致压降降低，但是这主要是由于出现电解液流动中的短路现象造成的，应尽量避免。

表4-3 不同结构压降随进口流量的变化

进口流量/(m/s)	三边带狭缝进出口压降/Pa	两边带狭缝进出口压降/Pa	无狭缝进出口压降/Pa
1L/min	4637.3165	5855.697	5885.23
2L/min	9833.7912	11743.5	11803.10
3L/min	15157.391	17663.48	17752.40
4L/min	20546.595	23614.93	23733.77

现有的铁铬液流电池由数片单片电池堆叠而成，前文对叉指流道的细节传质过程进行了详细的分析，后续将对整片电池进行研究。

单电池内部的流动传质过程主要分为两部分，一部分是在石墨双极板内的流动，另一部分是在碳布中的流动。其中，石墨双极板的开槽方式为叉指，且由于加工工艺的限制，即板框和石墨双极板之间的配合问题，会在板框和石墨双极板四周形成狭缝。这就导致两个问题：一是各级碳板流道的中流动分配问题，二是多余狭缝导致的短路问题。电解液在各级碳板流道中所分配的流量，会影响电解液在碳布中的分布，如果电解液在碳布中分配不均，容易导致电池效率降低；电解液会通过狭缝流出碳板，使得整体阻力降下降，导致电解液不能完全经过碳板流道再通过碳布流出，也会导致碳布中电解液的分布不均问题。

通过进口流量对雷诺数进行计算，判定流动状态为层流，进口为质量流量入口，出口为压力出口，通过给定的体积流量换算成质量流量进行计算，质量流量进口分别为：0.0325kg/s、0.065kg/s、0.0975kg/s、0.13kg/s。

总流道模拟有助于帮助了解电解液在单电池中的流动状态和流量分配情况，物理模型示意图如图4-30所示。物理模型主要包含三部分，一是板框，二是石墨双极板，三是碳布。电解液通过板框进口流进，流经进口流道到反转口，通过反转口后流到进口反转口分叉流道分配到石墨双极板对应的进口流道当中，而后电解液渗透至碳布中。由于电解质最终会充满整个碳布，所以电解质会被迫流到石墨双极板的出口流道中，再通过板框出口分叉流道汇集，通过反转口、出口流道后，从板框出口流出。

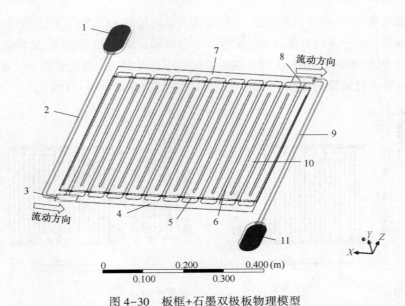

图 4-30 板框+石墨双极板物理模型

1—板框进口；2—板框进口流道；3—板框反转口 1；4—板框进口分叉分配流道；
5—狭缝；6—石墨双极板叉指流道；7—板框出口分叉聚集流道；8—板框反转口 2；
9—板框出口流道；10—碳布；11—板框出口

图 4-31 为在进口不同流量下，电解液在碳板中的速度分布云图。电解液从进口流进，经过反转口后的流动状态不太稳定，电解液在分配流道中越往后速度越小，而后通过狭缝流进叉指流道中；电解液通过碳板进口流道流入碳布，而后从碳布流到出口流道，再经过狭缝，通过分叉流道聚集并流出出口，而且相同地，电解液在经过反转口的时候，流动状态不太稳定。由于狭缝是接通各个流道的，所以狭缝中会分走部分电解液，且在狭缝处的颜色较深，说明流速较其他位置更高。从各个速度云图中可以看出，虽然流速增加，但是电解液在流道中的流动规律基本一致：电解液经过反转口流速会变得不稳定；电解液在分配流道中，距离进(出)口越远速度越低；电解液在狭缝中的速度较高。

从速度云图中虽然可以直观地观察电解液在碳板流道中的速度分布问题，但是不能定性地分析分叉流道中的流量分配问题。为此，取各个分叉的横截面，计算其各个截面的流量，以进口流量 0.0325kg/s 为例。进出口各分叉截面流量如图 4-32 所示，进口端流道 1 跟流道 11 的流量较大，因为流道 1 处于最靠近总进口的位置，且该位置的流道体积最大，所以流道 1 流量最高，而流道 11 因为有狭缝存在，出现电解液的短路现象，导致经过流道 11 位置的流量增加。出口端也是一样的道理。可以发现，除去这两边流道外，其余流道的流速分布较为均匀。流道 1

流量占总流量的 20.48%，而流道 11 的流量占总流量的 15.07%，可见流道 11 导致的短路问题，会分走较大部分的电解液。而出口端，流道 12 跟流道 22 的流量各占总流量的 19.55% 和 16.01%，可见狭缝的影响还是很大的。而且流道 1 位置的狭缝会分走流道 1 总流量的 40%~50%，而出口中狭缝会分走 50%~60%。

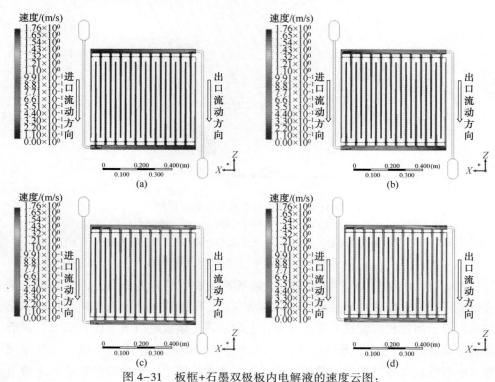

图 4-31　板框+石墨双极板内电解液的速度云图：
（a）0.0325kg/s；（b）0.065kg/s；（c）0.0976kg/s；（d）0.13kg/s

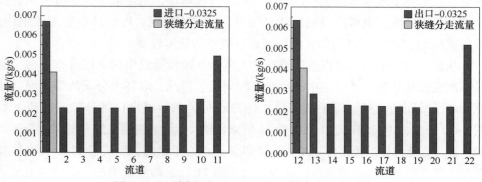

图 4-32　不同流量下进出口各流道的流量柱状图

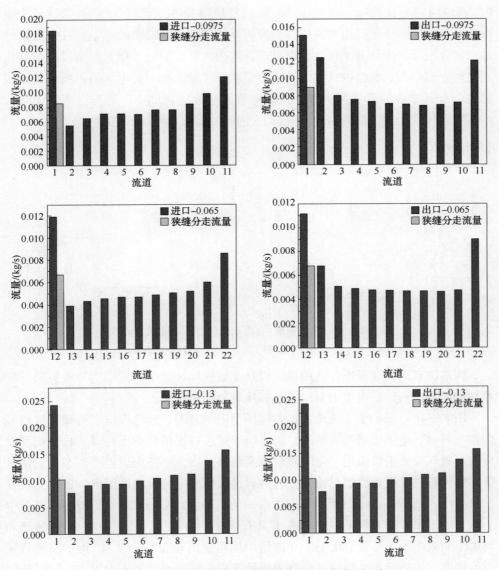

图 4-32　不同流量下进出口各流道的流量柱状图(续)

　　随流量增加流道 2 跟流道 13 的特异性逐渐增加，流道 2 主要表现在随进口流量增加流道 2 内的流量反而减小，流道 13 主要表现在随进口流量增加流道 13 内的流量逐渐增加。从图 4-33(a)的速度矢量图中可以看到，流道 2 的位置存在一个明显的回流区，而且该回流区会随着位置的后移渐渐消失直至均匀。这就导致随着进口流量的增加，该回流区对流道 2 的影响更大，影响电解液进入流道 2

内。如图 4-33（b）所示，流道 13 则体现出狭缝的影响，流道 13 的流出流量主要由两部分组成，一是叉指主流道提供的流量，二是狭缝提供的流量。在上文提到过，狭缝所分的流量其实很大，而且在狭缝内电解液的速度很大，所以动量相比其他地方也很大。狭缝内的电解质会顶走部分叉指流道中的电解质，而后流进流道 12，而被顶走的部分叉指流道内的电解液会流进狭缝内，补充进流道 13 中，这可能是导致随进口流量增加，流道 13 内的流量逐渐增加的原因。

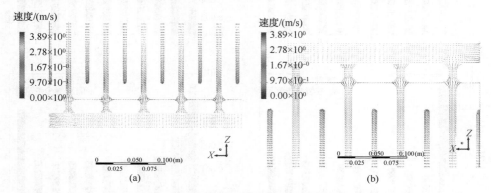

图 4-33　（a）进口板框+石墨双极板电解质速度矢量图；
（b）出口板框+石墨双极板电解质速度矢量图

为解决双极板和板框存在的狭缝以及在板框反转口位置的结构导致流量分配不均的问题，所以在电堆上对双极板和反转口作出优化。

图 4-34（a）展示了总流道模拟物理模型的示意图，包含板框、石墨双极板和碳布三部分。电解液通过板框进口流入，经过进口流道到达反转口，再分配到对应的石墨双极板进口流道。电解液渗透至碳布中后，最终充满整个碳布，迫使电解质流到石墨双极板的出口流道中，再通过板框出口分叉流道汇集，最终从板框出口流出。如图 4-34（b）所示，图中所示的数字为对应的流道，且石墨双极板中心位置的进出口和两侧的进出口流道具有明显的特异性，所以取流道 1（狭缝和流道中间碳布中心位置）和流道 2（流道中间位置的碳布中心位置）用于描述其流道的特性。流动状态为层流，进口为质量流量入口，出口为压力出口，通过给定的体积流量换算成质量流量进行计算，进口流量为 0.03225kg/s。

图 4-35（a）为电解液在碳板中的速度分布云图，电解液从进口流进，经过反转口后的流动状态不太稳定，电解液在分配流道中越往后速度越小，而后通过狭缝流进叉指流道中；电解液通过碳板进口流道流入碳布，而后从碳布流到出口流道，再经过狭缝，通过分叉流道聚集并流出出口，而且相同地，电解液在经过反转口的时候，流动状态不太稳定。由于狭缝连接着各个流道，所以部分电解液会

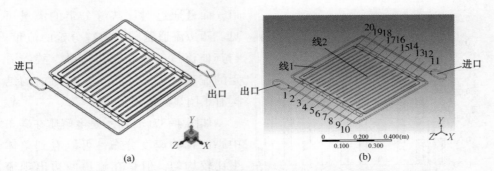

图 4-34 （a）板框+石墨双极板物理模型；（b）各流道和取值线位置示意图

从狭缝中流出，而且狭缝处的颜色较深，说明流速更高。尽管流速增加，但从各速度云图中可以看出，电解液在流道中的流动规律基本相同：经过反转口时，流速会变得不稳定；在分配流道中，离进（出）口越远的位置速度越低；在狭缝处电解液的速度较高。将反转口设计成如图 4-35（b）所示的结构，可以看到，由于将反转口设计远离第一个流道，使得流体介质经过反转口以后，均匀向周围流动。但是由于反转口将流道抬升，会阻挡部分电解质的流动，在反转口上部分产生回弹，影响反转口位置流体的流动。

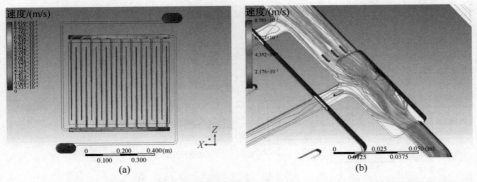

图 4-35 （a）板框+石墨双极板内电解液的速度云图；（b）板框+石墨双极板内电解液的速度云图

从速度云图中虽然可以直观地观察电解液在碳板流道中的速度分布问题，但是不能定性地分析分叉流道中的流量分配问题。为此，取各个分叉的横截面，计算其各个截面的流量，以进口流量 0.0325kg/s 为例，进出口各分叉截面流量如图 4-36 所示，进口端流道 1 的流量较大，因为流道 1 处于最靠近总进口的位置，所以流道 1 流量最高。而在改变双极板结构和反转口结构以后发现除去流道 1 以外，其他流道的流量分布整体呈现出一个上升的趋势，但是整体分布还是比较均匀的。出口端也是一样的道理。由于现在的双极板是将狭缝设计成一个单独的流

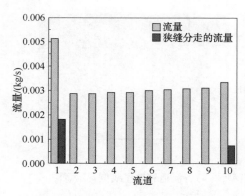

图 4-36　进口流量 0.0325kg/s 下
进出口各流道的流量柱状图

道，而且通过对比狭缝分走的流量可见，两边流道若减去狭缝分走的流量，与其他流道的流量基本一致，狭缝分走的流量只占一小部分，较之前的结构有了明显的改善。

如图 4-37(a) 所示是电解质在碳布中心位置的速度分布，可以看到整体上比较均匀，但是在流道两边出现流速很低的区域。如图 4-37(b) 所示为不同位置的速度值，可以看到电解液在进出口流道之间碳布上的流速大约为 0.005m/s，在流道端部的位置取一个速度最低的位置，其值大约为 0.0009m/s，而在流道与狭缝位置处的碳布上的流速则在 0.0002m/s。可以看到，虽然在该位置的流速较低，但是并不影响电解质的流动方向，电解质依然通过进口流道穿过碳布而后流到狭缝处。但是狭缝处流动的电解质因为压差所以并没有流到碳布当中。

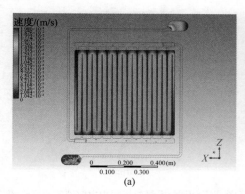

(a)

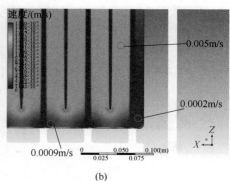

(b)

图 4-37　(a)碳布内电解液的速度云图；(b)不同位置的速度值

图 4-38 为碳布中心位置的压力云图，可以看到，在碳布中间区域的压力分布比较均匀，但是在碳布两边则出现问题。在碳布右边的压力，因为流道和狭缝间距较小，而且形成了两个进口的形式，导致两个位置进口两端的压力相近，压差较小，所以电解质流动缓慢。在碳布左边也出现相同的问题，也是因为流道和狭缝间距较小，而形成了两个出口的形式，两个位置出口端的压力相近，压差较小，所以电解质流动也比较缓慢。

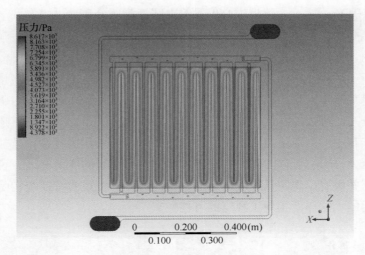

图4-38　碳布中心位置的压力云图

上述狭缝结构对电解液在碳布内的流动状态影响较大,但是在实际装配过程中,这种狭缝结构并不能控制,为此对流入碳布前的流道进行优化设计,流道计算模型如图4-39所示,可以看到为使得狭缝的大小可控,将流道设计为如圈内所示的结构,利用现有的结构,默认狭缝存在的必然性。由于装配的问题,使得狭缝成为不可控的因素,如果有一端的狭缝很大,另一端的狭缝就会很小甚至没有,所以采用以下的结构,使得就算在无狭缝的时候,也能满足有狭缝的时候出现的流动分布。

图4-39　流道几何模型

如图 4-40(a)所示为碳板中心位置的电解液流速分布,可以看到呈现出典型的狭缝流道结构,流速低速区位于圈内位置,叉指流道的长度是决定端部低速区的主要原因。如图 4-40(b)所示为叉指流道端部区域局部放大的速度分布,可以看到,由于上述特征结构的原因,导致在狭缝位置的流速主要集中在该处,说明大部分流速都基本上从上述的特征结构流走了。如图 4-40(c)所示为碳布中心位置的压力分布,可以发现压力梯度的变化主要集中在进出口的分支流道之间,而电解液在碳布中的高速区也在该位置。如图 4-40(d)所示为叉指流道端部区域局部放大的压力分布,可以看到,在狭缝位置并没有明显的压力梯度,说明电解液在狭缝内部并没有出现明显的横向运动。由此可见,上述的特征结构是可以起到狭缝的作用的,这样便实现了狭缝的可控性。

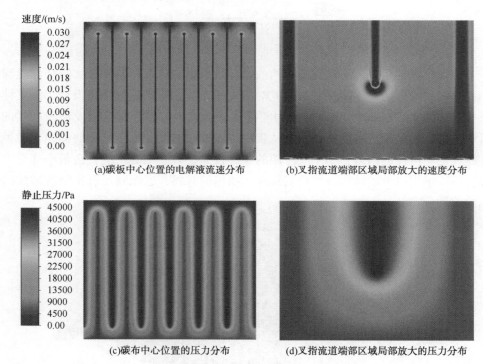

(a)碳板中心位置的电解液流速分布　　　(b)叉指流道端部区域局部放大的速度分布

(c)碳布中心位置的压力分布　　　(d)叉指流道端部区域局部放大的压力分布

图 4-40　电解液流道模拟图

在铁铬液流电池中,流道设计对电解质的流动和整体电池性能至关重要。以下是对上述铁铬液流电池流道设计部分的说明总结:①流道进口端的滞留现象:在石墨双极板的流道进口端,电解质可能会出现流体滞留现象。这可能导致在对应的碳布位置产生极大的流速点。为了避免这种情况,在流道设计中应考虑采用适当的角度和形状，以促进电解质的顺畅进入并降低流体滞留。②降低电解质黏度的效果：降低电解质黏度可以有效改善电解质在碳布中的速度分布，并降低整体单极电池的压降。这有助于降低泵耗，并提高电池的性能。因此，在流道设计时，可以考虑选择合适的电解质组成或温度来降低电解质的黏度。③石墨双极板下方的碳布位置：由于流动性质的限制，位于石墨双极板流道正下方的碳布位置可能会出现较低的电解质流速。虽然无法完全避免这种情况，但在流道设计中可以通过调整流道形状和角度来尽量减少该位置的流速降低。④带狭缝结构的影响：带有狭缝的结构可以降低整体压降，但同时也可能导致电解质在流动过程中出现短路现象，从而使得流量分配不均匀。因此，在流道设计中应尽量避免采用带有狭缝的结构，以确保流量分配的均匀性。⑤狭缝与边缘流道合并的改进措施：将狭缝与边缘流道合并，以及将反转口远离分支入口，能有效提高流量分配的均匀性。这样可以减少狭缝区域的流速降低，确保电解质在整个流道中的均匀流动。⑥流速较低的边缘位置：当狭缝与边缘流道合并后，边缘位置的流速可能较低。然而，这并不会对传质过程产生明显影响。在流道设计中，应确保边缘位置的流速仍能满足电池性能和反应要求。

　　综上所述，铁铬液流电池的流道设计需要考虑电解质流动性、压降控制以及流量分配均匀性等因素。通过合理选择流道形状、角度和结构，并优化流道与碳布的关系，可以提高电池的性能和效率，从而更好地实现铁铬液流电池设计。

参 考 文 献

[1] 蒋峰景，宋涵晨. 石墨基液流电池复合双极板[J]. 2022，34(6)：1290-1297.

[2] 梁力仁，曾义凯. 全钒液流电池用双极板材料研究进展[J]. 2023，37(3)：375-381，416.

[3] 申楷赟，王学华，卢苗苗，等. 无隔膜静态锌溴电池电极双极板的制备研究[J]. 电源技术，2020，44(7)：980-982.

[4] 李团锋，张璐瑶，樊润林，等. 复合石墨双极板材料及性能的研究进展[J/OL]. 材料工程，网络首发(http://kns.cnki.net/kcms/detail/11.1800.TB.20230905.0826.002.html).

[5] Phuangngamphan M, Okhawilai M, Hiziroglu S, et al. Development of highly conductive graphite-/graphene-filled polybenzoxazine composites for bipolar plates in fuel cells[J]. Journal of Applied Polymer Science, 2019, 136(11)：47183.

[6] Petrach E, Abu-Isa I, Wang X. Synergy effects of conductive fillers on elastomer graphite composite material for PEM fuel cell bipolar plates[J]. Journal of Composite Materials, 2010, 44(13)：1665-1676.

[7] 郑昕，刘俊成，白佳海，等. 石墨/陶瓷复合导电材料的制备及性能[J]. 复合材料学报，

2009，26(4)：107-110.

[8] Radzuan N A M, Zakaria M Y, Sulong A B, et al. The effect of milled carbon fibre filler on electrical conductivity in highly conductive polymer composites[J]. Composites Part B：Engineering, 2017, 110：153-160.

[9] 郑永平，武涛，沈万慈，等. 一种柔性石墨双极板的制备方法：CN1225049C[P]. 2004-03-12.

[10] 张海峰，付云峰，侯明，等. 一种质子交换膜燃料电池双极板制备工艺：CN1330026C[P]. 2004-07-06.

[11] Yue M, Yan J, Zhang H, et al. The crucial role of parallel and interdigitated flow channels in a trapezoid flow battery[J]. Journal of Power Sources, 2021, 512：230497.

[12] 房茂霖，张英，乔琳，等. 铁铬液流电池技术的研究进展[J]. 储能科学与技术，2022，11(5)：1358.

[13] Zeng Y K, Zhou X L, Zeng L, et al. Performance enhancement of iron-chromium redox flow batteries by employing interdigitated flow fields[J]. Journal of Power Sources, 2016, 327：258-264.

[14] Zeng Y K, Zhou X L, An L, et al. A high-performance flow-field structured iron-chromium redox flow battery[J]. Journal of Power Sources, 2016, 324：738-744.

[15] Wong A A, Aziz M J. Method for comparing porous carbon electrode performance in redox flow batteries[J]. Journal of the Electrochemical Society, 2020, 167(11)：110542.

[16] Ke X, Prahl J M, Alexander J I D, et al. Redox flow batteries with serpentine flow fields：distributions of electrolyte flow reactant penetration into the porous carbon electrodes and effects on performance[J]. Journal of Power Sources, 2018, 384：295-302.

[17] Pan L, Sun J, Qi H, et al. Dead-zone-compensated design as general method of flow field optimization for redox flow batteries[J]. Proceedings of the National Academy of Sciences, 2023, 120(37)：e2305572120.

[18] Jeong J M, Jeong K I, Oh J H, et al. Stacked carbon paper electrodes with pseudo-channel effect to improve flow characteristics of electrolyte in vanadium redox flow batteries[J]. Applied Materials Today, 2021, 24：101139.

第 5 章　液流电池质子交换膜

5.1　质子交换膜概述

质子交换膜指具有离子选择透过性能的高分子功能膜，即具有活性交换基团的高分子聚电解质。与离子交换树脂相比，在溶液中质子交换膜不是起离子交换作用，而是对离子起选择透过作用。质子交换膜主要由高分子基本骨架、固定基团和可解离离子组成。其中，解离离子与膜外相同电荷离子进行离子交换并发生移动，从而实现电荷传导而起到导电的作用。质子交换膜是液流电池系统中最重要的部件之一，要做到只能允许特定的离子——质子通过。离子扩散有几种机理，包括膜的孔隙作用、静电作用还有外部扩散。孔隙作用通过控制膜孔洞的大小对离子进行选择，液流电池中制备带孔膜经常会将孔洞的大小调整到很小，一般大于氢离子直径，小于活性离子直径，这样可以有效地将两侧的离子阻隔起来，达到隔绝电解液的目的，而氢离子在孔洞中随意通过，起到构成闭合回路的效果。除此之外，也可以利用静电作用，阳质子交换膜只可以使与自己电场性质相反的阳离子通过，而不允许阴离子通过，这样也可以有效地防止离子移动，起到阻隔的作用。扩散作用通过质子交换膜对离子进行选择，在外加电场的作用下，离子通过与活性交换基团之间进行定向转移，从膜的一端输送至另一端，离子完成"吸附—解吸—迁移"的扩散过程。

质子交换膜的主要分离能力是电荷选择性，即区分带正电荷和带负电荷的离子。具体来说，阳质子交换膜（CEM）和阴质子交换膜（AEM），分别优先允许阳离子和阴离子通过，其选择性机制可以通过电荷的吸引和排斥来直观地理解，如图 5-1 所示。对于质子交换膜，材料的结构将很大程度上影响膜的形貌和进一步的性能。通常情况下，离子交换基团可以保证膜的高离子电导率，而疏水链则具有较高的稳定性和选择性。在制备过程中，聚合物的疏水和亲水部分倾向于自组装和分离，从而在质子交换膜中形成具有疏水基质和亲水团簇的微相分离结构。

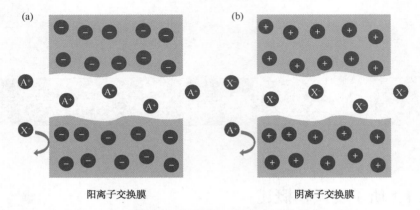

阳离子交换膜 阴离子交换膜

图 5-1 （a）阳质子交换膜和（b）阴质子交换膜的示意图

按其结构的不同，可将质子交换膜分为异相膜、均相膜和半均相膜三类，均相膜的电化学性能优异，物理性能良好，可由先进高分子材料如丁苯橡胶、纤维素衍生物、聚四氟乙烯、聚三氟氯乙烯、聚偏二氟乙烯、聚丙烯腈等制成，是质子交换膜材料研究的主要方向；按照活性基团的不同，可分为阳质子交换膜、阴质子交换膜和特种膜，质子交换膜因其不同的交换活性基团而具有不同的选择透过能力；根据构成组分的不同，又可分为有机质子交换膜、无机质子交换膜两类，目前最为普遍使用的磺酸型阳质子交换膜以及季铵型阴质子交换膜皆属于有机质子交换膜，但无机材料相较于有机材料，具有抗氧化能力强、热稳定性高、成本低廉等优点[1]。

近年来，质子交换膜被广泛应用于各种工业领域，在渗析、燃料电池、液流电池、电解等方面有着广泛的应用。作为液流电池的重要组成部分，质子交换膜在电池中既要分隔正负极以及正负极电解液，防止电池短路和自放电，又要允许电荷载体通过，以保证正负两极电荷平衡并构成电池回路。理想的质子交换膜应具有高电导率、低面电阻、合适的离子交换容量、高选择性、合适的溶胀度和吸水率以及良好的机械稳定性和热稳定性等特性[2]。

官能团的稳定性对于质子交换膜功能的维持非常重要。在功能中心附近引入大的稳定基团，通过较大的空间位阻屏蔽中心，可以增加官能团的稳定性。官能团附近的吸电子结构会降低官能团的稳定性。而且，聚合物的过度官能化会增加溶胀，降低机械强度，并增加与活性物质的接触面积和被攻击的概率。因此，在设计膜时，应考虑具有适当功能度的稳定化学结构。

聚合物稳定性是主链和官能团之间协同效应的结果。如上所述，主链的稳定性可能受到吸电子离子交换基团的影响。因此，增加离子交换基团与主链的距离可以有效提高稳定性。例如，阴离子交换基团被接枝到具有长侧链的主链上，这降低了对主链的吸电子效应并增加了膜的稳定性。

5.2 液流电池质子交换膜

对应液流电池的发展，现代质子交换膜也随之相应发展进步。高分子膜的分离和应用技术，可以追溯到 1864 年，Traube 制备出人类第一张人造膜——亚铁氰化铜膜。随着膜生产、应用的发展和扩大，应用范围遍及石油化工、环境保护、海水淡化、轻工业等领域，并产生了巨大的经济效益[3]。1955 年，美国通用电气公司成功制备出具有选择性的质子交换膜，并将其成功应用在燃料电池中。20 世纪 80 年代，通用电气公司与杜邦公司合作，成功开发出 Nafion 质子交换膜并将其成功应用到燃料电池中，帮助其实现性能的大幅提升。全氟磺酸膜由于质子传导性能优异，有着极强的热稳定性、抗氧化和耐酸腐蚀性，很快应用在液流电池中，成为液流电池主要使用的膜材料。目前，国外对质子交换膜的研究更重视其材料和应用机制，发展应用于质子交换膜的聚合物材料制备，并在水处理和能力方面广泛应用。其中，最具代表性的相关公司为美国的 Dupont（Nafion）、AMF 机铸公司（Amfion）、Ionics 公司（Nepton）和日本的旭化成（Aciplex）、德山曹达（Neosepta）、旭硝子（Selemion）[4]。

目前在液流电池中应用比较广泛的质子交换膜是美国科慕公司（原 Dupont 公司）的 Nafion 系列膜。Sun 等以 Nafion 212（$50\mu m$）、Nafion 115（$126\mu m$）和 Nafion 117（$178\mu m$）三种质子交换膜为研究对象，通过测试离子交换容量、质子传导率、离子渗透性等性能，探究了不同厚度的 Nafion 质子交换膜对铁铬液流电池性能的影响。研究结果表明，虽然较厚的质子交换膜具有较低的离子渗透性，可以防止活性物质交叉污染，但是膜厚度的增加会导致膜电阻增加，电压效率降低。使用较薄的 Nafion 212 膜进行单电池测试，由于电阻较低，在电流密度为 $40\sim120mA/cm^2$ 范围内具有最高的电压效率和能量效率。结合成本和性能考虑，Nafion 212 是三者之中最适合铁铬液流电池的质子交换膜。

Nafion 系列膜的性能虽然优异，但是成本较高。为了降低成本，Sun 等用一种低成本的磺化聚醚醚酮膜（SPEEK）作为铁铬液流电池的质子交换膜，并对 SPEEK 膜与 Nafion115 膜在铁铬液流电池中的性能进行了比较。单电池充放电循环试验表明，与 Nafion 115 膜相比，磺化度为 55% 的 SPEEK 膜自放电率较低，容量衰减较慢，库仑效率更高。在 50 次循环中，SPEEK 膜的电池性能稳定。基于 1MW-8h 铁铬液流电池系统进行成本分析，SPEEK 膜的成本占整个电池系统的 5%，远低于 Nafion 115 膜的 39%，在成本上具有很大的优势。

我国液流电池膜的发展始于 20 世纪 60 年代，以上海化工厂聚乙烯质子交换膜投产作为起点。在 80 年代中期成立中国膜工业协会，我国开始加快膜技术的科技攻关和技术发展，以实现膜技术的国产化，标志着我国膜工业进入新的发展阶段。现阶段我国膜工业已经初具规模，在国内外市场上已经占据一定份额，已经发展出如山东东岳集团、江苏科润新材料公司、山西国润储能科技有限公司等膜生产公司[1]。

5.3　液流电池质子交换膜分类

质子交换膜根据含氟情况进行分类，主要包括全氟磺酸质子交换膜（均质膜和非均质加强膜）以及 C、H 非氟质子交换膜。非均质加强膜包括部分氟化聚合物质子交换膜、复合质子交换膜。其中，全氟磺酸均质膜因机械强度高、化学稳定性好，在高湿度的条件下导电率高，低温时电流密度大、质子传导电阻小等优点成为当前最为商业化的电解质膜。

5.3.1　全氟磺酸质子交换膜

全球经济的快速发展导致了环境污染的日益加剧以及能源的日趋减少，世界各国都在发展环境友好型的清洁可再生新能源。作为直接将化学能转换成电能的发电装置的质子交换膜燃料电池（PEMFC）和用作清洁可再生能源如太阳能、风能等发电系统中的蓄电储能装置的钒电池都具有能量转化效率高和环境友好型等特点，因此在社会各行各业中具有十分广泛的应用。全氟磺酸质子交换膜（PFSIEM）是一种固态聚合物电解质，因其优异的质子传导率和理化性能而被用作质子交换膜燃料电池和钒液流电池的关键组成部分。但是，目前 PFSIEM 的生产技术被国外的少数几家公司所掌握，而且其制作成本太高，严重限制了 PEMFC 和钒电池在我国的应用和发展，所以研发出具有自主知识产权的全氟磺酸离子膜的工业化生产技术，对于突破国外生产技术的限制，加快质子交换膜燃料电池的推广应用，实现全钒液流电池系统低成本、大规模的使用，解决我国经济快速发展带来的能源短缺问题和环境污染问题等具有十分重大的意义。

全氟磺酸质子交换膜由碳氟主链和带有磺酸基团的醚支链构成，由于全氟磺酸树脂分子的主链具有聚四氟乙烯结构，具有优良的热稳定性、化学稳定性和较高的力学强度，聚合物膜的使用寿命较长；同时分子支链上的亲水性磺酸基团能够吸附水分子，具有优良的离子传导特性，是目前商业化较为广泛的质子交换膜，在液流电池中得到了广泛的应用。含氟阳质子交换膜因价格低廉，性能稳定而得到广泛研究[5]。该类型膜以碳氟主链为聚合物骨架，拥有优越的化学稳定性，如聚(乙烯-四氟乙烯)(ETFE)和聚偏氟乙烯(PVDF)等。全氟磺酸树脂膜的成本较高，主要原因一方面是全氟磺酸树脂膜工艺技术要求过高，只有少数企业掌握这种技术；另一方面是因为制备膜的关键材料四氟乙烯是高位化学品，只有实力雄厚的化工企业才能实现量产。最为代表性的是美国Dupont公司生产的Nafion系列膜和美国陶氏化学(Dow)公司生产的Dow膜[2]。

全氟磺酸膜的主体材料是磺酸树脂，是一种结构型的全氟共聚物，骨架是聚四氟乙烯(PTFE)，支链是全氟乙烯基醚结构。PTFE网布能增强机械强度，可以在高温热熔融的状态下实现热加工，且整个过程不会改变全氟聚合物优异的化学性能和热稳定性。全氟磺酸树脂具有耐热性好、化学稳定性优、机械强度高、热熔融加工性好等优点[2]。

典型的全氟磺酸前驱体是通过四氟乙烯和乙烯基磺酰氟醚共聚合成的，全氟磺酸树脂前驱体经过在碱溶液中的水解、酸化等反应后即生成全氟磺酸树脂。将具有热塑性的全氟磺酸树脂在一定温度下挤出或将全氟磺酸树脂溶液在一定温度下成膜即可制得全氟磺酸质子交换膜。如Nafion 211膜是通过典型的溶液铸膜的工艺生产而成，首先将全氟磺酸树脂溶液添加于某种基底膜材料之上，基底膜材料与树脂溶液一起通过烘干完全干燥，干燥完成后进行厚度控制与缺陷监测，然后覆上保护层直接收卷成膜[3]。

在全氟磺酸膜中，磺酸根具有较强的亲水性，而碳氟高分子骨架具有较强疏水性，两者强烈的反差会使得膜在遇到水时发生微相分离。亲水的磺酸基团与水分子结合，相互聚集形成朝里的亲水相；疏水的碳氟骨架则朝外形成憎水相。亲水相内水分子形成了水通道，为质子传导提供了传输路径；憎水相则为膜提供了必要的机械强度及化学稳定性。在低含水量下，亲水相和疏水相分离，水团簇相对隔离；含水量的增加形成了亲水通道，而当量质量的增加使水团簇尺寸减小并改善了水的分散性。

近年来，很多国内外研究学者利用透射电子显微镜(TEM)、小角X射线散射(XAXS)、广角X射线衍射(WAXD)等纳米尺度分析表征手段对PFSIEM的微观结构进行了大量的研究，并且提出了很多微观结构模型用来解释全氟磺酸质子交换膜的宏观现象，其中比较有代表性的结构模型主要有：反向离子胶束网络结构模型、核-壳结构模型、层状结构模型、局部有序结构模型、三明治结构模型、棒状结构模型以及平行管水通道结构模型[6]。

关于全氟磺酸聚合物膜微观结构的模型研究不断发展，最经典的模型是由 Gierkel 等提出的离子簇网络模型，该模型基于 SAXS 理论和一些基本假设，提出 Nafion 中离子团簇的形状大致呈直径约为 4nm 的球型，为反胶束结构，团簇的分布类似于晶体，较规律地构成立方晶格。团簇间通过直径约为 1nm 的平行通道或微孔连接。团簇的直径、每个团簇的磺酸根的数目以及每个团簇中水分子的个数是通过对不同水含量的 Nafion 膜进行测试得到散射数据，并结合该模型进行空间填充计算得到的。这一模型解释了 Nafion 膜的很多物理性质及其他结构特征，该模型是至今为止被引用最多的 Nafion 的微观结构模型。

但是到目前为止，学者们一直没有达成一个统一的认识，目前被学者们普遍认同且接受程度较高的是反向离子胶束网络模型。以下是这七种微观结构模型的具体描述。

反向离子胶束网络模型：Gierkel 等使用 SAXS 和 WAXD 的方法对全氟磺酸质子交换膜进行了研究。对于离子交换容量 IEC（离子交换容量）值在 $0.556 \sim 0.909$ 范围内且没有转型的 PFSR，在广角 X 射线衍射 $2\theta = 18°$ 和小角 X 射线散射 $2\theta = 0.5°$ 分别得到了相应的衍射峰和散射峰。因为随着离子当量值的增大这些峰的强度会增强，并且消失在 PTFE 的熔点附近，所以认为这两个峰对应的结构为氟碳骨架结构。当全氟磺酸树脂经过转型变为离子型后，SAXS 在 $2\theta = 1.6°$ 附近又得到一个散射峰，其布拉格间距在 $3 \sim 5nm$，所以认为该散射峰对应的是离子簇的结晶信息。Gierke 等在此结论和其他研究成果的基础上，提出了反向离子胶束网络模型，如图 5-2 所示，认为 C-F 骨架、溶剂以及离子之间具有一定程度的疏松性，这是因为亲水性的磺酸基团形成了离子簇，C-F 骨架是疏水性的，全氟磺酸质子交换膜内部产生了微观的相分离，因此在材料内部形成反向胶束，并聚集成直径约为 $3 \sim 5nm$ 的类球状结构。这些球状结构之间有直径为 $1 \sim 2nm$ 左右的短的狭窄的通道相连接，这些狭窄的通道可以让离子通过从而能够传导离子。全氟磺酸质子交换膜最大的特性就是可以选择

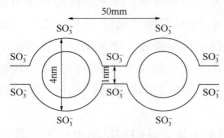

图 5-2　离子簇纳米通道网络结构

性地通过阳离子，具有阳离子交换功能。当带有电荷的离子通过离子簇内部时，离子簇壁上有固定的磺酸根基团，其带有负电荷，因此对于带有负电荷的离子具有排斥作用，而带有正电荷的离子则可以通过离子簇，从而达到选择性通过阳离子的目的。另外连接各离子簇之间的通道短而且狭窄，而带负电荷的 OH^- 的水合半径又较 H^+ 的半径大，因此通过通道时 OH^- 遇到的迁移阻力也远远大于 H^+，这也是离子膜具有选择透过性的原因之一。

核-壳结构模型：通过使用小角 X 射线散射对全氟磺酸离子膜进行检测，Fujimura 等也发现两个散射峰，其对应的散射矢量 $S[S=(2sin\theta)/\lambda]$ 分别为 $0.07nm^{-1}$ 和 $0.3nm^{-1}$，并详细地讨论了所检测出散射峰的起因，发现这两个散射峰分别对应于离子膜内部的结晶区和离子簇区。在分析中 Fujimura 等发现，$S=0.07nm^{-1}$ 的散射峰的强度随 EW 值的增大而增强，这与 Gierke 等人的研究结果相一致。并综合广角 X 射线衍射对离子膜的结晶度的检测，认为在 $S=0.07nm^{-1}$ 的小角度的散射峰归因于结晶薄层的平均间距，即材料内存在着类似 PTFE 的晶体颗粒，而小角度处的散射峰反映出颗粒之间的距离。Fujimura 等还发现全氟离子膜中的离子簇在水溶胀后尺寸在 $3\sim5nm$。而且随着含水量增加，离子簇的尺寸也随之增大，形成的散射峰的强度和位置也会发生变化。基于以上结论，Fujimura 等认为可以用"核-壳模型"来描述 Nafion 全氟质子交换膜的散射行为，即在核-壳结构模型中，壳主要由碳氟链段构成，核中富集离子交换基团，核-壳微粒内部的短程有序尺寸则由离子散射峰反应。这不同于 Cooper 等提出的"硬球结构模型"，他的观点是，全氟磺酸离子膜支链末端的—SO_3 基团呈类球状结构分散在中间态离子相中。

层状结构模型：Litt 等利用小角 X 射线散射对 PFSIEM 在吸水溶胀过程中其吸水率对膜内部结构和离子区的间距的影响进行了分析，提出了层状结构模型。研究中发现，随着离子膜中体积含水量的增加，离子区的尺寸也逐渐增大。离子区在层状结构模型中被描述为胶束层并呈层状排列，并且其具有一定的亲水性，在两层之间嵌入了 PTFE 的结晶层从而将其隔离开来，使两个层之间有一定的距离。当亲水性的离子区吸水溶胀后，水分子进入两层之间的结晶薄层之中，从而使离子区的尺寸增大，并且增大的量与膜吸水量成正比。所以该模型就很好地解释了 Nafion 全氟磺酸质子交换膜的吸水行为。

局部有序结构模型：Dreyfus 等使用小角中子散射（SANS）对吸水后的全氟磺酸质子交换膜进行检测，发现了散射矢量为 $2.0nm^{-1}$ 的散射峰，他们认为，得到的散射图形可以证明 PFSIEM 结构内部呈球形的离子簇的存在，并且散射峰的强度可以反映出其在膜内的空间分布情况。他们认为，在无序分布的离子簇中，每五个相邻的球形离子簇都以特定的距离联系在一起形成局部有序的结构，因此提出了局部有序模型。该模型存在一个缺点，就是没有研究各个离子簇之间的相互作用对膜结构的影响。

三明治结构模型：利用 X 射线小角散射原位分析法分析了 H 形的 PFSIEM 微观结构，Haubold 等提出了 PFSIEM 的三明治微观结构模型，如图 5-3 所示，即由末端带有磺酸基团的侧链部分组成"三明治"两边的外层，中间的内层由水分子组成。认为该模型中的结构单元呈线型排列并且液核区相互连接形成通道，这样才可以为离子膜中的质子提供传输的通道。当全氟磺酸质子交换膜用作直接甲醇燃料电池的隔膜时，三明治模型存在一定的缺陷，即只是一个局部的结构模式，不能给出完全的、明确的亲水/憎水区的组织模式。并且该模型只给出了带有磺酸基团的侧链在膜内部的排列，而没有给出聚四氟乙烯主链在膜内部结构所表现的形态。

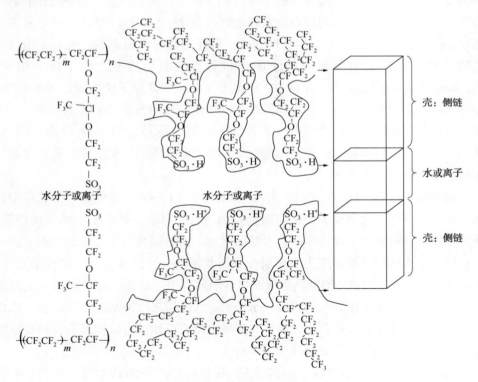

图 5-3　三明治结构模型

棒状结构模型：Rubatat 等通过 SAXS 和 SANS 的方法研究了 PFSIEM 的微观结构，提出了吸水饱和后的离子膜结构内部存在着棒状颗粒，从而提出了棒状结构模型。Gebel 等通过使用 SAXS 的技术分析了 PFSIEM 在溶解过程中结构发生的变化。在离子膜从干态到吸水溶胀的过程中，散射图像中的离子峰最开始含水率较低时显示出聚合物包裹水，当离子膜中吸水量逐渐增加时，内部的结构发生翻转重排，慢慢转变为水包裹聚合物，在转变的过程中离子簇依然呈球形，并由狭窄的通道相互连接，棒状的聚集体形成一个交联网络，当离子膜完全溶于水后，棒状网络分散在溶剂中形成胶束分散体系。

平行管水通道结构模型：通过研究吸水后的 PFSIEM 的微观结构，Chmidt-Rohr 等认为，亲水性的磺酸基团在膜结构内部形成管状的水通道，而且这些水通道之间相互平行，从而提出了全氟离子聚合物的平行管水通道结构模型。该模型的模拟小角 X 射线散射的结果与之前研究的实验数据很好地吻合。

5.3.1.1　均质膜

均质膜是由一种膜材料制成，截面均匀一致的膜。全氟磺酸膜（PFSA）是目前 PEMFC 中使用最多的一类质子交换均质膜，由杜邦公司的 Walther Grot 于 1960 年发现。全氟磺酸膜是一种无规共聚物，由电中性半结晶聚合物四氟乙烯主链和由醚键与主链连接的侧链磺酸（SO_3^-）基团组成。因此，全氟磺酸膜集合了聚四氟乙烯化学稳定性好、强度大和磺酸根亲水性强、电导率高的优点。目前，已经商品化的全氟磺酸膜主要有美国科慕化学品公司生产的 Nafion® 系列，比利时苏威生产的 Aquivion® 系列、日本旭硝子生产的 Flemion® 系列等，不同公司生产的全氟磺酸的主要区别在于主链和侧链的长度有所不同[7]。

Nafion 膜为亲水和疏水两相微相分离结构。其中，四氟乙烯构成疏水主链，赋予 Nafion 膜优异的稳定性；乙烯基侧链终端的磺酸基团构成亲水离子簇，给予 Nafion 膜优异的质子传导性能。Nafion 膜的质子传导机理通常使用水通道模型进行解释。通过模型可见，Nafion 膜中的磺酸基团排列成直径为 4nm 的平行水通道，能够良好地传导质子。碳氟骨架优异的稳定性，使 Nafion 膜能够在强氧化环境中长期稳定运行，因此应用广泛。

Nafion 系列膜的品种繁多，厚度从 25μm（recast Nafion）至 220μm（Nafion 117）不等，而液流电池的性能与之高度相关。近来，研究质子交换膜的厚度对液流电池性能影响的相关工作仅有零星的报道。西北太平洋实验室研究团队将 Nafion 115（125μm）、Nafion 212（50μm）和 Nafion 211（25μm）三种不同厚度的 Nafion 膜组装于使用硫酸、盐酸混合电解液的三个 1kW 级的液流电中进行测试，对比了各电池分别在电流密度为 80mA/cm² 、160mA/cm² 和 240mA/cm² 的电池性能。他们发现 Nafion 212 电池性能好、成本低，可以直接替代 Nafion 115 应用于液流电池中。与之相反，Jeong 等[5] 发现质子交换膜的离子渗透比面电阻更加能够决定电池的性能，所以，在电流密度为 6.0~8.4mA/cm² 时，使用 Nafion 117（175μm）比使用 Nafion 212（50μm）电池性能更加稳定。在所报道的文献中，缺乏关于 Nafion 膜厚度对电池性能影响的系统性研究，例如，Nafion 膜的厚度对电池电解液利用率、电解液失衡情况以及容量衰减机理等的影响[8]。

实际上，不仅 Nafion 膜的厚度不同会导致电池性能的差异，而且前处理方法的差异也会对 Nafion 膜的电池性能有很大影响。目前，关于 Nafion 膜的前处理方法的基础研究也有相关报道。常见的 Nafion 膜处理方法包括浸泡于常温水中，在酸溶液中煮沸等处理方法，也包括不经过任何处理直接使用。Hickner 等[9] 研究了水处理对 Nafion 117 的 VO²⁺ 渗透的影响。他们发现在 0.5mol/L H₂SO₄ 溶液中煮沸过的 Nafion 117 离子胶束通道发生溶胀，与在水中浸泡的 Nafion117 相比，离子渗透更快，电池自放电时间更短。Xie 等研究了 Nafion 系列膜的制作过程和前处理过程对其质子电导率和离子渗透的影响，发现在 0.5mol/L H₂SO₄ 溶液中煮沸过的 Nafion 膜的质子电导率和离子渗透率都比未处理和泡水处理的 Nafion 膜的高。遗憾的是，到目前为止，用于液流电池的 Nafion 膜的前处理方法的全面、综合性的研究未见报道，包括前处理方法对 Nafion 膜微观结构的影响，对电池性能的影响等。

另一个不能忽视的因素就是温度，环境温度能够对液流电池的各种材料性能产生重大的影响，从而影响电池能量密度、电池效率、循环性能乃至电池的安全运行。在液流电池的发展初期，研究的注意力主要集中在提高电解液的浓度和稳定性。近些年，从数值模拟到材料研究，从单电池到 1kW 电堆，液流电池温度特性相关的基础研究被逐渐报道，研究温度范围从 −35℃ 到 55℃ 不等。

基于上述结构，Nafion 膜在实际应用中展示出优越的电化学性能和化学稳定性。但其较为严重的离子渗透，也导致电池自放电严重、电池性能低下、容量衰减严重，阻碍了其进一步商业化。因此，对 Nafion 膜进行改性处理，提高阻离子渗透性能势在必行[8]。

复杂的制备工艺和极高的市场价格限制了质子交换膜在铁铬液流电池中的使用。在实际生产过程中，当膜使用寿命结束后，大多数情况下会被焚烧或丢弃在垃圾填埋场中，对环境产生负面影响并造成 ICRFB 成本的进一步增加。因此，对全氟磺酸膜循环利用的研究具有重要的现实意义。

　　徐泉课题组开发了一种有效的废弃全氟磺酸膜回收再利用的方法，选取了市面上性价比较高的 Nafion 212 膜作为对比项，如图 5-4 所示，利用 230℃ 高温溶解回收和溶液重铸得到厚度一致的再制膜（RM）。根据图 5-5，通过对再制膜进行表面形貌分析，得到的再制膜表面光滑，与 Nafion 212 膜几乎相同，表明从 Nafion 212 膜获得全氟磺酸溶液后，通过高温再制过程制备的 RM 没有明显的结构变化。RM 的横截面形貌要粗糙一些，这可能是由于在溶剂高温蒸发过程中，全氟磺酸离子簇的不规则分布造成的。通过 EDS 元素分析 Nafion 212 和 RM 表面均具有丰富的 S、F 元素，这是合成全氟磺酸膜的两种重要元素。

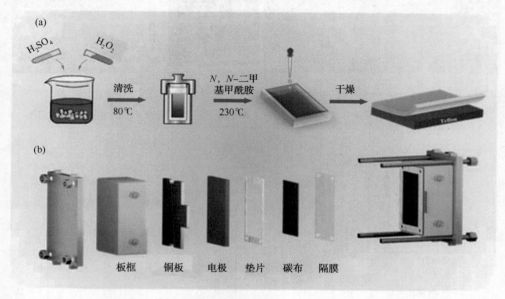

图 5-4　（a）RM 制备过程示意图；（b）电池结构示意图

　　在机械性能方面，RM 需要具有高强度和耐用性，以防止电极刺孔导致电解质交叉污染。如图 5-6 所示，相比之下，RM 具有和 Nafion 212 相似的拉伸强度和杨氏模量，以及更好的应变和韧性。由图 5-6 可知，RM 的 2.91% 的断裂应变明显高于 Nafion 212 的 2.29%，而 7.07MPa 的抗拉强度也略高于 6.74MPa 时的 Nafion 212，成功地提高了膜的应变和抗拉强度。在 230℃ 热处理下，膜由于水分子的增加，吸水空间减小。经过热处理后，膜内的离子团簇可能排列紧密，为质子的传递提供了良好的通道。通过降低质子跃迁能势垒，质子可以与自由水充分结合形成水合氢离子，促进了质子在膜中的扩散传输，提高了电导率。

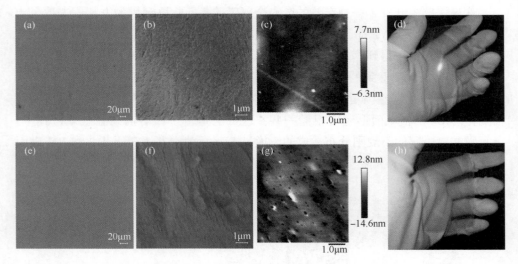

图 5-5　Nafion 212 的(a)SEM 表面形貌，(b)SEM 横截面，(c)AFM 表面形貌，
(d)实物图；RM 的(e)SEM 表面形貌，(f)SEM 横截面，(g)AFM 表面形貌，(h)实物图

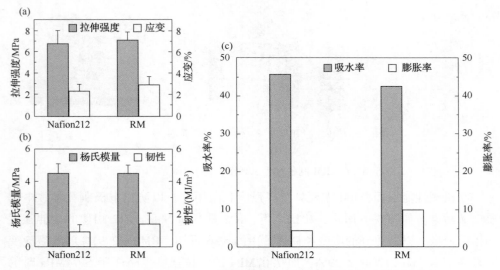

图 5-6　(a)Nafion 212 和 RM 的拉伸强度和应变以及(b)杨氏模量和韧性；
(c)Nafion 212 和 RM 的膨胀率和吸水率

　　RM 膜内的离子团在热处理后可有序排列，为质子运输提供了良好的通道，如图 5-7 所示。通过吸附水来拓宽离子传输通道并加速质子移动有利于质子在膜内的扩散运输，提高导电性，对膜电阻和质子电导率的测试结果有所提升。质子电导率作为验证流动电池系统中所设计膜的实用性的一种方式，是 ICRFB 应用中的一个重要参数。其中，RM 的电导率较 Nafion 212 有所提升，这也在一定程度上证明了使用 RM 有利于 ICRFB 的运行。

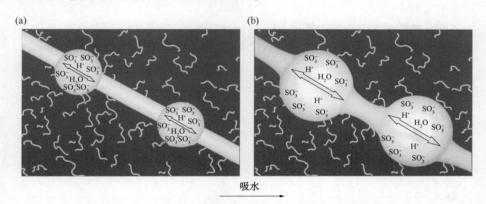

图 5-7 （a）Nafion 212 和（b）RM 的质子输运机制图

为了进一步验证铁铬液流电池的循环性能，在电流密度为 $140mA/cm^2$ 的情况下，使用两种膜进行了 60 次循环测试。在电池性能测试中，如图 5-8 所示，由 Nafion 212 和 RM 组装的电池的 *CE*（库仑效率）相对稳定，均保持在 98% 左右。而 RM 组装电池的 *VE*（电压效率）为 81.36%，*EE*（能量效率）为 79.29%，分别比原始 Nafion 212 膜高 0.64% 和 0.48%。RM 组装的电池容量衰减更低，经历了 60 个循环周期后的容量仅衰减了 16.67%，每个循环约为 0.28%，而 Nafion 212 组装的电池则衰减 30.07%。这表明在膜的再制造过程中，RM 的链结构更紧密，表现出与 Nafion 212 相似的稳定性，长周期容量衰减率更低。从以上的电池测试数据可以看出，RM 在对废弃膜进行回收再制后，依然具有良好的电化学性能，能够达到与 Nafion 212 相似的 ICRFB 运行效果。

5.3.1.2 非均质加强膜

Nafion 系列膜有优异的电化学性能和氧化稳定性，较高质子传导能力使其在电池中能实现大于 90% 的电压效率；但是 Nafion 膜制备过程困难，并且成本能占电堆成本的 41%；此外，Nafion 膜较低的离子选择性使得离子渗透现象严重，过多的离子渗透会使电解液失衡，在电场和浓度场综合作用下，电池库仑效率会降低，同时自放电严重造成电池容量衰减，直接制约其在电池中的大规模应用。为了使 Nafion 膜在电池体系中发挥更好的性能，国内外研究者对 Nafion 膜做了大量改性研究工作。常用的 Nafion 膜改性方法主要分三类：共混疏水聚合物、掺杂无机纳米材料和进行表面改性[10]。

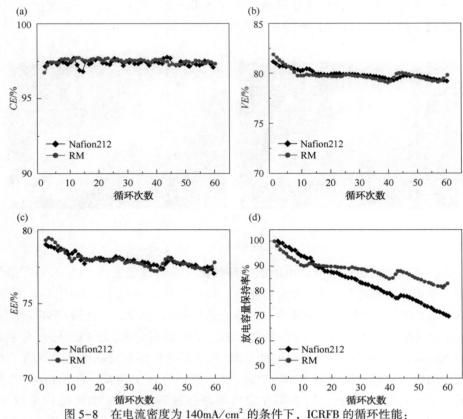

图 5-8　在电流密度为 140mA/cm² 的条件下，ICRFB 的循环性能：
(a)CE，(b)VE，(c)EE、(d)放电容量保持率

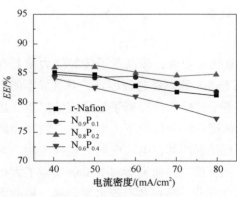

图 5-9　不同电流密度下的
全钒液流电池的能量效率

与高结晶度疏水聚合物共混改性处理 Nafion 膜，通过提高结晶度减小吸水溶胀，降低离子渗透速率，提高电池性能。Mai 等[11]引入 PVDF 与 Nafion 共混制备 Nafion/PVDF 共混膜用于液流电池，获得显著降低的离子渗透率。如图 5-9 所示，80mA/cm² 电流密度下，性能最佳的 Nafion/PVDF 共混膜[PVDF 含量为 20%(质)]EE 达 85%，较未改性 Nafion 膜(EE77%)提高显著。Teng 等[12]采用溶液浇铸法制备 Nafion/聚偏氟乙烯(PTFE)共混膜用于液流电池。

共混膜结晶度的提高，有效降低了离子渗透速率。在 $50mA/cm^2$ 电流密度下，PTFE 掺杂量为 30% 的共混膜 EE 达 85.1%，较未改性前提高 5%。同时，循环测试中表现出优异的化学稳定性。虽然与高结晶度疏水聚合物共混改性处理 Nafion 膜，能够获得提高的性能，但 Nafion 的水醇溶剂体系与聚合物的纯有机溶剂体系不同，限制了疏水聚合物材料的选择空间。

　　掺杂无机纳米材料改性处理 Nafion 膜，通过纳米材料填充及曲折离子簇通道达到减小通道直径及增长离子传输路径的目的，减小离子渗透，改善电池性能。Xi 等[13]通过溶胶-凝胶法制备 Nafion/SiO_2 掺杂膜，通过引入 SiO_2 填充亲水通道降低离子渗透率。其中，性能最佳的复合膜[SiO_2 掺杂量为 9.2%（质）时]EE 达 79.9%，较未改性膜（EE 达 73.8%）提高显著。Trogadas 等人采用溶液浇铸法制备 Nafion/SiO_2 和 Nafion/TiO_2 共混膜，离子渗透系数较改性前降低 80%～85%。此外，通过引入有机改性 SiO_2、有机改性 TiO_2 和 ZrP 等无机纳米材料进行 Nafion 膜改性，有效提高了膜的阻离子渗透性能，提高了电池性能。近期，Yu 等[14]通过溶液浇铸法引入 GO（石墨烯）制备 GO/Nafion 复合膜。利用比表面积大的二维单片层材料 GO 曲折、填充离子簇通道，降低离子渗透率；利用 GO 表面携带含氧基团，与 Nafion 膜兼容性良好，提高膜稳定性。复合膜的 CE 和 EE 较改性前提高 5%，效果显著。综上可见，掺杂纳米材料能够降低离子渗透率，但颗粒状或块状材料比表面积较小，阻钒能力有限。而掺杂二维单片层材料能够更好实现填充及曲折离子簇通道的目的，阻隔性能较掺杂颗粒状或块状材料显著。但二维单片层材料在膜中杂乱无章，无取向，采用取向化二维单片层材料对 Nafion 膜进行改性处理，能够最大化膜阻隔离子渗透性能，具有广阔的研究前景。

　　在 Nafion 膜表面制备涂层进行表面改性，通过涂层携带电荷产生静电排斥或利用涂层致密结构降低离子渗透率，提高电池性能。同时，表面改性能够有效结合涂层及基膜材料优点，避免因掺杂无机材料改性而引起的机械性能下降。因此，表面改性较上述两种方法可行性更高。Xu 等[15]开发了一系列具有咪唑官能化结构的交联聚酰亚胺（CrPI）膜，以消除—SO_3H 对 PI 主链化学稳定性的影响。此外，为了提高膜的质子电导率，我们以 β-环糊精（β-CD）为模板，对 CrPI 进行了改性，进而制备了一种具有超高化学稳定性的新型多孔交联聚酰亚胺（PCrPI）膜。PCrPI 膜独特的交联结构和咪唑基团具有唐南效应，可有效阻断钒离子的迁移。同时，咪唑基团和 PCrPI 膜的多孔结构也可以增强离子转移并降低面电阻。如图 5-10 所示，在 40～$200mA/cm^2$ 电流密度下，PCrPI 膜表现出比商用 Nafion 212 膜更高的库仑效率和能量效率。Zeng 等人分别使用电解液浸泡法、氧化聚合法和电沉积法引入聚吡咯（PPR）改性处理 Nafion 117。其中，电沉积法制备的复合膜性能最佳，离子渗透系数仅为 Nafion 117 的 1/5，水迁移减小为改性前的 1/3，且 VE 下降不大。但复合膜的化学稳定性较差，不能在电池强氧化环境中长期稳定运行。此外，引入 N,N-二甲氨基乙酯（DMAEMA）和磺化聚醚醚酮（SPEEK）复合进行表面改性，不仅方法简单，而且能够有效提高离子选择性，进而达到提高电池性能的目的，显示出表面改性的广阔应用前景[10]。

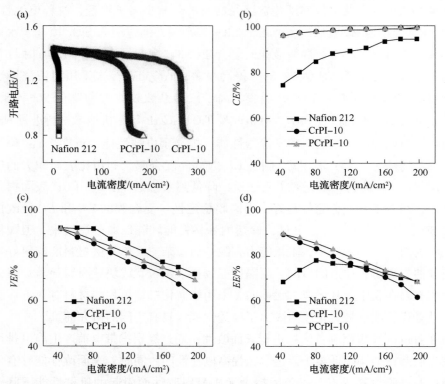

图 5-10 （a）CrPI-10、PCrPI-10 和 Nafion 212 膜的开路电压；CrPI-10、PCrPI-10 和
Nafion 212 膜在 40~200mA/cm² 下的 VRFB 性能：（b）CE；（c）VE；（d）EE

Lee 等[16]制备了 GO/Nafion 复合膜，因其晶面间的空间维数比 Nafion117 膜低，所以水渗透率和渗透率更低。GO 加入量为 0.01% 时的膜在 80mA/cm² 电流密度下能量效率达 82.5%。

Yang 等使用硅沸石纳米颗粒在 Nafion 膜表面进行修饰，隔膜阻钒能力提高，但质子电导率有所下降。5% 硅沸石含量的隔膜获得了较低的电阻值。滕祥国等制备了 Nafion/氟碳隔膜，通过改变全氟丁基磺酸钾含量研究隔膜性能变化。结果发现，隔膜阻隔能力和质子传导能力随着氟碳表面活性剂加入量的增加而增加，其中，5%(质)含量时的隔膜获得了较高质子选择性($2.0 \times 10^6 \mathrm{S} \cdot \mathrm{min/cm}^3$)，能量效率比原膜提高了11%[2]。

Zhang 等采用层层自组装方法制备了 Nafion-PDDA(聚二烯丙二甲基氯化铵)/ZRP 磷酸锆(n)质子交换膜，并应用于氧化还原流体电池。带正电荷的 PDDA 和带负电荷的 ZRP 纳米薄片可以通过离子交联紧密折叠在 Nafion 膜表面，形成超细的纳米结构。ZRP 纳米板的层状结构和 PDDA 的 Donnan 效应极大地降低了离子的渗透性，提高了质子选择性。在 $30\mathrm{mA/cm}^2$ 电流密度条件下，Nafion-PDDA/ZRP(3)的 *CE* 和 *EE* 值分别为比原膜提高了10%和7%。

Teng 等[12]通过实验制备了聚四氟乙烯(PTFE)/Nafion 膜，该膜展现出优异的稳定性，并且电池效率都有所提高。Teng 等通过实验制备出 Nafion/氟碳膜，研究发现随着氟碳的增加，膜离子渗透降低，当氟碳含量为5%时有最高能量效率，较原膜提升11%。Xi 等[13]通过实验成功制备出纳米 SiO_2 粒子，改性后的 Nafion/SiO_2 膜具有更高的电池效率。Aziz 等以 ZrO_2 纳米管制备出 Nafion-ZrNT 膜，该膜表现出较高的阻钒能力，其离子渗透系数为 $3.2 \times 10^{-9}\mathrm{cm}^2\mathrm{/min}$，同时该膜具备优异的离子选择性，在电池中表现出良好的电池效率。

赵天寿院士团队制备了一种用于水系液流电池的具有连续质子传导通道的 Nafion/聚苯并咪唑复合膜，如图 5-11 所示，是一种由电纺丝纳米纤维嵌入聚苯并咪唑(PBI)基质的复合膜。相互连接的 Nafion 纳米纤维作为连续的质子传导途

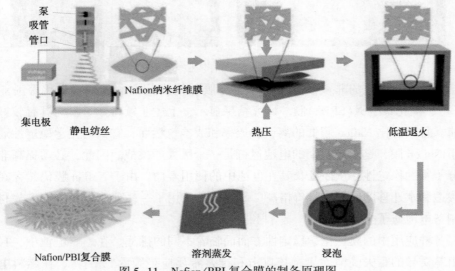

泵
吸管
管口

Nafion纳米纤维膜

集电极   静电纺丝   热压   低温退火

Nafion/PBI复合膜   溶剂蒸发   浸泡

图 5-11 Nafion/PBI 复合膜的制备原理图

径，允许低 Nafion 含量的高质子导电性，而高选择性的 PBI 基质抑制氧化还原物质的交叉，确保高离子选择性。此外，Nafion 和 PBI 之间的酸碱相互作用以及 PBI 的刚性性质提供了出色的机械稳定性。与 Nafion 212 膜相比，仅含 40% Nafion 的膜在阻断钒渗透方面提高了 58 倍，在质子电导率方面保持了近 60%[17]。

5.3.2　C、H 非氟离子膜

无论是将 Nafion 膜与疏水材料共混，还是掺杂无机材料以及对其表面进行改性，均能有效地降低离子渗透率，提高电池的库仑效率。但是，在各种改性方法中，Nafion 膜始终是复合膜的基体，并且通常占到了其中的绝大部分。因此，这些复合膜并没有摆脱价格昂贵的缺点，成本依然很高。为了得到更加低成本的液流电池用质子交换膜，研究人员希望用非全氟型质子交换膜替代 Nafion 膜，降低电池的整体成本，推动液流电池的快速发展[8]。C、H 非氟离子膜实物图如图 5-12 所示。

图 5-12　C、H 非氟离子膜实物图

迄今，研究过的非氟高分子质子传导膜包括磺化聚醚醚酮、磺化聚酰亚胺（SPI）、磺化聚醚砜（SPES）膜。研究结果显示，上述非氟高分子膜均具有较好的性能，且具有比 Nafion 膜低的离子渗透率和成本。然而，它们的化学稳定性通常低于 Nafion 膜，这对于长期的电池运行是一个巨大的挑战。因此，必须提高非氟高分子膜的稳定性，从而延长其在电池中的使用寿命。由于 Nafion 膜仍然存在离子渗透和水迁移的问题，且价格高，研究人员采用了一系列非全氟的聚合物材料来制备电池质子交换膜。

各种应用中的膜在化学稳定性方面面临着不同的挑战。在燃料电池中，羟基自由基诱导的霍夫曼消除、亲核攻击和维蒂希反应是膜的"杀手"。在燃料电池和液流电池中，氧化物质，包括氧自由基和五价钒离子，以及高酸性电解质，要求膜具有更高的稳定性。聚合物主链的降解降低了膜的力学性能，破坏了膜结构，导致裂纹或泄漏，而侧链的降解导致官能团的丧失。因此，要延长膜的使用寿命，骨架的稳定性更为重要，芳香族聚合物被广泛研究。杂原子的亲电或亲核性质会破坏电子的均匀分布，导致主链的某些部分被亲核或亲电攻击破坏，通常不利于主链的稳定性。因此，无杂原子芳族聚合物的主链有望具有高稳定性。引入离子交换基团是降解的主要原因之一。例如，Yuan 等人发现磺化会降低聚醚醚酮的稳定性[图 5-13(a)]，因为吸电子的磺酸基团增加了电子分布的不对称性，使其更容易受到亲核物质的攻击。同样，季铵基团也会降低稳定性[图 5-13(b)][6]。

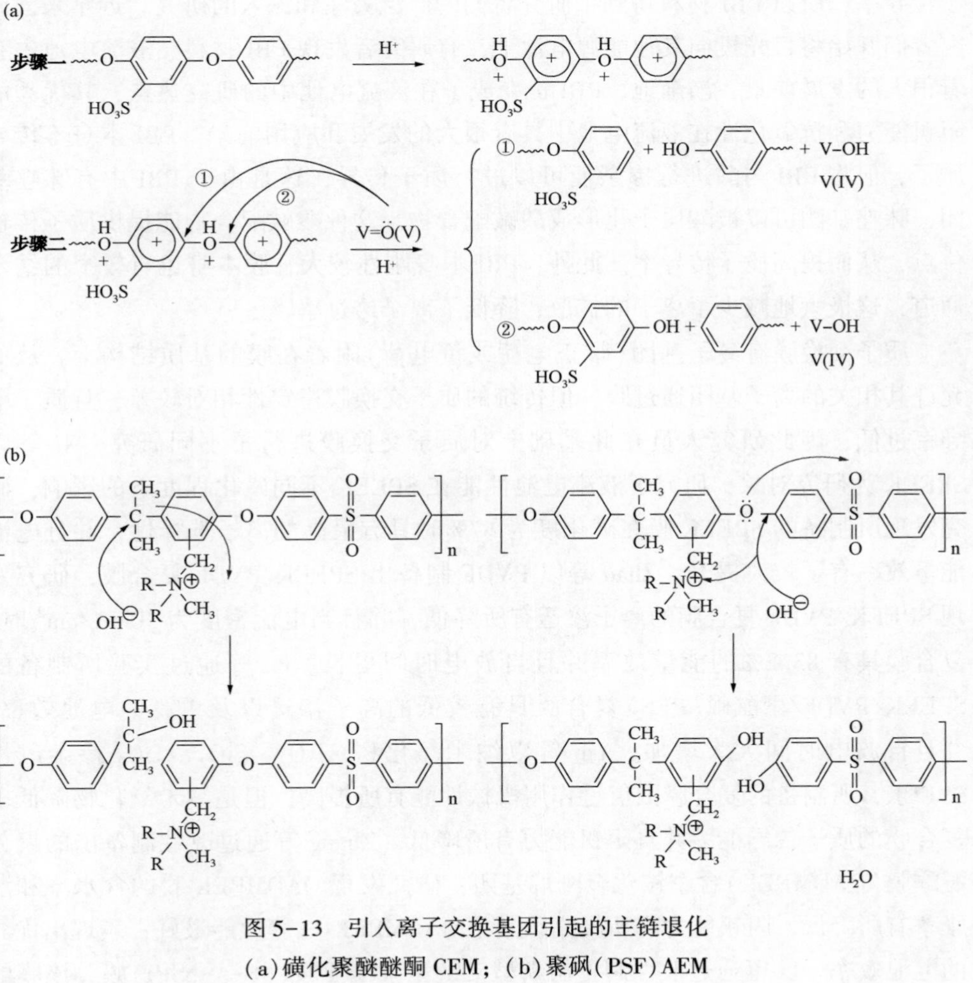

图 5-13　引入离子交换基团引起的主链退化

(a)磺化聚醚醚酮 CEM；(b)聚砜(PSF)AEM

此外，增加聚合物链之间的相互作用是提高膜化学稳定性的有效方法。交联膜可以抵抗溶胀效应并延长使用寿命。交联剂的选择也将赋予膜额外的功能。Zhao 等人用咪唑制备了交联的氯甲基化聚砜，咪唑不仅起到交联剂的作用，而且赋予膜正电荷，并通过电荷排斥增加钒电阻。具有高结晶度的对称结构聚合物也可以提高膜稳定性。Daramic 在 VFB 中是稳定的，因为结晶 PE 聚合物可以很好地支持膜结构。大共轭结构聚合物也具有高稳定性，其中，一个典型的例子是聚苯并咪唑(PBI)。

PBI 是一种耐高温的高级工程树脂材料。最早 PBI 由于其良好的耐热性能在燃料电池中作为质子交换膜得到了广泛的应用，PBI 经过酸掺杂后具有较高的质子传导率，所以 PBI 材料得到了研究者们的广泛关注和深入的研究。近年来，研究者们开始将目光投向其他能源电池上，有研究者发现 PBI 材料在液流电池中有着很大的发展前景，渐渐地，PBI 也变成了在液流电池中的研究热点，其优秀的阻钒能力和抗氧化性在液流电池中具有很大的发展和应用前景。PBI 本身不传导质子，但将 PBI 与酸进行掺杂便可以进行质子传导，这是由于 PBI 中有咪唑基团，咪唑基团可以被酸质子化形成酸碱配合物，这种酸碱配合物能提供质子传输位点，从而提高质子传导率。此外，PBI 本身刚性较大，膜本身也有较窄的纳米通道，这极大地减少了离子的扩散，降低了离子透过率[18]。

质子交换膜有离子基团(带正电荷或负电荷)附着在膜的基质结构上，从而允许其相关的离子基团通过膜，但传统的质子交换膜稳定性相对较差，且质子电导率过低，因此研究人员在此基础上对质子交换膜进行了不同研究。Xi 等以SPEEK 为研究对象，研究了液流电池性能在 SPEEK 不同磺化程度下的影响，研究发现所制备的 SPEEK 膜在磺化度为 67% 时具有最高的离子选择性，并且电池能量效率有了较大提升。Zhao 等以 PVDF 制备出 SPEEK/PVDF 复合膜，研究发现 SPEEK/PVDF 复合膜的离子渗透有所降低，并且当电流密度为 30mA/cm² 时，复合膜具有 83.2% 的能量效率并且自放电时间更长。Fu 等通过实验所制备的SPEEK/PVDF/聚醚砜(PES) 复合膜具有较低的离子渗透以及更高的电池效率，并且自放电时间大大增加。Yin 等以纳米氧化物 Al_2O_3、SiO_2、TiO_2 掺杂改性SPEEK，所制备的复合膜因氢键作用机械性能有所提高，但是纳米氧化物降低了复合膜的质子传导能力并且阻钒能力有所降低。Zhang 等通过改性制备出的聚芳醚酮膜(QADMPEK)含季铵化金刚烷基团，研究发现 QADMPEK 膜的含水率和溶胀率有所降低，阻钒能力有所提高，其中 QADMPEK-3 膜性能最好，表现出优异的电池效率。Li 等通过改性制备出新型支链型聚酰亚胺(6F-s-bSPI)膜，该膜的离子渗透率有所降低，为 $1.18 \times 10^{-7} \text{cm}^2/\text{min}$，在不同电流密度下，均表现出优异的电池性能，并在长期运行中表现出良好的稳定性且自放电时间更长。Zeng 等通过实验使用聚砜(PSF)和交联聚乙烯吡咯烷酮(PVP)成功制备出了 SIPNs 复合膜，该复合膜在不同的电流密度下进行充放电，均表现出良好的电池效率，并且在长期运行中表现出优异的稳定性。Liao 等通过实验成功制备出连接有苯并咪唑基团的氟代甲基磺化聚芳醚酮复合膜，研究发现该复合膜具有超强的阻钒能力，并且复合膜在不同电流密度下进行充放电，均表现出良好的电池效率。Jang 等通过实验成功制备出含咪唑基团的聚苯并咪唑 BIpPBI，将其成膜后进行酸掺杂，研究发现 BIpPBI 膜具有较低的膜面电阻以及离子渗透率($3.45 \times 10^{-8} \text{cm}^2/\text{min}$)。该膜在不同倍率电流密度下，均表现出良好的电池效率，在长期运行中表现出良好的物理化学稳定性。

　　磺化聚酰亚胺膜(SPI)具有较低的离子渗透率、较低的成本以及较高的质子传导率，目前已被研究用于 VRFB 和聚电解质膜燃料电池(PEMFC)。早期研究结果显示，五元环 SPI 膜的长期稳定性在酸性、潮湿条件下存在严重问题。然而，经过结构设计的新型六元环 SPI 膜却呈现出更高的稳定性。典型地，AsanoN 等制备了可与 Nafion 膜性能媲美的 SPI 膜，此膜在 80℃的聚电解质膜燃料电池中运行 5000h 未被明显降解。Kabasawa A 等也确证 SPI 膜在 80℃的聚电解质膜燃料电池中可耐受 5000h。此外，近来，还有许多将 SPI 膜应用到聚电解质膜燃料电池和 VRFB 的报道。虽然具有比全氟磺酸聚合物更高稳定性的 SPI 尚未被研制出来，但是根据已有的研究结果来看，SPI 膜确实具有比其他碳氢聚合物更高的稳定性。SPEEK 在 VRFB 中仅能耐受约 110 个充放电循环(不到 550h)，磺化聚砜膜大约能耐受 41 个循环(大约 460h)，它们均低于该研究中使用的 SPI 膜(大约 720h)。根据上述运用于聚电解质膜燃料电池和 VRFB 中的 SPI 膜的研究结果可以推测，经过结构优化的 SPI 膜在聚电解质膜燃料电池和 VRFB 中具有足够的耐久性。

　　李文琼等以 PVDF 为基膜，改性制备了一系列适用于电池的隔膜；中国科学院大连物理化学研究所张宇等对 PEEK 膜进行改性后应用于电池；乙烯-四氟乙烯(ETFE)和聚四氟乙烯基(PTFE)阳质子交换膜也已开发研究。除阳质子交换膜外，新型阴质子交换膜也已开发应用于 VRB 体系中。大连理工大学、中国科学院大连物理化学研究所制备聚醚砜酮系列质子交换膜用作电池隔膜，制得聚醚砜酮，氯甲基化聚醚砜酮(CMPPESK)，季铵化聚醚砜酮(QAPPESK)，其中 QAPPESK 最适合用作电池隔膜，用于电池其电流效率和能量效率分别为 96.4%

和 88.3%，较应用 Nafion 117 时分别高出 4.9% 和 5.4%。Qiu 等用辐射接枝法将甲基丙烯酸二甲氨基乙酯接枝到聚乙烯-四氟乙烯（pETFE）得到 pETFE-g-PD-MAEMA 阴质子交换膜[19]。

张守海等研究了以季铵化杂萘联苯醚砜（QAPPES）和季铵化杂萘联苯共醚砜（QAPPBES）阴质子交换膜作为电池的隔膜材料。两性质子交换膜、综合阳质子交换膜和阴质子交换膜特性，成为当前开发研究一个重要方向。Qiu 用 γ 射线辐射诱导接枝将苯乙烯和甲基苯烯酸接枝得到 PVDF-（St-co-DMAEMA）两性质子交换膜（AIEM），性能比 Nafion 膜有较大改善。

为进一步降低制膜成本，许多学者将研究重点转移到非氟阳质子交换膜。Chen 等人制备磺化聚（亚芳基硫醚酮）、磺化聚（芴基醚酮）和聚（亚芳基醚砜）膜并用于液流电池，使用芳香族聚合物替代全氟聚合物不仅降低了制膜成本，同时提高了离子选择性。研究表明，芳香族聚合物刚性、疏水性差的主链与酸性较弱的磺酸基团，会产生较 Nafion 膜更低程度的亲/疏水微观相分离，从而降低离子渗透速率，提高电池 CE。近期，Chen 制备磺化聚醚醚酮膜（SPEEK）用于液流电池，利用 SPEEK 的刚性联苯基主链提高膜的机械稳定性，利用携带的磺酸基团提高质子传导率。测试结果显示，膜的离子渗透系数较 Nafion 115 降低一个数量级，CE 和 EE 分别保持在 97% 和 84% 以上，电池性能更加优越。进行自放电性能测试，SPEEK 膜的放电时长为 Nafion 115 的两倍。非氟阳质子交换膜虽然制造成本低廉，阻钒性能优异，但质子传导性能比 Nafion 膜差。而通过接枝强酸基团进行改性处理，虽然能够提高膜的传导能力，但也造成膜的稳定性下降，寿命缩短。因此，如何提高膜的质子传导能力且保证稳定性，仍需进一步研究。

5.4　膜的评价参数

理想的液流电池质子交换膜应该具有以下优点：

① 质子传导率高、渗透性低。作为用于电池上的隔膜，导电性能好的隔膜通常会有比较好的电池性能，同时，低渗透性在液流电池中也非常重要。导电性再好的膜，透过率高，电池会导致严重的自放电现象，这大大降低了电池使用的时间，所以对于液流电池来说，隔膜的导电性提高的同时，还必须有很低的离子渗透性。

② 工艺简单，价格低廉。想要进一步商业化，需要有便宜的价格，目前商用的 Nafion 系列的膜价格昂贵，使用成本大大提高。通过改变材料降低成本便于

大规模制造应用，在此基础上，膜还需要有更简便的制作工艺。

③ 良好的化学稳定性。对于氧化还原反应机理的电池，良好的化学稳定性能决定电池的使用寿命。电池在反应过程中会不断被氧化，而液流电池中的五价钒的氧化性很高，使用过程中膜被氧化之后会变得脆弱，电解液的流动导致质子交换膜破碎，会严重地影响电池，甚至无法继续使用。所以，具有良好的化学稳定性，对于液流电池来说十分重要。

质子交换膜的性能是多方面的，必须根据膜的电化学性能、化学性能和物理力学性能对膜进行综合评价分析。膜性能评价的参数包括含水量、膜面电阻、电导率、膨胀率、离子渗透率、离子交换容量、膜强度、物质当量 EW 等[4]。

膜面电阻和电导率常被用来比较各种质子交换膜的导电性能，电阻较大，电池内的压降就会很大，电压效率低，导致能量损失。在不影响其他性能的情况下电阻越小越好，以降低电能消耗。膜的膨胀率可以体现出膜的尺寸稳定性，膨胀和收缩应尽量小而且均匀。否则既会带来组装问题，还将造成压头损失增大、漏水、漏电和电流率下降等不良现象。离子渗透率越大，电池自放电作用越严重，电流效率越低，导致能量损失，伴随着离子渗透迁移的水迁移也会增大，电池容量减少的同时有可能导致电解液溢出，所以离子渗透率也是选择的一个重要参数。物质当量 EW 表示的是包含 1mol 氢离子所需要的膜的质量，单位为 g/mol。EW 是与离子交换容量(IEC)互为倒数的参数，EW 值越小，说明膜内的磺酸基密度越大，膜的导电性越好[7]。膜的机械强度包括膜的爆破强度和抗拉强度以及抗弯强度和柔韧性能。膜的机械强度主要决定于其化学结构、增强材料等。增强的交联度可提高膜的机械强度，而增设交换容量和含水量会使强度下降。

含水率和离子交换容量 IEC 是影响离子传导的两个因素。一般 IEC 高的膜，选择透过性好，导电能力也强。但是由于活性基团一般具有亲水性，因此当活性基团含量高时，膜内水分与溶胀度会随之增大，从而影响膜的强度。有时也会因膜体结构过于疏松，而使膜的选择性下降。随着交换容量提高，含水量增加。交联度大的膜由于膜结构，含水量也会相应降低。提高膜的含水量，可使膜的导电能力增加。但由于膜的溶胀会导致选择性下降，所以一般膜的含水量约为 20%~40%。

5.4.1　离子交换容量测定

离子交换容量指单位质量的氢型膜与溶液中的离子可用来进行等量交换的毫摩尔数值(单位为 mmol/g)。全氟磺酸质子交换膜中只有磺酸基团具有离子交换功能,因此,*IEC* 值的大小反映了单位质量膜中磺酸基团数量的多少,其可以体现离子膜的离子交换能力的大小。

可参照杜邦公司的测定标准通过实验来测定所制备离子膜的 *IEC* 值,具体步骤是:称取 1~2g 经过预处理转型的离子膜,置于 100mL 锥形瓶中,加入 100mL 1mol/L 的 NaCl 溶液,使膜完全浸泡在 NaCl 溶液中 24h,使膜中氢离子与氯化钠中的钠离子进行等摩尔交换。再用 0.035mol/L 的氢氧化钠标准溶液标定所收集的交换后的溶液,以酚酞作为指示剂,当滴定至溶液呈粉红色时即为终点。再将膜放在称量瓶中在 80℃ 真空烘箱中干燥至恒重,然后在干燥器中冷却 15~30min,用分析天平精确称重。

离子交换容量 *IEC* 值的计算公式为:

$$IEC = \frac{1000}{\dfrac{\text{干膜质量}}{V_{\text{NaOH}} \times N_{\text{NaOH}}} - 22} \tag{5-1}$$

式中,干膜质量为钠型干膜质量,g;V_{NaOH} 为标定所用氢氧化钠的体积,L;N_{NaOH} 为标定所用氢氧化钠溶液的浓度,mol/L。

离子交换当量 *EW*(g/mol)计算式如下:

$$EW = 1000/IEC$$

5.4.2　含水率的测定

膜含水率的测定可按照 ASTMD570 标准测定,具体步骤为:将待测膜裁剪成 5cm×5cm 小膜片,放入 80℃ 的真空烘箱中干燥至恒重,称取干膜的质量记为 W_0,然后放入装有去离子水的烧杯中,再将烧杯放入 25℃、80℃ 以及 100℃ 的恒温水浴锅中,恒温浸泡 1h 使膜充分溶胀达到吸水平衡。将膜取出,用滤纸迅速吸取膜表面的水分然后精确称取其质量记为 W_1,由式(5-2)计算膜的含水率:

$$\text{含水率} = \frac{W_1 - W_0}{W_0} \times 100\% \tag{5-2}$$

5.4.3　溶胀度的测定

由于全氟磺酸质子交换膜中带有亲水的磺酸基团,所以当离子膜浸入溶液中后,会吸附水分子发生体积膨胀的现象,导致其尺寸也会发生一定程度的变化。一般用溶胀度(Swelling Degree, SD)来表征膜的溶胀行为,通常用溶胀后增加的膜面积与原面积的比值来计算膜的线性溶胀度。膜的溶胀度的大小反映了离子膜尺寸稳定性的好坏。实验中,将经过预处理转型的干膜裁剪成 5cm×5cm 的方形小膜片，然后放入烧杯中加入去离子水使其完全浸没，在 25℃、80℃以及 100℃的条件下使膜达到吸水平衡，将膜取出，用滤纸迅速吸干膜表面的水分然后测定并记录湿膜的尺寸（膜面积 S_w）。再将湿膜放入 80℃的真空烘箱中干燥至恒重，取出用直尺测量并记录干膜的长宽，得干膜面积 S_0。

按照式(5-3)计算其溶胀度：

$$溶胀度 = \frac{S_w - S_0}{S_0} \times 100\% \tag{5-3}$$

式中，S_w 为湿膜的面积，cm^2；S_0 为干膜的面积，cm^2。

5.4.4　溶解度测试

称取 50mg 左右的膜样品，放入 80℃的真空烘箱中干燥 60min，用分析天平精确称量其干燥后的质量 m_1，再将膜置入样品瓶中，加入 10mL 体积分数为 1：1 的乙醇水溶液，密闭超声 60min，真空抽滤，把装有滤液的容器放入 80℃真空烘箱中干燥，残余物的质量记为 m_2。按照式(5-4)计算膜在乙醇-水溶液中的溶解度：

$$溶解度 = \frac{m_2}{m_1} \times 100\% \tag{5-4}$$

5.4.5　力学性能测试

使用万能试验机，在规定温度下，保持试样初始变形或位移恒定，测定试样上应力随时间而变化的关系。拉伸试验按照 NB/T 42080—2016《全钒液流电池用离子传导膜　测试方法》的标准，试样为哑铃形。

拉伸断裂应力：试样断裂时的拉伸应力以 MPa 为单位。

拉伸强度：在拉伸试验过程中，试样承受的最大拉伸应力以 MPa 为单位。

拉伸应变：原始标距单位长度的增量，用无量纲的比值或百分数(%)表示。它适用于屈服点以前的应变。

断裂拉伸应变：试样未发生屈服而断裂时，与断裂应力相对应的拉伸应变，用无量纲的比值或百分数(%)表示。

5.4.6　热重分析

热重分析(TGA)是在程序控制温度下，测量物质的质量与温度或时间的关系的方法。进行 TGA 的仪器，称为热重仪，主要由三部分组成：温度控制系统、检测系统和记录系统。TGA 的应用主要在金属合金、地质、高分子材料研究、药物研究等方面。测试前将被测样品在 80℃ 真空烘箱中干燥 2h 以除去水分。测试气体为 N_2，测试温度为 30~900℃，升温速度为 10℃/min。

5.4.7　化学稳定性

采用 Fenton 试剂(过氧化氢与亚铁离子的混合溶液)来测试全氟磺酸离子膜的化学稳定性。在 Fenton 试剂中，Fe^{2+} 主要是作为同质催化剂，而 H_2O_2 则起氧化作用，其在 Fe^{2+} 的催化作用下可以氧化多种有机物，因此 Fenton 试剂具有极强的氧化能力。

实验具体步骤为：将经过预处理转型的离子膜裁剪成 5cm×5cm 的方形小膜片，放入 80℃ 的真空烘箱中干燥直至恒重，在分析天平上准确称取其质量记作 W_0，然后将其放入刚配制的 Fenton 试剂(3%的过氧化氢和 2mg/L 的 $FeSO_4$)，密封放置一周，然后将膜取出，再干燥称取在 Fenton 试剂中氧化后的质量 W_1，计算其失重率并观察膜的表观变化。

$$失重率 = (W_0 - W_1)/W_0 \times 100\% \tag{5-5}$$

5.4.8　X 射线衍射分析

X 射线衍射分析是利用 X 射线在晶体物质中的衍射效应进行物质结构分析的技术。每一种结晶物质，都有其特定的晶体结构，包括点阵类型、晶面间距等，用具有足够能量的 X 射线照射试样，试样中的物质受激发，会产生二次荧光 X 射线(标识 X 射线)，晶体的晶面反射遵循布拉格定律。通过测定衍射角位置(峰位)可以进行化合物的定性分析，测定谱线的积分强度(峰强度)可以进行定量分析，而测定谱线强度随角度的变化关系可进行晶粒的大小和形状的检测。

5.4.9　红外光谱分析

红外光谱分析是一种根据物质的光谱来鉴别物质及确定它的化学组成、结构或者相对含量的方法，红外光谱分析实质上是根据分子内部原子间的相对振动和分子转动等信息来确定物质分子结构和鉴别化合物的。红外吸收光谱主要用于定性分析分子中的官能团，也可以用于定量分析(较少使用，特别是多组分时定量分析存在困难)。红外光谱对样品的适用性相当广泛，固态、液态或气态样品都能应用，无机、有机、高分子化合物都可检测。

5.4.10　制膜液黏度测定

黏度计是一种用于测量流体黏度的仪器。黏度是表示流体在流动时，流体内部发生内摩擦的物理量，是流体反抗形变的能力。它是用来鉴定某些成品或半成品的一项重要指标。将已知一定固含量的用 NMP 作为高沸点溶剂制备的制膜液倒入烧杯中称重，将其放入 80℃ 的烘箱中，根据溶剂挥发时间的不同制备不同固含量的溶液，用旋转黏度计测定其在不同温度下的黏度，溶液的温度用恒温水浴锅来控制，溶液固含量的测定用称重法计算得到。

5.5　膜的制备方法

全氟磺酸质子交换膜具有优良的质子传导率和理化性能，所以全氟磺酸质子交换膜不仅是质子交换膜燃料电池和钒电池的关键组成部分，而且还被广泛地应用于氯碱工业、渗透汽化、气体分离以及光催化等领域，具有其他材料不可比拟的优势。

决定质子交换膜性能的主要因素是聚合物基体的化学性质和结合在聚合物材料上的功能，次要因素是由制造方法决定的。隔膜的制造方法不仅可以控制膜的形态，还对隔膜的溶胀行为和输运特性有重要影响。基本上，质子交换膜制备需要符合三个基本标准，即：①必须是膜选择离子；②不溶于溶剂；③它在膜上的电荷是恒定的。本节将讨论不同交换膜的制备方法。

质子交换膜根据其微观结构可分为非均质膜和均质膜。对于非均相质子交换膜的制备，一般先将粉状交换树脂与热塑性聚合物均匀混合加热，然后将聚合物混合后通过挤压或加热形成膜。对于均相质子交换膜的制备，根据其起始材料的不同，可将其分为三种类型。起始材料包括：①含有离子交换基的单体。这个单体可以与未功能化单体共聚形成质子交换膜。②聚合物薄膜。可以通过直接接枝功能单体或间接接枝非功能单体并进行功能化反应来对膜进行离子性质的修饰。③聚合物颗粒。可以通过引入阴离子或阳离子基团对颗粒进行改性，然后嵌入聚合物黏结剂中，加工成膜。

对于 1 型制备，苯乙烯和二乙烯基苯是常用的中性起始原料。采用氯甲基化-季铵化两步法制备碱性强 AEM；而 CEM 是通过磺化法制备的。这些制备均相质子交换膜的方法已被许多研究小组报道。对于 2 型和 3 型的制备，一般来说，通常，聚合物不溶于任何溶剂。在这种方法中，阳离子的性质由羧酸（弱酸性)和磺酸(强酸性)确定。前者可通过接枝丙烯酸单体或环氧丙烯酸酯单体制备。对于 AEM 制备,膜可以由类似的聚合物膜制成,可以通过接枝或共聚乙烯基单体来制备。对于碳聚醚酮、聚醚酮(PEK)、聚苯乙烯(PS)、聚醚砜(PES)或其共聚物等可溶性溶剂,膜的制备工艺如下:引入基团,包括阴离子或阳离子基团;溶解聚合物并浇铸成薄膜。然而,由于聚合物是可溶性的,为了保证聚合物的化学稳定性,往往需要进行后处理。对于非离子多孔膜,主要材料是半结晶聚烯烃材料,包括聚苯并咪唑(PBI)和聚丙烯(PP)。有两种微孔膜的加工方法,包括干法和湿法。此外,还可以通过相分离方法控制薄膜的孔径[20]。

5.5.1　熔融挤出法

由于全氟磺酸树脂的熔融温度和起始分解温度相差较大,所以可以采用将树脂熔体直接从挤出机挤出成膜的成型方法。该法是把全氟磺酸树脂在一定的温度下用挤出机直接挤出,挤出温度应该高于树脂的熔融温度并且低于分解温度。但是到目前为止该法只被美国杜邦公司和日本的两个公司所掌握,虽然这种方法也是国内进行全氟磺酸质子交换膜攻关时首先考虑采用的方法,但由于解决不了挤出膜的"针眼"等缺陷,国内对挤出法成膜的研究转向了溶液浇铸的方法,由文献报道看目前国内的研究单位均采用树脂溶液浇铸成型的方法制膜。溶液法的成膜首先要在高温高压的条件下制备出树脂的成膜溶液,在流延或浇铸之后还需要一个较长的溶剂挥脱的过程,这就使得制作效率低下且由于溶液流延难以制得厚度均匀的薄膜产品,还存在容易变色等问题。所以目前正在进行工业化的制造技术主要为挤出压延法,即美国杜邦公司的 Nafion 膜和日本 Asahi 公司的 Flemion 膜的工业制造技术。

全氟磺酸树脂是热塑性的,熔融温度(160~230℃)和起始分解温度(310℃)相差较大,而树脂的挤出加工温度一般介于其熔融温度与初始分解温度之间,所以全氟磺酸树脂的加工温度范围比较大,因此能够使用热塑性材料最常用的一种薄膜加工方法即熔融挤出法。该种方法根据成膜工程中工艺的不同,又可以分为凝胶挤出流延法、熔融挤出压延薄膜法和熔融挤出流延法。以下对三种方法的详细介绍。

凝胶挤出流延法是先将全氟磺酸树脂与增塑剂按照一定的比例加入混合机中混合均匀,在树脂充分吸收增塑剂后会形成一种凝胶体系,然后放入烘箱中干燥除去水分,随后将其倒入单螺杆挤出机的料斗中,在经过挤出机的过程中,树脂在螺杆的剪切和高温的作用下熔融,再通过流延膜头,最后经过水平放置的三辊压光机冷却流延成膜。可以通过调节挤出机的转速和三辊的牵引速度来控制膜的厚度。借鉴其他聚合物的膜材的凝胶挤出成型工艺综合了熔融挤出法和浇铸法成型全氟磺酸离子膜的优点，将在特定潜溶剂中溶胀的全氟磺酸树脂凝胶加入挤出机，在挤出机螺杆的加热、塑化、熔融作用下通过片材口模，膜成型同时除去溶剂。通过控制挤出机的操作参数来保证树脂成型过程中所需的温度、供料量等工艺条件以生产不同厚度的质子交换膜。熔融挤出压延法是直接将干燥过的没有经过转型的树脂加入挤出机的料斗中，树脂熔融变成熔体后经由水平的片型模头流出，再经过立式三辊压光机的牵引拉伸成为薄膜。熔融挤出流延法也是直接将干燥过的没有经过转型的树脂加入挤出机的料斗中，树脂在挤出机的螺杆中熔融变成熔体，然后熔体经过竖直向下的流延机头，再经过水平式三辊压光机冷却成膜。其中三辊的牵引速度、挤出的转速等决定薄膜的厚度。以上三种熔融挤出法制备的膜都需要再经过水解转型，才可得到具有离子交换功能的成品膜[20]。

5.5.2　溶液流延法

流延法制膜，其成膜机理是浓溶液挥发过程中大分子链段重排进入晶格并由无序变为有序的结晶过程。大分子重排运动需要一定的热运动能而形成结晶结构又需要分子间有足够的内聚能。所以热运动能和内聚能有适当的比值是成膜所必需的热力学条件。当成膜温度大于膜材料的熔融温度，分子热运动的自由能显著大于内聚能，聚合物中难以形成有序结构故不能结晶；当成膜温度低于膜材料的玻璃化转变温度时，分子运动处于冻结状态不能发生分子的重排和形成结晶结构。所以成膜温度只能介于玻璃化转变温度和熔融温度之间。目前报道很多的溶液浇铸流延法的优点在于采用高沸点溶剂置换低沸点溶剂可以克服在溶剂挥发初期因低沸点溶剂快速挥发，此时大分子链段还没有重排而导致膜脆裂的现象。

Moore 等最先使用溶液流延法制备全氟磺酸质子交换膜，他们利用一定比例的乙醇水溶液在高温高压的条件下制得了质量分数为 5% 的全氟磺酸树脂溶液，并研究了再铸膜(RCM)在不同溶剂中的水溶性。陈凯平对于从氯碱工业电解槽中回收的离子膜进行溶解的工艺作了研究。王海等采用了多种溶剂体系对 Nafion-NR50 进行溶解并研究了溶解过程的工艺，实验证明，有 5 种溶剂体系能够很好地溶解 NafionNR50，并找到了适宜的溶解温度和时间。徐洪峰等利用 50：50 的乙醇水溶液，在 250℃ 条件下溶解了 RCM，制得了 7.5% 的树脂溶液，研究了超支化聚合物(HBPS)对 RCM 各项性质产生的影响。

溶液流延法成膜大致可以分为三步，即树脂的转型，树脂的溶解以及在模具上流延成膜。由于含有—SO_2F 基团的前驱树脂不能溶解于任何溶剂中，首先要用一定浓度的碱金属氢氧化物水溶液将其转化成—SO_3M 型离子聚合物，其中 M 为 Na、K 等碱金属，然后将树脂和合适的溶剂一起加入高压反应釜中，在高温高压的条件下溶解并浓缩除泡，再将溶液倒在模具上流延成膜。在成膜的过程中，需要对模具进行加热以除去溶剂，温度要适当，太高或太低都会对膜的性能造成影响。溶解树脂时一般先采用沸点较低的溶剂将树脂溶解，通常采用水、乙醇、异丙醇等单一溶剂或者混合溶剂，然后再用高沸点溶剂替换低沸点溶剂，通常使用的高沸点溶剂有乙二醇、二甲基亚砜、N-甲基吡咯烷酮、N,N-二甲基甲酰胺等。如果单纯使用低沸点溶剂，由于其沸点太低导致溶剂挥发速度太快，此时大分子链段还没有来得及重排结晶就已经固化，从而使得制得的膜易脆，得到的成品膜性能不好。

溶剂的蒸发温度对离子膜的性能有一定的影响，膜的耐溶剂能力随着温度的升高而增强。成膜时溶剂的挥发温度同样会影响膜的机械性能，在较低的成膜温度（$T<70$）时，得到的膜表面不平整，很难从模具上完整地取下；而成膜温度较高时（$T>125$），得到的膜平整、柔韧、高强，可以容易地从模具上取下。

5.5.3 溶液钢带流延法

用溶液钢带流延法制备 PFSIEM，首先要将 F 型树脂转型为具有离子交换功能的 Na 型树脂，然后用低沸点溶剂在高温高压条件下溶解制备 PFSR 溶液，接着再用高沸点溶剂替换低沸点溶液制备制模液，最后就是在钢带流延机上流延成膜。

溶液钢带流延法制膜的优点如下：

① 溶液流延到钢带上，需要升温将溶剂挥发掉，而钢带流延机上的钢带及其转鼓面积比较大，大大提高了其蒸发溶剂的效率，从而增加了薄膜的干燥效率使制备效率更高。

② 在钢带上将溶剂挥发掉，这种干燥薄膜的方式成本相对较低。

③ 经过热处理的离子膜从钢带上揭下来之后可以自动收卷，使得加工可连续从而也提高了设备的生产能力。溶液钢带流延法可为薄膜的连续化生产奠定基础。

④ 可根据不同的需要，通过改变钢带宽度和长度来进行不同的设计，因此灵活性比较大，可设计性较强。

参 考 文 献

［1］ Luo T, David O, Gendel Y, et al. Porous poly(benzimidazole)membrane for all vanadium redox flow battery[J]. Journal of Power Sources, 2016, 312：45-54.

［2］ Ren H, Su Y, Zhao S, et al. Research on the performance of cobalt oxide decorated graphite felt as electrode of iron-chromium flow battery[J]. ChemElectroChem, 2023, 10(5)：e202201146.

［3］ Xie C, Yan H, Song Y, et al. Catalyzing anode Cr^{2+}/Cr^{3+} redox chemistry with bimetallic electrocatalyst for high-performance iron-chromium flow batteries[J]. Journal of Power Sources, 2023, 564, 232860.

［4］ Wan Y H, Sun J, Jiang H R, et al. A highly-efficient composite polybenzimidazole membrane for vanadium redox flow battery[J]. Journal of Power Sources, 2021, 489：229502.

［5］ Choi H J, Youn C, Kim S C, et al. Nafion/functionalized metal-organic framework composite membrane for vanadium redox flow battery[J]. Microporous and Mesoporous Materials, 2022, 341：112054.

［6］ Dai Q, Zhao Z, Shi M, et al. Ion conductive membranes for flow batteries：design and ions transport mechanism[J]. Journal of Membrane Science, 2021, 632：119355.

［7］ Wang S, Xu Z, Wu X, et al. Excellent stability and electrochemical performance of the electrolyte with indium ion for iron-chromium flow battery[J]. Electrochimica Acta, 2021, 368：137524.

［8］ 蒋波. 全钒液流电池中 Nafion 的合理使用与构效关系研究[D]. 北京：清华大学, 2017.

［9］ Intan N N, Klyukin K, Zimudzi T J, et al. A combined theoretical-experimental study of interactions between vanadium ions and Nafion membrane in all-vanadium redox flow batteries[J]. Journal of Power Sources, 2018, 373：150-160.

［10］ 宋浩. 全钒液流电池用质子交换膜的制备及性能研究[D]. 北京：华北电力大学(北京), 2021.

［11］ Mai Z, Zhang H, Li X, et al. Nafion/polyvinylidene fluoride blend membranes with improved ion selectivity for vanadium redox flow battery application[J]. Journal of Power Sources, 2011, 196(13)：5737-5741.

［12］ Teng X, Sun C, Dai J, et al. Solution casting Nafion/polytetrafluoroethylene membrane for vanadium redox flow battery application[J]. Electrochimica Acta, 2013, 88：725-734.

［13］ Xi J, Wu Z, Qiu X, et al. Nafion/SiO_2 hybrid membrane for vanadium redox flow battery[J]. Journal of Power Sources, 2007, 166(2)：531-536.

［14］ Cui Y, Hu Y, Wang Y, et al. Tertiary amino-modified GO/Nafion composite membrane with enhanced ion selectivity for vanadium redox flow batteries[J]. Radiation Physics and Chemistry, 2022, 195：110081.

［15］ Xu W, Long J, Liu J, et al. A novel porous polyimide membrane with ultrahigh chemical stability for application in vanadium redox flow battery［J］. Chemical Engineering Journal, 2022, 428: 131203.

［16］ Lee K J, Chu Y H. Preparation of the graphene oxide(GO)/Nafion composite membrane for the vanadium redox flow battery(VRB) system［J］. Vacuum, 2014, 107: 269-276.

［17］ Wan Y H, Sun J, Jian Q P, et al. A Nafion/polybenzimidazole composite membrane with consecutive proton-conducting pathways for aqueous redox flow batteries［J］. Journal of Materials Chemistry A, 2022, 10(24): 13021-13030.

［18］ 梁丹. 钒液流电池用聚苯并咪唑复合膜的制备与性能研究［D］. 长春: 长春工业大学, 2022.

［19］ Su Y, Ren H, Zhao S, et al. Improved performance of iron-chromium flow batteries using SnO$_2$-coated graphite felt electrodes［J］. Ceramics International, 2023, 49(5): 7761-7767.

［20］ 赵盈盈. 全钒液流电池用全氟磺酸复合膜的制备与性能研究［D］. 合肥: 中国科学技术大学, 2022.

第 6 章　液流电池电解液

电解液是液流电池储能系统的关键组成部分，用于储存反应活性物质，具有流动性[1,2]。其不仅有着传导离子输送能量的作用，与电极界面的电子/离子间的相互作用更是影响电池容量，是支撑超级电容器储能和循环性能等特性的关键因素之一[3]。电解液直接决定电解液体相以及电解液/电极界面的离子传输特性，进而影响电极及电池性能，电解液的研究必须和与之接触的电极材料紧密联系。离子-溶剂、离子-离子和溶剂-溶剂相互作用是电解液中主要存在的三种基础相互作用，研究这三种相互作用在溶剂化作用下的差异性是理解电解液溶剂化作用的关键科学问题之一。优秀电解液应具备如下几个特征：①电化学稳定性强；②与电池中正负极等组件具有优异的相容性；③较宽的工作窗口和较高的导电能力；④安全性高；⑤材料环保、无毒、成本低等。

6.1　铁铬液流电池铁、铬概况

6.1.1　铬资源概况

铬盐是我国重要的无机化工原料，广泛应用于冶金、电镀、鞣革、染料、木材防腐和军工等领域，铬盐产品涉及国民经济 15% 以上产品种类，是不可替代的重要化工原料。铬盐工业主要铬矿物资源为铬铁矿，主要生产重铬酸钠、铬酸酐、氧化铬、盐基性硫酸铬等铬盐产品。目前，我国铬盐产能（以重铬酸钠计）约为 40 万 t，约占全球产量的 40%，是世界铬盐第一生产大国。截至 2018 年底，我国铬盐生产企业有 13 家，实际产量近 30 万 t，其中年产量大于 5 万 t 的有 3 家，分别为四川省银河化学股份有限公司（7.5 万 t/a）、重庆民丰化工有限责任公司（9 万 t/a）和湖北振华化学股份有限公司（9 万 t/a）。铬盐工业作为国民经济和国防建设的基础工业，将与国民经济同步持续发展。

据美国地质调查局统计，目前全球铬矿总储量约为 426 亿 t，可用铬资源超过 120 亿 t，其中铬铁矿主要集中分布在南非、津巴布韦、芬兰、印度、巴西、土耳其、菲律宾等国家。我国铬铁矿储量仅为世界总储量的 0.1%，主要分布在西藏、内蒙古、新疆、甘肃等省区，而且多为复杂共生矿，开发条件差，利用困难。我国虽然已经成为铬盐生产和消费的第一大国，但是自产铬铁矿并不能满足铬盐行业需求，且一直处于铬资源严重短缺状态，90% 以上依赖进口，因此，提高有限的铬资源的利用率是我国解决铬资源短缺问题的必然途径。

铬盐生产所用的原料铬铁矿，是各种类型的铬尖晶石，其通式为（Fe，Mg）O·（Cr，Al，Fe）$_2$O$_3$，它们可以看成 Fe（CrO$_2$）$_2$、Fe（FeO$_2$）$_2$、Mg（CrO$_2$）$_2$ 及 Mg（AlO$_2$）$_2$ 的类质同晶固溶体。铬铁矿中这种类质同象现象普遍存在，这是由于 Cr（Ⅲ）的离子半径与 Fe（Ⅲ）及 Al（Ⅲ）的离子半径相近。不同矿种的组成也有所不同，但其主要成分均为 Cr$_2$O$_3$（30%~55%）、FeO（10%~20%）、Al$_2$O$_3$（5%~20%）和 MgO（10%~25%）。由上可知，铬盐行业技术进步的关键在于提高铬资源的利用率，以及实现伴生 Fe、Al、Mg 组分的综合利用，从源头减少铬渣排放量。

6.1.2　铬盐生产工艺

铬是一种重要的两性金属元素，它位于元素周期表的第Ⅵ族，铬可以失去六个电子，+3 和 +6 价是铬元素常见的化学价。

铬在铬铁矿中以正三价形态存在，在酸性条件下 Cr（Ⅲ）不易氧化成 Cr（Ⅵ），酸法处理铬铁矿只能以 Cr（Ⅲ）的形式与 Fe（Ⅲ）、Al（Ⅲ）、Mg（Ⅱ）一起进入溶液再进行分离。而 Cr（Ⅲ）与 Fe（Ⅲ）、Al（Ⅲ）离子的电负性和离子半径非常相近，分离十分困难。然而，相比于酸法处理铬铁矿，碱法氧化 Cr（Ⅲ）的电极电势更小，Cr（Ⅲ）易氧化生成六价的铬酸盐从矿物表面析出。铬铁矿中的铁、铝、镁则与氢氧根结合沉淀从而实现与铬的分离，进而生产各种铬盐产品。因此，碱法氧化是目前广泛使用的铬盐生产工艺路线。

现行的铬盐生产工艺主要有碱焙烧法和液相氧化法，其中铬铁矿碱焙烧法又分为有钙焙烧法和无钙焙烧法，而液相氧化法又包括熔盐液相氧化法和亚熔盐液相氧化法。

（1）有钙焙烧法

有钙焙烧法为铬盐的传统生产工艺。该工艺在回转窑中进行焙烧，由于铬酸钠、碳酸钠熔点低，为了保证反应过程中回转窑炉料中液相体积（Na$_2$CO$_3$+Na$_2$CrO$_4$）

小于炉料总量的30%，从而避免造成窑内挂壁、炉瘤或结圈等现象，反应前配料时必须添加钙质填料稀释窑内溶液，以控制炉料中的溶液体积，故称有钙焙烧法。

该工艺过程为铬铁矿与纯碱混合并添加矿量两倍的含钙辅料在回转窑内高温（1200℃）氧化焙烧，熟料水浸后得到铬酸钠溶液，硫酸酸化制备重铬酸钠溶液，后续再经多级蒸发得到重铬酸钠产品。

铬铁矿与纯碱焙烧过程的主要反应式为：

$$2Cr_2O_3+4Na_2CO_3+3O_2 =\!=\!= 4Na_2CrO_4+4CO_2$$
$$4FeO \cdot Cr_2O_3+8Na_2CO_3+7O_2 =\!=\!= 8Na_2CrO_4+2Fe_2O_3+8CO_2$$
$$2MgO \cdot Cr_2O_3+4Na_2CO_3+3O_2 =\!=\!= 4Na_2CrO_4+2MgO+4CO_2$$

硫酸中和酸化铬酸钠碱性液生成重铬酸钠的反应为：

$$2Na_2CrO_4+H_2SO_4 =\!=\!= Na_2Cr_2O_7+Na_2SO_4+H_2O$$

该工艺铬转化率仅为75%，产生大量含铬废渣（每生产1t重铬酸钠产品需排出有毒铬渣2.5～3.0t）、废水、废气，铬渣总铬含量达5%，六价铬含量高达1.5%左右，资源浪费和环境污染严重，目前该工艺已逐渐被淘汰。有钙焙烧法流程如图6-1所示。

（2）无钙焙烧法

无钙焙烧法工艺流程和主要设备与有钙焙烧法大体相似，其最大特点是用精选铬渣代替含钙辅料作为溶液稀释剂。无钙焙烧工艺过程为铬铁矿与纯碱、返渣及添加剂按一定比例混合后加入回转窑，同时向回转窑内通入空气进行空气氧化焙烧，焙烧后的熟料经冷却、粉碎后浸出，分离后便得到铬酸钠碱性溶液和尾渣。碱性溶液先后进行中和、酸化，进而蒸发结晶得到重铬酸钠产品。而尾渣经过分级操作分为粗渣和细泥两部分，其中的粗渣返回焙烧阶段作为填料，而细泥经解毒后作为终渣排出。该方法的反应过程基本原理与有钙焙烧一致。其工艺流程如图6-2所示。

无钙焙烧技术选用粗渣作填料，使铬回收率提高至90%，铬渣降低至0.8t/t重铬酸钠产品；排放的细泥中六价铬含量降为0.1%，易于解毒处理和利用。

无钙焙烧法具有铬回收率高、渣量少的优势，目前已成为我国铬盐生产的主流技术。虽然无钙焙烧比有钙焙烧存在明显优势，但是仍无法避免焙烧法固有的反应温度高、含铬粉尘废气、废渣以及反应过程传质效率低的缺陷。国内外多家铬盐生产厂家因无法从根本上解决铬渣难题、环境污染问题相继关闭停产。因此，国内外进行了大量有关液相氧化法的研究，以期开发出铬盐生产新工艺。

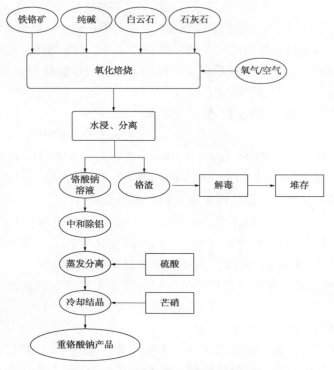

图 6-1　有钙焙烧法工艺流程图

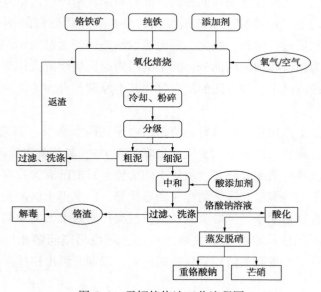

图 6-2　无钙焙烧法工艺流程图

（3）熔盐液相氧化法

熔盐液相氧化法是在熔融态的碱液中氧化铬铁矿，经加水稀释过滤，获得六价铬的溶液，再进一步分离除杂后，进行结晶制备相应的铬盐产品。其工艺流程如图6-3所示。熔盐液相氧化法中铬铁矿的主要氧化反应过程为：

$$4FeO \cdot Cr_2O_3 + 16NaOH + 7O_2 = 8Na_2CrO_4 + 2Fe_2O_3 + 8H_2O$$

美国和日本在20世纪70年代就率先开展了熔盐液相氧化法浸提铬铁矿的实验。日本的团队研究了铬铁矿在$NaOH-NaNO_3$溶液介质中的浸出行为，在 500~600℃ 下浸出 3h 左右可以达到 95% 以上的铬转化率，但是后续的 Na_2CrO_4、$NaAlO_2$ 和过量 NaOH 分离问题难以解决。

中国科学院过程工程研究所张懿院士团队通过对熔盐液相氧化法热力学、动力学及铬碱分离等的深入研究，提出了液相氧化—稀释相分离—碳氨循环—烧碱再生的工艺流程，实现了铬的高效浸出及碱介质的循环利用。该工艺反应传质效果好、反应温度低、铬氧化率高，且渣产生量小于 0.5t/t 重铬酸钠，渣中的残留铬低于 0.5%，反应分离优势明显。

（4）亚熔盐液相氧化法

亚熔盐是一种介于常规溶液和熔盐间的非常规介质，体系中包含大量活性

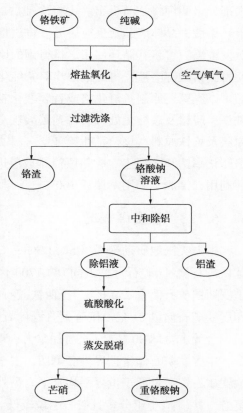

图6-3 熔盐液相氧化工艺流程图

氧组分，而且沸点高、蒸气压低、离子活度高，其具有优异的流动性和传递性能，易于定量调控，因此，亚熔盐在浸取铬铁矿时相较常规熔盐具有明显优势。而相比于以 NaOH 为介质的钠系亚熔盐，KOH 为介质的钾系亚熔盐在铬铁矿浸出反应热力学、动力学以及分离方面更具优势，是亚熔盐铬盐清洁生产工艺的首选。

钾系亚熔盐清洁工艺中，铬铁矿在空气作用下的氧化反应为：

$$4FeO \cdot Cr_2O_3 + 16KOH + 7O_2 \xrightarrow{\quad\quad} 8K_2CrO_4 + 2Fe_2O_3 + 8H_2O$$

钾系亚熔盐铬盐清洁工艺是以铬铁矿为原料在亚熔盐均相介质中连续氧化反应，反应温度约为 300~320℃，从反应器底部向 KOH 亚熔盐介质中鼓入空气，铬铁矿于亚熔盐溶液中与空气接触反应，反应完成后将体系冷却至 150℃ 左右 [KOH 亚熔盐浓度约为 50%(质)]。由于浓 KOH 溶液中的铬酸钾溶解度较小，大部分铬酸钾将结晶析出。再将冷却后的浆液进行相分离，得到过量的 KOH 溶液、铬酸钾晶体产品及反应后渣。将过量的 KOH 介质分解得到 Al(OH)₃ 后进行蒸发浓缩，可将其循环回用。将得到的铬酸钾晶体和反应后渣溶解，过滤分离后便得到铬酸钾溶液，再经进一步除杂纯化后结晶得到铬酸钾晶体。铬酸钾晶体产品可以经氢还原制备氧化铬或者碳酸化制备重铬酸钾产品，而反应渣经多级逆流洗涤、脱铬及碳酸化处理后得到碳酸氢镁或者氧化镁产品，渣料则可作脱硫剂的原料及炼铁原料。该清洁生产工艺不添加任何辅料，反应温度降低了近 700℃，铬转化率达 99% 以上，含铬废渣排放量进一步降低，实现了钾碱介质的再生和循环利用，钾原子利用率接近 100%。

6.1.3 铁资源概况

根据美国地质勘探局(United States Geological Survey)数据显示，2016 年，全球铁矿石储量(矿石量，下同)约 1700 亿 t，其中澳大利亚铁矿石储量 500 亿 t、俄罗斯铁矿石储量 250 亿 t、巴西铁矿石储量 230 亿 t、中国铁矿石储量 210 亿 t、印度铁矿石储量 81 亿 t 和乌克兰铁矿石储量 65 亿 t，是世界前 6 大铁矿石资源国，合计占全球 80%。其次为加拿大、瑞典、美国等国家。

中国铁矿石储量世界排名第四，占全球储量的 12%，但是中国人口众多，人均铁矿石资源量低于世界平均水平。另外，中国铁矿石矿床规模较小，矿石类型复杂，共(伴)生组分多且矿石品位较低。2016 年中国铁矿石平均品位约 34.3%，较全球平均品位低 19.9%。中国铁矿石贫矿占资源总储量的 95% 以上，而含铁平均品位为 62% 标矿的储量少之又少。

近年来，世界铁矿石主要生产国变化不大，主要集中在澳大利亚、巴西、印度和中国等国家。2016 年，全球铁矿石产量 21.16 亿 t(标矿)。澳大利亚(8.58 亿 t)、巴西(4.34 亿 t)、印度(1.85 亿 t)、中国(1.14 亿 t)、俄罗斯(1.04 亿 t)是前 5 大生产国，合计占全球 83.2%。2001~2016 年，中国铁矿石产量始终保持较大产量。受 2008 年全球金融危机的影响，全球铁矿石需求疲软。2009 年，中国铁矿石产量出现了连续 7 年增长后的首次下滑，占全球总产量的 15%。2010

年之后随着世界经济的逐步复苏，中国铁矿石产量恢复，占全球总产量的19%。但是由于国际铁矿石巨头不断释放其矿山产能，全球铁矿石市场供过于求，而导致铁矿石价格呈现断崖式的下跌，以及中国铁矿石消费接近峰值期，导致中国铁矿石产量不断下降，占全球铁矿石总产量比例也连续下滑，2016年中国铁矿石产量仅占全球总产量的5%。

21世纪以来，随着中国经济的飞速发展，铁矿石的需求及产能不断增大。但是中国国内矿山生产铁矿石的能力远远不能满足钢铁工业的生产需要，并且寡头垄断的国际市场上铁矿石价格节节攀升，致使中国在铁矿石市场上完全处于被动地位。世界钢铁协会(WSA)数据显示，2016年，全球铁矿石进口量14.17亿t(实物量，下同)，主要进口国家是中国(10.24亿t)、日本(1.30亿t)、韩国(7174万t)、德国(4003万t)、荷兰(3114万t)，前5大进口国占全球总进口量的91.5%，中国占全球进口量的72%。2016年，中国从全球其他国家进口铁矿石共计10.24亿t。其中，从澳大利亚进口铁矿石6.5亿t，占进口总量的63%；从巴西进口2.1亿t，占进口总量的21%；从南非进口0.4亿t，占进口总量的5%。可见，中国铁矿石进口高度集中，严重依赖铁矿石主要生产国澳大利亚、巴西和南非等国家。

中国铁矿石原矿已探明资源量中可开采储量水平较为稳定，就区域而言，辽宁、河北、四川、内蒙古、山西、山东、安徽、新疆储量居前。

2014年以来，受钢铁行业下行的影响，国内铁矿石原矿产量持续下滑。2018年，国内部分铁矿石开采企业在全国环保体系持续推进的背景下进行整治清理，当年中国铁矿石原矿产量下降至76337.40万t，同比下降37.91%。

2019年之后，随着铁矿采选企业逐渐完成生态环境治理整改，中国铁矿石原矿产量企稳回升，2020年中国铁矿石原矿产量达到86671.70万t，2021年以来，我国钢铁行业虽呈现下滑态势，但受2020年中央经济工作会议提出要"增强产业链供应链自主可控能力"以及2021年颁布的《中华人民共和国国民经济和社会发展第十四个五年规划和2035年远景目标纲要》中提出的"强化经济安全风险预警、防控机制和能力建设，实现重要产业、基础设施、战略资源、重大科技等关键领域安全可控"等政策影响，2021年和2022年上半年，我国铁矿石原矿产量达到98052.80万t和50121.10万t，同比增长13.13%和2.12%。受上述政策影响，2021年以来，我国提高铁矿石自主供给能力初见成效，如图6-4所示。

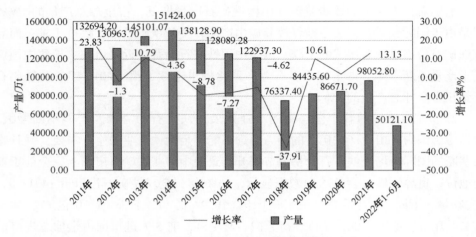

图 6-4　2011—2022 年 6 月中国铁矿石原矿产量图

6.1.4　铁盐生产工艺

铁是重要的金属原材料，在我国的工业生产中占有不可或缺的地位。但是由于近些年的工业生产消耗量的增多、后备资源的贫瘠，铁矿石资源将面临缺失。我国矿产资源中，能达到单一铁品位的矿石甚少。高铁三水铝石型铝土矿是含铁量很高的铝矿石，因此高铁三水铝石型铝土矿的铁铝有效分离成为人们非常关注的问题。

针对高铁三水铝石型铝土矿铁铝分离的研究已有很多报道，可以归纳为铁铝分选、先铝后铁、先铁后铝和酸法四种较成熟的基本方法。

（1）铁铝分选法

铁铝分选是将铁精矿和铝精矿分别富集并去掉部分脉石，然后将得到的铁精矿和铝精矿分别用于炼铁和生产氧化铝。国内外曾先后选择不同的浮选剂及浮选方案进行试验研究。但浮选后的精矿和尾矿的化学成分区别不大，这表明浮选方法很难将高铁铝土矿中的铁铝分选富集。由于该矿石中含有弱磁性的针铁矿，对其进行大量的实验，结果精矿和尾矿的化学成分仍没有明显区别。当改变矿石的粒度时，磁选效果仍不理想。

大量研究表明，对于结构简单的高铁铝土矿，铁铝分选工艺可以较好地实现铝铁分离。但对于铁铝矿物粒度细微、相互胶结、类质同象现象明显、嵌布关系复杂的矿石，则难以实现铁、铝的有效分离富集，获得合格的铁磁性物和铝磁性物。

（2）先铝后铁法

先铝后铁也称为先浸后冶，即先用拜耳法将矿石中三水铝石溶出，再对残渣赤泥中的铁经磁化焙烧后实行冶炼。由于拜耳法生产氧化铝技术相对较成熟，用该法回收高铁铝土矿中的氧化铝已基本上不存在技术问题，因此，从赤泥中回收铁是先铝后铁工艺的关键所在。目前从赤泥中回收铁主要有两类方法：物理选矿法和冶炼法。

物理选矿法大多数采用磁选、浮选或浮–磁联合流程，利用捕收剂选出高质量的铝土矿精矿，然后对尾矿进行还原焙烧或磁选脱铁，剩余的残渣可作为耐火材料。物理选矿对脱除铁有一定效果，且流程简单，成本低。但效果较差，对于高铁铝土矿晶格中的铁无效。

冶炼法则包括烧结法、熔炼法和直接还原法。烧结法是将烧结块破碎后进行磁选，磁性部分进行熔炼生产生铁。烧结法可以回收赤泥中的铁，但流程较长，能耗大，铁的回收率较低，无法取得较好的经济效益。熔炼法是在高炉中熔炼赤泥并获得生铁的方法，其优点在于铁的回收率高，矿石中部分有价金属元素可以得到综合利用，但该法能耗高，对设备要求苛刻，因此在工业上应用受到限制。直接还原法是利用还原剂（固体或气体）在低于矿石软化温度下，将赤泥还原得到金属铁，通过磁选回收铁。该工艺大部分是对赤泥的处理，需经过层层选别，过程繁杂。且此工艺是先用拜耳法溶出，经研究广西高铁三水铝石型铝土矿铁铝存在共晶现象，因此这部分铝无法利用拜耳法溶出，难以实现铁铝的高效分离。

（3）先铁后铝法

此方法是先用火法冶金的方法熔炼出生铁，达到铁、铝分离的目的，同时得到适合于提取氧化铝的铝酸钙炉渣。国内近些年在这方面的研究主要有以下四种工艺：金属化预还原—电炉熔分—氧化铝提取；粒铁法；生铁熟料法；烧结—高炉冶炼—氧化铝提取。

金属化预还原—电炉熔分—氧化铝提取工艺是将铝土矿破碎，配入一定量的石灰石和煤，混合后加入回转窑中，在 $1000 \sim 1080℃$ 下进行还原焙烧，其中部分铁氧化物被还原为金属铁。从回转窑出来的高温炉料直接加到电炉中，在 $1600 \sim 1700℃$ 下焙烧，此时铁矿物全部还原为金属铁，同时炉料熔化并完全与渣铁分离。铝则以铝酸钙炉渣形式存在，在其冷却过程由于体积膨胀而自粉为疏松的粉末，用碳酸钠溶液浸出后得到铝酸钠溶液。向铝酸钠溶液中通入回转窑的尾气（CO_2），使铝以 $Al(OH)_3$ 形式析出，焙烧后得到氧化铝。该工艺能使铁、铝有效地得到分离回收，其中铁的回收率为98%，氧化铝浸出率为80%。此工艺可充分利用矿石资源，铝土矿资源被无废利用，同时得到合金钢、氧化铝和水泥等多种产品；该工艺流程简单，技术成熟，金属回收率高；另外此矿石中的钒与镓可以有效地回收，其中通过铁水吹钒得到钒渣而回收钒，镓可以利用现有工艺从循环母液中回收。该工艺不足之处在于耗时长、电耗高，因此暂不适用于工业生产。

粒铁法是将铝土矿、石灰石和煤按比例配料，在回转窑内于1400~1500℃下将铁矿物还原成粒铁，铝矿物反应生成铝酸钙熟料，还原炉料经缓冷后自粉，磁选使粒铁与铝酸钙熟料分离，粒铁用于炼钢，铝酸钙熟料用于浸出氧化铝。结果表明在固定床内炉料如不进行滚动，铁就不能有效地聚合，磁选分离时非磁性物所剩无几，试验未达到预期目的，且工艺技术上困难较大。同时粒铁法工艺是在回转窑中进行的，还原温度在1400℃以上，存在回转窑结圈、炉衬寿命短的问题。

生铁熟料法的操作温度比粒铁法高，铁氧化物被还原为液态生铁，实现了铁相和熟料的有效分离。将铝土矿、石灰石和煤按比例配料，在回转窑内1480℃下将铁矿物还原成铁水并定期放出，铁水可经过钠化吹钒炼钢，而得到的铝酸钙熟料用于浸出氧化铝。该方法同样面临着回转窑炉衬寿命短的问题，而且能耗很高，经济上不可行。

铝土矿烧结—高炉冶炼—氧化铝提取工艺是将高铁铝土矿、石灰石、煤粉破碎后按比例混合进行烧结，烧结矿在高炉内冶炼，其中铁矿物被还原为铁水，铝矿物生产铝酸钙渣系并用碳酸钠循环母液浸出，脱硅、分解、焙烧生产氧化铝。生产过程中需要控制炉渣的冷却速度，使 Al_2O_3 以易溶出的形式（$12CaO \cdot 7Al_2O_3$）溶出，避免生成其他难溶物相。我国一些高校及研究所对此工艺进行了深入、细致的研究，可达到铁、铝分离的目的，其中铁的回收率达98%，而氧化铝的浸出率大于82%。研究表明该工艺在技术上是可行的，但是由于此工艺流程过长，经济效益不高，此外采用高炉冶炼，熔炼温度高，且得到的炉渣黏度大、碱度高、能耗大，同时需要控制铝酸钙炉渣的冷却速度，操作困难，并且高炉冶炼中需要大量焦炭，因此，这些局限性限制了该工艺的推广和应用。

（4）酸法

酸法是用硝酸、盐酸、硫酸等无机酸处理含铝原料而得到相应铝盐的酸性水溶液，同时铁也进入溶液。然后采用萃取，或者沉淀等方式分离溶液中的铝铁。分离后的铝铁可分别从其盐溶液或水合物晶体中析出。通过煅烧等处理可得到纯度较高的氧化铝和氧化铁。

用酸法处理高铁铝土矿生产氧化铝在理论上是合理的，但是需要昂贵的耐酸设备，且使用的酸回收困难。同时，由于铝和铁的沉淀特性较为相似，并且容易形成缺胶，难以有效分离，所以不能进行大规模的工业生产。近年来，酸法的研究取得了较大的进展，但经济上还不能与处理优质铝土矿的碱法相竞争。

6.2 铁铬液流电池电解液

在早期对铁铬液流电池电解液的研究中，美国国家航空航天局以 25℃ 条件下的电池体系作为主要研究对象，分别采用 $FeCl_2$、HCl 混合溶液和 $CrCl_3$、HCl 混合溶液作为阴极和阳极的电解液。$CrCl_3$ 的盐酸水溶液中存在 $Cr(H_2O)_6^{3+}$、$Cr(H_2O)_5Cl^{2+}$ 和 $Cr(H_2O)_4Cl_2^+$ 三种络合离子，这三种络合离子之间存在动态平衡。

$$[Cr(H_2O)_4Cl_2]Cl \cdot 2H_2O \rightleftharpoons [Cr(H_2O)_5Cl]Cl_2 \cdot H_2O \rightleftharpoons [Cr(H_2O)_6]Cl_3$$

6.2.1 铁铬液流电池电解液老化

在室温条件下，随着使用时间的增加，$Cr(H_2O)_5Cl^{2+}$ 和 $Cr(H_2O)_4Cl_2^+$ 易转化为 $Cr(H_2O)_6^{3+}$，而 $Cr(H_2O)_6^{3+}$ 不具有电化学活性。总体来看，$Cr(H_2O)_5Cl^{2+}$ 转化为 $Cr(H_2O)_6^{3+}$ 的速率相对较慢，但是 Cr^{2+} 的存在能够加快 $Cr(H_2O)_5Cl^{2+}$ 转化为 $Cr(H_2O)_6^{3+}$ 的反应动力学，使得电解液中具有电化学活性的离子减少，电解液容易发生老化现象，老化程度较高的电池在过高或过低的温度环境、过大或过小的电流工况下充放电能力会出现明显变化，使电池性能发生衰减。为解决电解液利用率变低和电池性能衰减的问题，铁铬液流电池最重要的突破是 1983 年来自 NASA 的一份报告，报告提出了提高电解液的温度至 65℃，可以促使 $Cr(H_2O)_6^{3+}$ 转化为 $Cr(H_2O)_5Cl^{2+}$，从而解决电解液老化问题。研究集中在高温下运行系统的原因如下：①大型铁铬液流电池系统在充放电循环过程中由于电阻损耗和效率低下而产生放热，产生的热量可以在高温下保护系统；②由于在高温下促进阴极电解质的铬化学活性（避免老化现象），性能可得到改善。此外，温度的升高可能会显著降低膜的离子选择性，使活性物质的交叉混合速率显著增大。因此，研究也着眼于混合反应物溶液的概念。尽管提高电解液的温度能够提高电极反应的活性，但也带来交叉污染的风险[4]。

6.2.2 Fe^{3+}/Fe^{2+} 和 Cr^{3+}/Cr^{2+} 混合电解液

提出使用 Fe^{3+}/Fe^{2+} 和 Cr^{3+}/Cr^{2+} 在盐酸溶液中同时作为阴极和阳极的混合电

解液。使用混合反应物的基本权衡是通过牺牲高电流效率以提高电压效率。对于混合反应物的概念，其主要优势是不再需要具有高选择性的膜。对于未混合的反应物溶液，Cr 或 Fe 活性离子/物质仅分别用于每个半电池的溶液中，导致每个活性离子/物质通过膜的浓度差异较大。这种现象可能进一步导致活性物种的极高渗透率，从而在短期操作后产生严重的容量衰减。与铁铬液流电池相比，全钒液流电池在两种半电池溶液中都使用了相同的钒元素，但由浓度梯度引起的交叉污染问题相对不显著。需要注意的是，这里的"交叉污染"主要是指不同元素引起的渗透，而不是同一元素不同价离子通过质子交换膜的交叉/渗透（即使在全钒液流电池中仍然存在）。如今，最商业化的液流电池系统是全钒液流电池，因为它展示了超过 80% 的高能效，非常低的维护成本和接近无限的电解质寿命。当铁铬液流电池用混合电解液以后，研究了电解液中盐酸浓度对铁铬液流电池充放电过程中内阻和电池性能的影响，结果表明，在 29℃ 时，1.25mol/L $FeCl_2$ + 1.25mol/L $CrCl_3$ + 2.3mol/L HCl 具有最高的能量效率。然而，由于 Fe^{3+}/Fe^{2+} 电对和 Cr^{3+}/Cr^{2+} 电对在电极与电解液界面上存在的混合电位以及两者的活度系数与未混合的电解液不一致，会造成电池在实际运用过程中。电池的开路电压远低于其标准电极电位的现象。为了深入理解电解液性质和提升电池性能，对铁铬液流电池混合电解液（1.25mol/L $FeCl_2$，1.25mol/L $CrCl_3$，2.3mol/L HCl）的热力学性质进行了研究，测量在不同温度（22~40℃）、50%SOC（荷电状态）时，以混合电解液组装的铁铬液流电池的开路电位。测试结果表明，在 22℃、50%SOC 时，电池的开路电压为 0.98V，并计算得到了该电解液体系下，电池开路电压的温度系数为 -0.68mV/K，这为铁铬液流电池在进行系统层面设计时的热力学-电化学模型提供了较为准确的实验数值。然而，由于铁铬液流电池在较高温度运行时会产生严重的自放电现象，使得电池的开路电位降低较快。

由于混合 Cr 和 Fe 盐组成的混合反应物溶液用于阴极和阳极，大大降低了净交叉率，所以可以极大地延长操作时间。虽然混合反应物的应用前景广阔，但铁铬液流电池的长期运行仍可能导致由对流、扩散和电迁移引起的一些氧化还原离子的渗透。图 6-5 显示了铁铬液流电池（混合反应物模式）和全钒液流电池的循环性能/容量衰减的比较。虽然

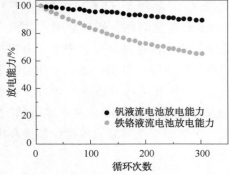

图 6-5　全钒液流电池和铁铬液流电池的
放电容量与循环次数的关系

铁铬液流电池的容量衰减速度仍快于全钒液流电池，但其衰减率远低于非混合模式，并且可以进行放大。

此外，通过简单地混合阴极和阳极电解液，长期运行时的容量衰减可以得到一定程度的恢复。混合反应物的解决方法为铁铬液流电池未来可能的发展打开了大门。近年来，为了扩大铁铬液流电池的规模，基于混合反应物这一解决方案对大规模的能源存储，已经做出了广泛的努力。

6.2.3 铁铬液流电池电解液改善

铁铬液流电池电解液是含有铁离子和铬离子的溶液，其物理化学性质直接影响电池性能。电化学反应和析氢反应(HER)都发生在电极/电解液界面上，HER作为铁铬液流电池充电过程中的寄生副反应，使得电池稳定性下降。不仅消耗一部分充电电流，而且由于氢气气泡的形成，降低了电极表面积的利用率，加速了充放电失衡，导致充放电过程中电池稳定性下降。此外，氢气的产生还会导致电导率下降，从而限制了铁铬液流电池的容量，甚至会由于电解液槽中氢气浓度的增加而导致潜在的安全问题。日本学者通过研究在 $CrCl_3$-HCl 体系中加入其他酸组分(H_2SO_4、HBr 和 $HClO_4$)对电池内阻的影响，发现在 $CrCl_3$-HCl 体系的电解液中适当添加 HBr 可以有效降低膜电阻，从而降低电池内阻。随后，在改进的 10kW 电池堆中采用 1mol/L HCl 和 2mol/L HBr 的混合酸作为支撑电解质，以此来提高电池的电化学性能。

对电极或电解液进行修饰在一定程度上可以改善电池的电化学性能。将铬(Ⅲ)乙酰丙酮氧化还原偶联或其他螯合铬电解质放在低浓度 Cr^{3+} 的电解液中，提供了更高的电压，发现可以改善电池的电化学性能。在铁铬液流电池的研究初期，分别将 $FeCl_2$ 和 $CrCl_3$ 溶于 HCl 溶液中作为正负极电解液。但是，由于离子传导膜两侧的渗透压不同，容易出现离子交叉互串，从而降低电池性能。NASA研究人员提出正负极使用相同的混合电解液，以缓解活性物质的交叉互串。为了获得性能更好的铁铬液流电池，Wang[5] 等使用正负极相同的混合电解液，通过对不同离子浓度和酸浓度电解液的电导率、黏度以及电化学性能研究，确定了铁铬液流电池电解液组成的最优方案为 1.0mol/L $FeCl_2$、1.0mol/L $CrCl_3$ 和 3.0mol/L HCl。在此条件下，电解液的电导率、电化学活性和传输特性的协同作用最佳。

铁铬离子溶解在支持电解质中，在电池运行过程中发生价态的变化，从而完成电能的存储与释放。为了进一步提高电池性能，可以将可溶性物质作为添加剂溶解在电解液中，添加剂不参与充放电过程的氧化还原反应，但可以改善电解液的电化学性能。不同的添加剂具有不同的效果，将 In^{3+} 作为添加剂加入负极电解液中，不但会抑制负极的析氢反应，还会对 Cr^{3+}/Cr^{2+} 的反应过程有促进作用。向电解液中添加浓度为 0.01mol/L 的 In^{3+}，在 200mA/cm² 电流密度下，电池的能量效率可达到 77.0%。在 160mA/cm² 电流密度下循环 140 次后，相较于无添加电解液，其容量保持率高出 36.3%；铁铬氧化还原电池 Cr^{3+}/Cr^{2+} 电对存在着严重的去活化效应，即由于 Cr^{3+} 在水溶液中的异构化作用，Cr^{3+}/Cr^{2+} 电对的氧化还原可逆性变得越来越差，影响着电池的循环寿命，如图 6-6 所示。

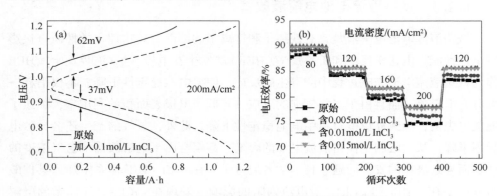

图 6-6　铟离子作为负极添加剂的铁铬液流电池性能

为了改善 Cr^{3+}/Cr^{2+} 电对在高浓度的盐酸溶液中的储存性能，将某些有机胺和氯化铵等作为 $CrCl_3$-HCl 体系电解液的添加剂来提高 Cr^{3+}/Cr^{2+} 电对的储存性能。在电解液中加入少量的某些有机胺，如乙二胺或 1,4-丁二胺盐酸盐，实验发现与原来的电解液相比较，加入少量有机胺后，Cr^{3+}/Cr^{2+} 电对的氧化峰电流密度的衰减趋于缓慢，即对电对的去活化现象有明显的抑制作用。在电解液体系中加入一定量的氯化铵后，发现其不仅对 Cr^{3+}/Cr^{2+} 电对有明显的活化作用，提高了电对的氧化还原可逆性，还能抑制电对的去活化效应，提高其储存性能减缓电解液的老化，证明某些有机胺和氯化铵添加剂能有效地抑制 Cr^{3+}/Cr^{2+} 电对的去活化现象，使 Cr^{3+}/Cr^{2+} 电对具有更好的电化学反应活性。在此基础上，提出采用氯化铵代替铁铬液流电池体系中的盐酸介质，作为支持电解质。实验结果表明，在 $CrCl_3$-NH_4Cl 体系电解液中 Cr^{3+} 离子可以形成稳定存在的氯氨配位化合物，使电解液不易发生老化现象，且在此体系内加入 0.1mol/L 盐酸作为添加剂，可进一步提高 Cr^{3+}/Cr^{2+} 电对的氧化还原可逆性，也没有引起明显的析氢反应。

络合是电子对给予体与电子接受体互相作用而形成各种络合物的过程。给予体有原子或离子，接受体有金属离子和有机化合物。分子或者离子与金属离子结合，形成很稳定的新的离子的过程就叫络合反应，也称配位反应。螯合作用指化学反应中金属离子以配位键与同一分子中的两个或更多的配位原子(非金属)连结而形成含有金属离子的杂环结构(螯环)的一种作用。螯合作用会影响金属离子的电化学性能，包括电子传递动力学和氧化还原电位，从而改善液流电池的性能。螯合作用也会影响氧化还原反应的热力学，导致通过配体选择获得一定范围的还原电位。

在电解液中，NH_4^+通过络合作用，可以有效地抑制Cr^{3+}在水溶液中的去活化现象，使Cr^{3+}/Cr^{2+}电对具有良好的氧化还原可逆性和稳定性。中性电解液与传统电解液相比具有较低的H^+浓度，可以抑制铁铬液流电池的析氢副反应，但是，Cr^{3+}和Fe^{2+}在中性条件下容易发生水解，生成沉淀，有机添加剂如EDTA(乙二胺四乙酸)、PDTA等可以与电解液中的Cr^{3+}和Fe^{2+}络合，有效抑制水解的发生。另外，有机添加剂的加入可以增大Fe^{2+}/Cr^{3+}的氧化还原电位窗口，提高电池的能量密度。但是，金属离子与有机物中组成的配合物溶解度较低，且溶液电阻较大，将限制铁铬液流电池的能量密度和电压效率。早些时候提出在氯化物介质中使用全铬氧化还原系统[$Cr(II)/Cr(III)$和$Cr(III)/Cr(VI)$]。然而，基于这种氧化还原系统的液流电池由于两对氧化还原反应的动力学缓慢而尚未开发出来，此外，使用一定浓度的HCl支持电解质会导致腐蚀和电极不稳定。$Cr(III)/Cr(II)$对的动力学通过与EDTA络合而增强，在pH值4~7范围内，$Cr(III)-EDTA/Cr(II)-EDTA$偶联是可逆的。$Cr(III)-EDTA/Cr(II)-EDTA$偶联的快速动力学意味着电子转移通过外球机制发生，而因为内球电子转移机制发生缓慢配体取代，$Cr(III)/Cr(II)$偶联在氯化物和硫酸盐介质中的动力学非常缓慢。

采用EDTA与铬离子形成的$Cr(EDTA)^{-/2-}$配合物在碳布上具有准可逆的氧化还原峰和较低的氧化还原电位，全铬-EDTA氧化还原系统在放电状态下，阳极和阴极溶液是相同的，并且可以通过混合轻松平衡，几乎没有能量损失。因此，全铬-EDTA体系已被证明是液流电池应用中作为单一种电解质使用的有希望的候选材料。在测试的条件下，开路电池电压约为2.1V，略高于传统的铁铬系统，明显优于全钒系统。然而，据此设计出的全铬液流电池循环寿命较短且效率较低。$Cr(EDTA)^{-/2-}$的还原电位过低，造成即使在中性电解液中进行，还原反应仍会伴随着析氢反应发生，并且$Cr(EDTA)^{-/2-}$配合物在作为正极材料时可能会发生分解，从而限制了其应用。研究证明，利用PDTA(与EDTA相关的APC)与Cr的络合物，在$-1.392V$(vs Ag/AgCl)时，将$Cr^{3+/2+}$氧化还原偶移至E_0，当CrPDTA与$Fe(CN)_6^{3-/4-}$在液流电池中配对时，在pH值为9~10时，可以抑制H_2

的生成，并且在没有电催化剂的情况下表现出良好的性能。

不同的 APC 螯合物因其高配位数、结合强度高、环境友好和低成本而被视为可能的铁基电解质。将 FeDTPA 与 CrPDTA 的配位化学的关键方面进行了比较，并强调了从分子水平理解液流电池系统性能的重要性。螯合物稳定 Fe 首选的 7 坐标几何结构的能力能够在中性 pH 值以上增加溶解度。DTPA 是一种 APC，作为 Fe 的螯合物已被广泛研究，在 pH 值 2~10 范围内表现出良好的稳定性，其与 Fe^{3+} 和 Fe^{2+} 的结合常数分别为 28.60 和 16.55。DTPA 通过使用 5 个羧酸阴离子和 3 个中性氮，可以在多达 8 个位置结合金属。虽然 $DTPA^{5-}$ 具有 8 个位置的配位能力，但从 pH 值高于 7 的溶液中获得的固体表明，FeDTPA 只存在于 7 配位数配位结构中。因此，FeDTPA 可在高浓度的 pH 范围内溶于接近中性和弱碱性的溶液中，具有伪电化学可逆性。Fe(Ⅱ)DTPA 在无氧环境中保存了至少 20 周，性质没有改变，这表明 Fe(Ⅱ)DTPA 在无氧水溶液中是稳定的。

用循环伏安法(CV)比较 FeDTPA 和 CrPDTA 与各自未螯合金属离子的电化学行为，动力学分析用于确定非均相还原速率常数 k_0，观察到与非螯合金属相比，螯合金属的电化学可逆性更强。除了改善电流响应外，螯合作用降低了在 100mV/s 时 Fe 和 Cr 螯合物的 CV 峰分离。螯合电解质组成的电池应产生与未螯合系统相似的电压(1.18V)，但由于动力学改善，效率和功率输出有所提高。通过在 RFB 中循环电解液来评估 FeDTPA 在 pH 值为 9 之下的还原态和氧化态的稳定性，得到 FeDTPA 在 pH 值为 9 时 Fe^{3+} 和 Fe^{2+} 电荷态都是稳定的。通过 CV 和 EIS(电化学阻抗谱)分析，证明了所报道的电解质改善了电化学和物理性能，强调了螯合对 Fe 离子的影响。高密度螯合物 DTPA 的使用能够抑制溶剂相互作用，在温和的碱性条件下增加 Fe 离子的溶解度和非均相还原速率常数。

与未螯合的金属离子相比，螯合物具有改变溶解度、氧化还原电位和 pH 稳定性的内在能力，螯合能提高最大放电功率密度、库仑效率和能量效率。

在广泛研究的乙酰丙酮金属配合物中，乙酰丙酮铁[Fe(acac)₃]还没有作为活性物质用于 RFB。通过对乙酰丙酮金属配合物的筛选，发现只有一个氧化还原偶联的 Fe(acac)₃ 与 V(acac)₃ 或 Cr(acac)₃ 中的一个氧化还原偶联结合时，符合上述条件，且 Fe(acac)₃ 与 Cr(acac)₃ 结合时的吸光度更高。

比较之前报道的 Fe-Cr RFB 水溶液和 Fe-Cr NARFB，在充电和放电过程中，非水配合物中的铁和铬的氧化数变化与溶解的水盐离子的氧化数变化相同。在水体系中，从负侧平衡电位和较慢的铬氧化还原反应动力学中可以看出，析氢反应（HER）通常比铬的氧化还原反应更易进行。因此，在水系条件下需要一种电极/催化剂来抑制析氢反应，同时保持较高的铬氧化还原活性。而该问题在 Fe-Cr NARFB 的非水环境中不会出现，氢气的析出不会带来能量损失。除了预期电池正负极的氧化还原反应外，还要考虑不希望发生的反应的电位。离电池的电位窗口越远，在循环保持在溶剂的电位窗口内的情况下，最大允许充电电压就越高。如果选择合适的氧化还原偶联，NARFB 相对于水性 RFB 就拥有了更多的优势。

过电位边际取决于电解液分解的程度和电极结构的完整性，因此充电电压（即 OCV+过电位）的高低取决于不希望发生的反应，如活性物质的不可逆还原/氧化或支持电解质和溶剂的降解。RFB 的目标是用于大规模的固定储能应用，快速充电的 NARFB 系统可以用于快速存储能源，以便在能源供应不足或不可用时使用。研究在 NARFB 中铁铬氧化还原化学的利用，得到一种廉价的、快速充电的铁-铬 NARFB，其结合了正极的单个铁（Ⅲ）乙酰丙酮氧化还原偶联与负极最快的乙酰丙酮铬氧化还原偶联的快速动力学，制备了 OCV 为 1.2V 的乙酰丙酮铁铬 NARFB。Fe-Cr NARFB 正负侧的氧化还原反应处于良好位置，允许在 OCV 以上高达 1.8V 的快速充电，这是一项重要的成就，能够用于中型到大规模的固定应用。此外，在这种电池中没有观察到与 Fe-Cr RFB 相对应的水溶液发生的析氢问题。较低的电解液成本有可能抵消 Fe-Cr NARFB 相对于先前报道的 NARFB 较低的体积能量密度所造成的缺点。与水性 RFB 相比，目前的 Fe-Cr NARFB 和先前报道的 NARFB 的一般性能特征仍然受到高内阻的阻碍。进一步克服这一缺点需要持续的研究和开发，计划将 $Fe(acac)_3$ 和 $Cr(acac)_3$ 配合物功能化，以增加它们在溶剂/溶剂混合物中的溶解度，这将提高该电池的能量密度和效率。

6.2.4　铁铬液流电池电解液再平衡技术

在铁铬液流电池中，当析氢反应发生时，相对于负极还原的 Cr（Ⅲ）离子，多余的 Fe（Ⅱ）离子被氧化为 Fe（Ⅲ）离子，导致正负极电解质的 SOC 失衡，从而导致电池容量损失。通常在电极表面沉积 Bi 等析氢抑制剂来减缓析氢，但很难完全消除析氢。为了消除析氢对电池容量的不利影响，实现电池长期稳定运行，需要通过再平衡装置，利用析氢减少正电解质中积累的 Fe（Ⅲ）离子，恢复电池容量。事实上，所有负氧化还原对的氧化还原电位低于氢电极的液流电池，包括锌-溴、全钒、铁-铬和全铁液流电池系统，都会遇到析氢问题，需要再平衡装置来管理析氢气体。NASA 小组开发了一种电化学再平衡装置，称为氢-铁离子再平衡电池，本质上是一种以氢为燃料（阳极），氯化铁溶液为氧化剂（阴极）的燃料电池。近年，有团队开发了一种罐内化学再平衡装置，在氢气浓度为 90%时实现了 19.1mA/cm² 的再平衡电流密度。Selverston 等[6]改进了化学再平衡方法，并证明了在 4.5psi（表）氢气压力（氢气浓度为 27.6%）下再平衡电流密度为 60mA/cm²。对于化学再平衡装置，铁溶液直接接触反应器。在再平衡操作过程中，液体溶液可能会覆盖催化剂表面，并阻挡催化剂中的氢气，从而降低三相边界（氢气、铁溶液和固体催化剂），使再平衡装置的性能变差。在化学再平衡装置中，很难实现稳定的三相边界。电化学再平衡装置是有利的，因为使用膜分离 Fe（Ⅲ）还原（阴极，溶液状态）和氢氧化（阳极，气体状态）的反应。因此，使用全氟磺酸离聚体等固体电解质，容易在阳极形成稳定的三相边界（氢气、离聚体和固体催化剂）进行氢氧化，并且与化学再平衡装置相比，催化剂的利用率更高。

对于再平衡器件，无论是电化学还是化学，再平衡电流密度都是一个关键的性能参数。再平衡电流密度越高，表明器件的再平衡能力越强，器件成本越低。另一个关键参数是操作氢浓度。对于大型储能装置，电解液罐顶空氢气浓度越低，爆炸危险性越低，系统安全性越高。为了避免潜在的爆炸危险，储罐顶氢气浓度应低于空气中氢气的爆炸极限（4%）。值得注意的是，由于负极的析氢作用，商用全钒液流电池系统在运行几个月后，氢气浓度可能会高于 8%。再平衡装置可以消耗析出的氢气，降低罐内氢气浓度，从而保证系统安全。然而，在低氢浓度下运行再平衡电池会显著降低电化学动力学和物质运输速度，其情况可能与传统的氢铁燃料电池有很大不同。此外，氢气的流速也是影响物质输运和泵损的重要因素，需要精心设计。Zeng 等[7]研究了流场、氢气浓度和 H_2/N_2 混合气体流量对氢-铁离子再平衡电池性能的影响。结果表明：①基于交叉流场的再平衡电池比基于蛇形流场的再平衡电池提供更高的极限电流密度；②低氢浓度（≤5%）下氢气利用率可接近 100%；③再平衡池中氢氧化反应的表观交换电流密度与氢浓度的平方根成正比，氢浓度为 1.3%~50%；④在电流密度为 60mA/cm² 和氢浓度为 2.5%时，证明了一个连续的再平衡过程。此外，成本分析表明，再平衡单元仅占 ICRFB 系统成本的 1%左右。

6.2.5　铁铬液流电池电解液未来发展

铁铬液流电池电解液未来研究的方向是要寻找更适合于铁铬液流电池的支持

电解液代替盐酸体系，在实验过程中盐酸体系腐蚀性较强，且在高温体系下更容易挥发，对环境及设备不友好，通过可替代盐酸体系的支持电解质（如中性体系）可以在一定程度上减少铁铬液流电池负极反应过程中的析氢反应。并且还要发展可在室温条件下运行的铁铬液流电池，通过寻找更适用于铁铬液流电池中铬离子的配位体解决电解液老化的问题，同时引入合适的催化剂，提升铁铬液流电池的电化学性能。

6.3　铁铬液流电池电解液浓度

电解液的电导率和黏度很大程度上依赖于离子传输速率，电解液中离子迁移速度越快，电解液的电导率越高，有利于降低电池的内阻，提高电池的性能；电解液的黏度越大，意味着离子迁移速度将会降低，电解液在电池内部会有较大的流动阻力，这将会引起较大的物质传递阻力和能量消耗。作为影响电解液电导率和黏度的直接因素，电解液浓度的选择及优化是十分必要的。

一般来说，较高的电导率有利于离子的传输，从而降低电池电阻，提高效率。然而，越大的黏度往往意味着越大的流动阻力，这将导致更大的传质阻力和更高的能耗。因此，有必要在电解质的电导率和黏度之间取得平衡。在此基础上，测量了不同浓度电解质的电导率和黏度，如图 6-7 所示。由图 6-7（a）可知，在 3.0mol/L HCl 溶液中，随着 Fe/Cr 浓度从 0.5mol/L 增加到 1.25mol/L，电解质的电导率从 785mS/cm 逐渐降低到 453mS/cm。相比之下，随着 Fe/Cr 浓度的增加，相应的黏度在初始段逐渐增大，然后迅速增大，与 0.5mol/L Fe/Cr 电解质的 0.582mm^2/s 相比，1.25mol/L Fe/Cr 电解质的黏度增加了 87%。电解质的电导率在很大程度上取决于离子的传输速度，而离子的传输速度又受到水合离子半径、浓度、温度和黏度的影响。在低浓度下，浓度的增加有利于电解质的电导率，但随着电解质浓度的增加，电解质中的离子相互作用也增加，离子传输速度降低，这将在很大程度上降低电导率。同时，浓度越高，黏度也越高。因此，随着 Fe/Cr 浓度的增加，电解质黏度增大，电导率降低。此外，研究者认为，当 Fe/Cr 浓度为 0.5mol/L 时，电解质的电导率最高，黏度最低。但要提高铁铬液流电池的能量密度，必须增加活性反应物的浓度。因此，为了获得可接受的能量密度和放电容量，必须牺牲一些离子的传输特性。根据以上观点，在接下来的测量中选择了 1.0mol/L Fe/Cr 的电解液。

此外，还测量了不同浓度 HCl（1.0mol/L、2.0mol/L、3.0mol/L、4.0mol/L）

下 1.0mol/L Fe/Cr 电解质的电导率和黏度，数据如图 6-3(b)所示。结果表明，电导率和黏度随 HCl 浓度的增加(1.0mol/L~4.0mol/L)而增加。与电导率随 Fe/Cr 浓度的变化趋势相反，自由质子随 HCl 浓度的增加而逐渐增加。导致离子传输比其他离子快得多。因此，电解质电导率随 HCl 浓度的增加而增加。然而，当 HCl 浓度高于 3.0mol/L 时，电导率略有增加，而黏度迅速增加，说明当 HCl 浓度达到一定程度时，离子之间的相互作用力起主导作用，这对电解质的电导率是有害的。总之，HCl 浓度为 3.0mol/L 的电解质具有较高的电导率和可接受的黏度，因此在不同 Fe/Cr 浓度的测量中选择该电解质。

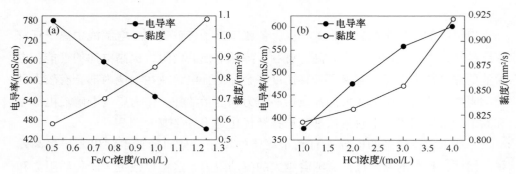

图 6-7　65℃时不同浓度电解质的电导率和黏度：
(a) $x$mol/L Fe/Cr+3.0mol/L HCl(x=0.5，0.75，1.0，1.25) 和
(b) 1.0mol/L Fe/Cr+$y$mol/L HCl(y=1.0，2.0，3.0，4.0)[5]

6.4　铁铬液流电池电解液滴定测试

中海储能科技(北京)有限公司参照 NB/T 42006—2013《全钒液流电池　电解液测试方法》，规定该公司铁铬液流电池用电解液的测试方法，适用于以盐酸为溶剂的铁铬液流电池用电解液。以下为测试具体方法。

6.4.1　术语和定义

铁铬液流电池(ICRFB)：是以 Fe^{2+}/Fe^{3+} 电对作为充放电过程中正极电化学反应电对，以 Cr^{3+}/Cr^{2+} 电对作为充放电过程中负极电化学反应电对，以实现电能和化学能相互转化的一种液流储能装置。

电解液：在本公司指铁铬液流电池的含铁(Fe)和铬(Cr)的氯化物的酸性离子混合溶液(不含之后添加的金属催化剂)。

正极电解液：指电解液中含 Fe^{3+} 的电极液。

负极电解液：指电解液中含 Cr^{2+} 的电极液。

析氢：电池在充电过程中，氢气从电极或者双极板表面析出的现象。

6.4.2 通用要求

在进行电解液测试时，应遵循以下通用要求：

① 除另有规定外，本标准所用试剂的纯度应在分析纯以上，所用制剂及制品，应按 GB/T 603—2002《化学试剂实验方法中所用制剂及制品的制备》的规定制备，实验用水应符合 GB/T 6682—2008《分析实验室用水规格和试验方法》中三级水的规格。

② 本标准制备的标准滴定溶液的浓度，均指室温时的浓度。标准滴定溶液标定、直接制备和使用时所用分析天平、砝码、滴定管、容量瓶、吸管等均须定期校正。

③ 在标定和使用标准滴定液时，滴定速度一般应保持在 $1\sim3mL/min$。

④ 除另有规定外，标准滴定溶液在常温（$15\sim25℃$）下保存时间不超过两个月，当溶液出现浑浊、沉淀、颜色变化等现象时，应重新制备。

⑤ 本标准中所用溶液以百分号（%）表示的均为质量分数，只有乙醇（95%）中的百分号（%）为体积分数。

⑥ 本标准中用比色皿进行测试时，保证待测液体位于比色皿的 $1/3\sim2/3$。

6.4.3 抽样要求

对电解液进行抽样测试时，应按以下要求进行：

① 产品出厂前，以一个批次生产得到的物料为一批进行抽样。

② 每批次产品根据产品质量的均匀性程度决定抽样数目。

③ 按照 GB/T 6680—2003《液体化工产品采样通则》中 7.1.1.2 和 7.1.1.3 的要求进行采样。

6.4.4 测试方法

6.4.4.1 外观检验

在光线明亮的室内目测样品的颜色，其颜色应为墨绿色，且内部无沉淀。

注：本条特指含铁铬的混合盐酸溶液。

6.4.4.2 铁含量测定

原理：二价铁分析控制电位用重铬酸钾滴定二价铁氧化至三价，全铁分析用三氯化钛还原成二价铁，用稀重铬酸钾氧化过剩的还原剂，用二苯胺磺酸钠作指示剂，用重铬酸钾溶液滴定还原的铁。

试剂：

盐酸(浓度 1.19g/mL)。

硫酸(浓度 1.84g/mL)。

磷酸(浓度 1.7g/mL)：硫磷混酸(体积大致比例为硫酸:磷酸:水 = 3:4:13)，边搅拌边将 200mL 磷酸注入约 500mL 水中，再加 150mL 硫酸。流水冷却至室温，用水稀释定容到 1L，混匀。

过氧化氢溶液，30%。

高锰酸钾溶液，25g/L。

三氯化钛溶液，15g/L：用 9 体积的盐酸稀释 1 体积的三氯化钛溶液(约 15%的三氯化钛溶液)。另一种方法是在有表面皿的烧杯中，用约 30mL 的盐酸溶解 1g 海绵钛，冷却溶液，用水稀释至 200mL。现用现配。

铁标准溶液，0.1mol/L：称取 5.58g 纯铁(纯度大于 99.9%)至 500mL 的锥形瓶中，在颈口放一小过滤漏斗，慢慢加入 75mL 盐酸，加热至溶解。冷却后慢慢加入 5mL 过氧化氢溶液，加热至沸腾，并煮沸至过量的过氧化氢分解，去除氯气，冷却至室温后移入 1000mL 的容量瓶中，用水稀释至刻度，混匀，1.00mL 的该溶液相当于 1.00mL 的重铬酸钾标准溶液。

重铬酸钾标准溶液，0.01667mol/L：称取 4.9031g 预先在 140~150℃ 干燥 2h 并于干燥器中冷却至室温的重铬酸钾(基准试剂)于 300mL 烧杯中，加入 100mL 水溶解，移入 1000mL 容量瓶中，冷却至 20℃ 后用水稀释至刻度，混匀。所用容量瓶应符合 GB/T 12806—2021《实验室玻璃仪器 单标线容量瓶》中 A 级容量瓶的要求，必要时预先对容量瓶进行校准。每次取用时应测量实际温度并校正溶液的使用体积。在贮存瓶上记下该溶液稀释时的温度(20℃)，用于配制标准溶液的水应预先在室温下经温湿度平衡处理，将经过校准的分度值为 0.1℃ 的水银温度计浸入移取的标准溶液中，超过 60s 后读取温度，精确至 0.1℃，购买的重铬酸钾溶液为 7.5%(质量体积比)，称取 10mL，精确称重(精确至 0.0001g)，计算 1mL 溶液中含 78.402mg 的重铬酸钾，决定稀释倍数。相当于取溶液 31.269mL [=4.9031/(2×0.078402)]，定容至 500mL 的单标容量瓶中，用水稀释至刻度，混匀(可考虑用标定后的硫酸亚铁铵标定重铬酸钾溶液)。标准溶液 1mL 含

1.733mg 的铬。标准浓度为 0.01667mol/L。（溶液取样少，可考虑重铬酸钾溶液稀释 10 倍）

钨酸钠溶液，250g/L：

称取 25g 钨酸钠溶于适量的水中（若浑浊需过滤），加 5mL 磷酸用水稀释至 100mL。

二苯胺磺酸钠指示剂溶液，2g/L：

将 0.2g 二苯胺磺酸钠（CSHSNHCSH₄SONa）溶于少量水中，然后稀释至 100mL，将该溶液储存于棕色玻璃瓶中。

二价铁滴定：

取待测电解液 10mL 于 50mL 容量瓶中，定容至 50mL，取 100mL 烧杯并加入 10mL 硫磷混酸和 50mL 水，准确移取定容后的 5mL 电解液溶液加入烧杯，滴加 5 滴二苯胺磺酸钠溶液指示剂，将电位滴定装置的电极（铂-甘汞电极）置于盛上述溶液的烧杯中（烧杯用电磁搅拌器搅拌），用重铬酸钾标准溶液滴定，当溶液由绿色变为蓝绿色到最后一滴滴定使之变为紫色时为终点，将该滴定体积记作 V_1。应注意重铬酸钾标准溶液的环境温度，如果它与配制时的温度（20℃）相差 1℃ 以上，应按照 GB/T 601—2016《化学试剂　标准滴定溶液的制备》中的规定作适当的体积补偿。

空白值的测定：

使用相同数量的所有试剂和按照与试样相同的操作步骤测定空白实验值，在用三氯化钛还原前，加 1.0mL 的铁标准溶液，并按上述（二价铁滴定）滴定溶液，将该滴定体积记作 V_0，该滴定的空白试验值（V_2）按式（6-1）计算。

$$V_2 = V_0 - 1.00 \qquad (6-1)$$

注：当溶液中无铁存在时，二苯胺磺酸钠指示剂不与重铬酸溶液作用。为了促进空白溶液指示剂反应，需加入铁溶液，并根据所用的重铬酸钾标准溶液的体积来校正空白。

全铁的测定：

取待测电解液 10mL 于 50mL 容量瓶中，定容至 50mL，取 100mL 烧杯并加入 10mL 盐酸和 50mL 水，准确移取定容后的 5mL 电解液溶液加入烧杯，用少量热水清洗烧杯内壁，加 5 滴钨酸钠溶液作指示剂，然后滴加三氯化钛溶液，并不断搅动溶液，直到溶液变蓝色。再逐滴滴加稀重铬酸钾溶液，以氧化过量的三氯化钛，直至溶液蓝色褪去呈稳定的浅绿色（保持 5s，由于颜色变化不明显，仔细观察，可用白纸作背景观察）。加入 10mL 硫磷混酸，滴加 5 滴二苯胺磺酸钠溶液指示剂，将电位滴定装置的电极（铂-甘汞电极）置于盛上述的溶液的烧杯中（烧杯用电磁搅拌器搅拌），用重铬酸钾标准溶液滴定，当溶液由绿色变为蓝绿色到最后一滴滴定使之变为紫色时为终点，将该滴定体积记作 V_3（观察电位计读数并记录）。

二价铁含量的计算：

按式（6-2）计算试样中二价铁的浓度 $C_{Fe II}$，数值以 mol/L 表示。

$$C_{Fe II} = 0.1 \times V \tag{6-2}$$

全铁含量的计算：

按式（6-2）计算试样中铁的浓度 C_{Fe}，数值以 mol/L 表示。

$$C_{Fe} = 0.1 \times (V_3 - V_2) \tag{6-3}$$

式中，V_3 为试样消耗的重铬酸钾标准溶液的体积，mL；V_2 为空白试验时加铁标准溶液消耗相应的重铬酸钾标准溶液的体积，mL；C_{Fe} 为溶液中总铁的浓度，mol/L；0.0055847 为 1mL（0.01667mol/L）重铬酸钾标准溶液相当于铁量，g。

6.4.4.3 铬含量测定

原理：控制电位用重铬酸钾滴定二价铬氧化至三价，用过硫酸铵氧化至铬（Ⅵ）。再用硫酸亚铁铵标准溶液电位滴定铬（Ⅵ）的含量。在电位滴定中，随着硫酸亚铁铵标准溶液的不断加入，通过测量电位的变化，确定等当点。用铂-甘汞电极测量，电位突跃在 300mV 左右，而等当点在 700~900mV。

试剂及配制方法：

磷酸，1.69g/mL。

盐酸，1.19g/mL，稀释比例为 1:10。

硫酸，1.84g/mL。

过硫酸铵 $[(NH_4)_2S_2O_8]$ 溶液，500g/L，用前配制。

高锰酸钾溶液，5g/L。

硫酸亚铁铵标准溶液硫酸介质中，此溶液 1mL 相当于 2.0331mg 铬。

计算公式：铬当量 = $46 \times 2 \times 51.996/(6 \times 392.14) = 2.0331$。其中，51.996 为铬的相对分子质量，392.14 为六水合硫酸亚铁铵的相对分子质量。

溶液的配制：

称取 46g 六水合硫酸亚铁铵 $[Fe(NH_4)_2(SO_4)_2 \cdot 6H_2O]$，溶于 500mL 水中，加入 110mL 硫酸，冷却，稀释至 1000mL，混匀。

硝酸银溶液（100g/L）：称取 5g 硝酸银（$AgNO_3$）溶解于 50mL 水中。

苯基代邻氨基苯甲酸指示剂，2g/L。

称取 0.2g 试剂置于 100mL 烧杯中，加 0.2g 无水碳酸钠和 20mL 水加热溶解，用水稀释至 100mL，混匀。

重铬酸钾标准溶液：

称取 4.9031g（精确至 0.0001g）重铬酸钾，预先在 150℃ 干燥至恒重并在干燥器中冷却，后定量转移至 1000mL 的单标容量瓶中，用水稀释至刻度，混匀得到 7.5%（质量体积比）的重铬酸钾溶液，称取 10mL，精确称重（精确至 0.0001g），计算 1mL 溶液中含 78.219mg 的铬的量，决定稀释倍数。取 31.342mL[=4.9031/（2×0.078219）]溶液，定容至 500mL 的单标容量瓶中，用水稀释至刻度，混匀得到标准溶液（1mL 溶液含 1.733mg 的铬）。标准溶液浓度为 0.01667mol/L。

硫酸亚铁铵溶液的标定（使用前进行）：

量取 30.0mL 重铬酸钾标准溶液，移入 600mL 烧杯中，加入 5mL 硫酸，加水至约 400mL。将电位滴定装置的电极（铂-甘汞电极）置于盛上述溶液的烧杯中，最好用电磁搅拌器搅拌，用滴定管加入硫酸亚铁铵标准溶液，直至出现电位突跃，在终点附近要缓慢滴定，记录滴定体积 V（mL）。由式（6-4）计算相应的硫酸亚铁铵浓度 c_1，以每毫升铬的质量（mg）表示。

$$c_1 = 30.0 \times 1.733 / V_1 \tag{6-4}$$

式中，V_1 为标定消耗的硫酸亚铁铵的体积，mL；30.0 为量取的重铬酸钾标准溶液的体积，mL；1.733 为 1mL 重铬酸钾标准溶液中铬（Ⅵ）的质量，mg。

二价铬标定：

取待测电解液 10mL 于 50mL 容量瓶中，定容至 50mL，取 100mL 烧杯并加入 10mL 硫磷混酸（见全铁分析）、50mL 水，准确移取定容后的 5mL 电解质溶液加入烧杯，将电位滴定装置的电极（铂-甘汞电极）置于盛上述溶液的烧杯中（烧杯用电磁搅拌器搅拌），用滴定管加入重铬酸钾标准溶液，用铂-甘汞电极测量，直至出现第一个电位突跃，在终点附近要缓慢滴定，体积 V_2（mL）。

全铬标定：

取待测电解液 10mL 于 100mL 容量瓶中，定容至 100mL，用移液枪移取 4mL 电解液样品至三角烧瓶中，加入 100mL 水、10mL 盐酸、3mL 硝酸银溶液、1mL 高锰酸钾溶液和 6mL 过硫酸铵溶液，盖上表面皿，煮沸 10min。为分解高锰酸，先加入 10mL 盐酸，继续煮沸 3min 后，如有必要再逐滴加入盐酸，直至紫色消失（完全氧化后，可看到高锰酸的紫色，必须加入盐酸）。煮沸 10min 直到形成的氯化物的气味消失，迅速冷却至室温。

加入 10mL 硫磷混酸(全铁)、5 滴苯基代邻氨基苯甲酸指示剂,将电位滴定装置的电极(铂-甘汞电极)置于盛上述溶液的烧杯中(烧杯用电磁搅拌器搅拌),用滴定管加入硫酸亚铁铵标准溶液滴定,至溶液颜色由紫色突变为亮绿色,到达滴定终点(观察记录终点电位,大约 500mV),记录硫酸亚铁铵溶液用量 V_3 (mL),用铂甘汞电极测量,电位突跃在 300mV 左右,而等当点在 700 ~ 900mV。

二价铬结果表示:

按式(6-5)计算铬含量 $C_{Cr II}$,以 mol/L 表示:

$$C_{Cr II} = 3 \times 1.733 \times V_2 / 51.996 = 0.1 \times V_2 \qquad (6-5)$$

式中,V_2 为滴定消耗的重铬酸钾标准溶液的体积,mL;1.733 为 1mL 重铬酸钾标准溶液中铬(VI)的质量,mg。

全铬结果表示:

按式(6-6)计算铬含量 C_{Cr},以 mol/L 表示:

$$C_{Cr} = 2.5(V_3 - V_1) C_1 / 51.996$$
$$= 2.5(V_3 - V_1) 46 \times 2 \times 51.996 / (6 \times 392.14) / 51.996$$
$$= 2.5(V_3 - V_1) \times 46 / (392.14 \times 3) \qquad (6-6)$$

式中,V_1 为滴定空白试液所消耗的硫酸亚铁铵标准溶液的体积,mL;V_3 为滴定铬所消耗的硫酸亚铁铵标准溶液的体积,mL;C_1 为相应的硫酸亚铁铵标准溶液浓度,以每毫升铬的质量(mg)表示,此处为 2.0331mg(Cr)/mL。

6.4.4.4 酸度的测定

方法一:取待测电解液 10mL 于 100mL 容量瓶中,定容至 100mL,用酸度计测定,酸度计 pH 值测量范围 0~14.00,测量结果记为 pH_1,溶液结果值:

$$pH = pH_1 - 1$$
$$C_{H^+} = 10^{-pH}$$

式中,C_{H^+} 为电解液中氢离子的浓度,mol/L;pH 为电解液稀释 10 倍后的 pH 值。

方法二:用标准氢氧化钠(NaOH)滴定溶液滴定电解液中的游离酸,用 pH 计检测溶液的 pH 值,在滴定到达终点时,溶液 pH 突变,根据标准氢氧化钠滴定溶液的消耗量,可计算出电解液样品中游离酸的浓度。反应式如下:

$$H^+ + OH^- \rightleftharpoons H_2O$$

试剂和材料:

pH 计；

50mL 滴定管；

烧杯；

磁力搅拌器；

氢氧化钠标准滴定溶液，$c(NaOH) = 1mol/L$。

检测过程：

取 10mL 电解液样品，用 1mol/L 的氢氧化钠溶液滴定电解液。一边滴定，一边用 pH 计检测溶液体系的 pH 值，每滴下一定体积的氢氧化钠溶液，待溶液 pH 稳定后记录该 pH 值，使用 pH 值和氢氧化钠消耗体积作图，以氢氧化钠消耗体积为横轴，以 pH 值为纵轴，找到斜率最大处标准氢氧化钠滴定溶液消耗的体积，即为酸碱滴定的终点。

注意，通常需要多次滴定方能找到滴定终点，从每次 1mL 降低至每次 0.5mL 直至每次 0.05mL，找到滴定终点处的氢氧化钠消耗量。

检测结果计算：

$$c = \frac{c_1 V_1}{V_0} \tag{6-7}$$

式中，c 为电解液样品中游离酸的浓度，mol/L；c_1 为标准氢氧化钠滴定溶液的浓度，mol/L；V_1 为标准氢氧化钠滴定溶液的体积，mL；V_0 为电解液样品的取样体积，mL。

标准氢氧化钠滴定溶液（1mol/L）的配制及标定方法：

配制：称取 110g 氢氧化钠，溶于 100mL 无二氧化碳的水中，摇匀，注入聚乙烯容器中，密闭放置至溶液清亮，用塑料量筒量取 54mL 上层清液，用无二氧化碳的水稀释至 1000mL，摇匀。

标定：把工作基准试剂邻苯二甲酸氢钾放置于 105~110℃的烘箱中干燥至恒重，称取约 7.5g 工作基准试剂，加无二氧化碳的水溶解，加 2 滴酚酞指示剂（10g/L），用配制的氢氧化钠溶液滴定至溶液呈粉红色，并保持 30s，同时做空白实验。

计算：氢氧化钠标准滴定溶液的浓度 $[c(NaOH)]$，按下式计算：

$$c(NaOH) = \frac{m \times 1000}{(V_1 - V_2) \times M} \tag{6-8}$$

式中，m 为邻苯二甲酸氢钾质量，g；V_1 为氢氧化钠溶液体积，mL；V_2 为空白试验消耗氢氧化钠溶液体积，mL；M 为邻苯二甲酸氢钾的摩尔质量，g/mol，$M(KHC_8H_4O) = 204.22$。

标准盐酸滴定溶液（0.1mol/L）的配制及标定方法：

配制：用量筒量取 9mL 35% 的盐酸，注入 1000mL 水中，摇匀。

标定：称取约 1.9g 于 270~300℃ 高温炉中灼烧至衡量的工作基准试剂无水碳酸钠，溶于 50mL 水中，加 10 滴澳甲酚绿-甲基红指示液，用配制的盐酸溶液滴定至溶液由绿色变为暗红色，煮沸 2min，加盖具钠石灰管的橡胶塞，冷却，继续滴定至溶液再呈暗红色。同时做空白试验。

计算：盐酸标准滴定溶液的浓度 $[c(\text{HCl})]$，按式(6-9)计算：

$$c(\text{HCl}) = \frac{m \times 1000}{(V_1 - V_2) \times M} \tag{6-9}$$

式中，m 为无水碳酸钠质量，g；V_1 为盐酸溶液体积，mL；V_2 为空白试验消耗盐酸溶液体积，mL；M 为无水碳酸钠的摩尔质量，g/mol，$M(1/2\text{Na}_2\text{CO}_3) = 52.994$。

6.4.4.5 电导率的测定

原理：在同一温度下，用电导仪测定电解液电导率和已知电导率的氯化钠溶液的电阻。标准氯化钠溶液：$C_{\text{NaCl}} = 0.0100\text{mol/L}$。必要时将标准溶液用蒸馏水加以稀释，各种浓度氯化钠溶液的电导率可参考 JB/T 8278—1999《电导率仪的试验溶液 氯化钠溶液制备方法》。

试验中使用的仪器及精度应满足如下要求：

① 电导仪。误差不超过 1%，盘程为 100~1000mS/cm。

② 温度计。分度值为 0.1℃。

③ 恒温水浴锅。(25±0.2)℃。

④ 其他实验室常用仪器。

按如下步骤进行电导率的测试：

① 调节水浴温度为 25℃，将装有待测液的烧杯放入水浴中，使其达到恒温。

② 根据所用仪器说明书要求进行操作，将仪器预热、调零、校正，准备测量。

③ 将仪器电极插入待测液，待稳定后记录读数，之后取出电极。

④ 重复步骤③3 次。

结果的计算：

电导仪三次读数的平均值即为待测液的电导率，单位为 mS/cm。

6.4.4.6 密度的测定

原理：利用重量法测量密度，通过测量固定体积电解液的质量，计算出电解液密度。

试验中使用的仪器和精度要求如下：

① 分析天平。精度为 0.0001g。

② 其他实验室常用仪器。

按以下步骤进行电解液密度的测试：

① 将 15mL 取样管清洗干净后置于烘箱内烘干，待温度冷却至室温备用。

② 用分析天平准确称量取样管质量，记为 m_1。

③ 用移液器准确移取 10mL 电解液，置于取样管中，再次称量电解液和取样管质量，记为 m_2。

电解液的密度按式(6-10)计算：

$$\rho = (m_2 - m_1)/V \tag{6-10}$$

式中，ρ 为电解液的密度，g/mL；m_1 为取样管的质量，g；m_2 为装有固定体积被测液体的取样管质量，g；V 为样品的体积，mL。

6.4.4.7　黏度的测定

原理：在 25℃恒定温度下，测定一定体积的电解液在重力作用下流过一支已标定的玻璃毛细管黏度计的时间，黏度计的毛细管常数与流动时间的乘积，即为电解液在该温度下的运动黏度。

试剂和溶液：

试验用乙醇(95%)溶液应符合 GB/T 679—2002《化学试剂乙醇(95%)》的要求。

试验仪器：试验使用的仪器及要求如下：

① 石油产品运动黏度测定仪。控温精度不得超过±0.1℃。

② 品氏黏度计。毛细管内径为 0.6mm，黏度计应符合 SH/T 0173—1992《玻璃毛细管黏度计技术条件》的要求并按 JJG 155—2016《工作毛细管黏度计检定规程》进行检定和常数确定。

③ 计时器。分度值不大于 0.1s 的秒表，其准确度应在 0.07%以内。

④ 其他实验室常用仪器。

按如下步骤进行电解液黏度的测试：

① 将黏度计依次用 95%乙醇和蒸馏水清洗烘干后，管口用滤纸包好后存放待用。

② 按 GB/T 10247—2008《粘度测量方法》的要求向清洁干燥的毛细管黏度计中装入试样。

③ 将装有试样的黏度计(见图 6-8)浸入温度为(25±0.5)℃的恒温黏度测定仪中，垂直固定，恒温至少 15min。

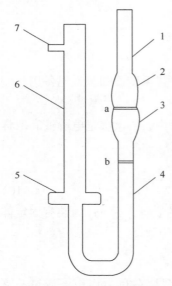

图 6-8　品氏黏度计示意图

1、6—管身；2、3、5—扩张部分；

4—毛细管；7—支管；a、b—标线

注：在固定速度计时，必须把黏度计扩张部分 2 浸没至少一半。

④ 将试样吸入扩张部分 2，并使吸入的待测液液面稍高于标线 a。

⑤ 让试样在重力的作用下自由流下，当液面正好到达标线 a 时，启动秒表开始计时，当液面达到标线 b 时，停止计时。

⑥ 重复④、⑤步骤至少 4 次，其中各次测定的流动时间与其算术平均值的差不应超过算术平均值的±0.5%。

⑦ 取不小于 3 次流动时间的算术平均值作为试样的平均流动时间。

结果计算：

在温度为 25℃时，试样的运动黏度 ν_{25} 按式(6-11)计算：

$$\nu_{25} = C \times \tau_{25} \tag{6-11}$$

式中，ν_{25} 为在 25℃下，试样的运动黏度，mm^2/s；C 为黏度计常数，mm^2/s；τ_{25} 为试样的平均流动时间，s。

6.5　液流电池电解液表征方法

6.5.1　核磁共振光谱学

核磁共振波谱法（NMR）是一种不可替代的方法，用于无损和详细的化学结构、分子动力学和浓度的研究。由于仪器的复杂性和尺寸，对能量和冷却的需求，产生的磁场的一般强度，测量的温度依赖性，以及液体核磁共振技术中氘化溶剂的普遍使用，使它成为一个典型的离线工具。但是，使用额外的设备也可以进行现场测量。

它的测量原理是基于核自旋的量子化，这导致相应的核能级在外部磁场中的分裂。由于不同原子核（相同元素）在其局部磁环境中有所不同，因此在核自旋激发到这些能级时，电磁波（无线电频率）的可探测共振吸收是不相等的。从这个吸收光谱中，操作者可以推断出分子的化学结构。如果使用内标，所有原子核相对于内标的浓度是可量化的。由于激发能量相对较低，该技术在环境温度下的灵敏度相当有限，导致不利的信噪比。

因此，测量所需的样品量相当高。虽然氢核是核磁共振波谱中最常用的参考核，但^{13}C、^{31}P、^{15}N、^{17}O、^{19}F 或 ^{51}V 等原子核也很常见，已经对电池的几种固态核磁共振技术进行了研究，液体核磁共振技术在这一研究领域的应用程度很低。

尽管如此，该技术可以提供有价值的信息，例如，关于有机基活性材料的电解质，这对于研究稳定性和结构相互作用极为重要。已经有团队综述了该技术在水系钒液流电池电解液中的应用，其他研究团队在水系和有机液流电池电解液中使用核磁共振的进一步示例。此外，核磁共振也被用于其他金属基液流电池电解液的研究。

6.5.2　紫外光可见分光光谱法

紫外光可见分光光谱法提供有限的结构信息，主要用于分析物浓度的测定。在 200～1000nm 的波长范围内，光子能量足以将一个价电子从已占据的分子轨道激发到未占据的分子轨道。在使用一组已知浓度的溶液对设备进行线性校准后，该吸收过程可用于根据比尔-朗伯定律（Beer-Lambert Law）确定（光学薄）溶液的浓度。该方法的简单性及其非破坏性使其易于作为在线工具实现（图6-9）。它广泛应用于钒基和有机基全钒液流电池电解质的浓度和 SOC 测量。一个问题是许多电解质组合物对感兴趣的波长表现出很强的吸光度，因此，需要适当的稀释或使用极薄的比色皿；另一个问题可能是溶液种类的相互作用，如络合作用，这可能导致强烈的非线性依赖。

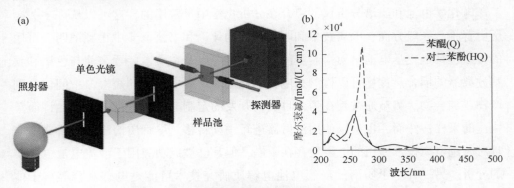

图6-9　（a）紫外光可见分光光谱装置的示意图；
（b）基于 9,10-蒽醌-2,7-二磺酸（AQDS）的有机电解质的紫外光可见光分光光谱[8]

6.5.3 红外和拉曼光谱图

红外光谱法（IR）同样适用于测定液流电池电解液的浓度。此外，波长从750nm到大约1mm，红外辐射能够激发分子偶极子的旋转和振动模式。这些模式使红外光谱提供了重要的结构信息，适用于研究电解质系统的组成和稳定性以及内部相互作用，该方法也用于浓度依赖性测量，如SOC测定。

拉曼光谱尽管基于不同的物理原理，但同样可以用于结构性研究，这些研究通常与红外光谱获得的研究相辅相成。该方法依赖于测量散射光和单色光源（通常是激光）入射光束之间的能量差。它经常用于固体表面（如电极或膜）的研究，但也适用于SOC测定以及获得有关VRFB电解质分子结构的信息。

6.5.4 质谱分析

质谱法（Mass Spectrometry，MS）是基于测量分子或原子粒子的质量和离子电荷之比的方法。为了测量，首先将样品电离。随后，产生的离子被电场加速，并在磁场中分离。然后，检测器对一定质量增量的部分进行量化。在电离过程中，分子键趋于断裂（断裂），从而产生有关分析物分子结构的进一步信息。然而，对于物质混合物，碎片化过程增加了数据解析的复杂性，使得将碎片分配给特定物质变得困难。因此，该方法的价值可以通过增加一个物质分离步骤来大幅提高，通常通过在电离器之前安装色谱柱［气相色谱（GC）或液相色谱（LC）］来实现。色谱柱和载体介质必须适合所研究的物质。

电化学电池和质谱分析仪的组合在分析化学中是常用的，这可以从许多关于历史背景、一般方面、电离技术和电池设计的评论和书籍章节中得到证明。可用的方法包括电化学电池与质谱装置的直接耦合，以及在质谱装置之前与色谱和膜基分离器的耦合。这样可以检测在电极氧化还原反应中形成的短寿命中间体、副产物或加合物。测量通常是在为此目的而开发的定制电池中进行的，这允许简单快速的采样；然而，也可以使用注射器进行手动转移。尽管质谱法的设备成本高且对所选电离技术适用的电解质存在限制，但其已被成功应用于液流电池电解质的分析。另一种基于质谱的液流电池电解质研究技术可能是电感耦合等离子体（ICP）-质谱装置。在这项技术中，电解液在高温等离子体中蒸发，使样品完全电离。这项技术对金属基活性物质特别有趣，可以定量测定活性物质和杂质。它最近被用于VRFB电解质的痕量金属分析和Zn/Ce-RFB电解质中铈的测定。然而，它很少被使用，并与产生类似结果的原子吸收光谱（AAS）和原子发射光谱（AES）等方法竞争。

6.5.5 原子光谱分析

原子吸收光谱法中，光被生成的原子吸收，由辐射光波强度减弱的程度，可以求出样品中待测元素的含量。而原子发射光谱法系统则利用在高温下激发的光来研究物质的化学组成。

使用这些技术，只有样品中元素的总量是可检测的，而不管其在所用电解质中的氧化还原状态。例如，采用电感耦合等离子体发射光谱法（ICP-AES）测定全钒液流电池。

6.5.6 电子自旋共振光谱

电子自旋共振（或电子顺磁共振，EPR）光谱法与核磁共振技术相当，但依赖于样品中未配对电子的自旋。因此，它对有机自由基（如氨基自由基）以及许多处于不同氧化态的 d 族金属都很敏感。该方法经常用于固体材料的表征（如在具有固体活性材料的电池中），但也适用于液体样品。据报道，液体电解液的电子顺磁共振谱图测量是在金属基电解液中进行的，优先用于全钒液流电池的膜渗透性测试，但也用于结构和稳定性研究。同样，对有机基活性材料在各种电解质体系中的稳定性也进行了研究。它也用于 SOC 测量。由于信噪比低，测量误差会比较大。此外，对于具有几个未成对电子的物质（如高自旋金属配合物）或与核自旋相互作用的物质，电子自旋共振光谱的解释可能很困难。

6.5.7 氧化还原滴定

滴定是确定溶液中氧化还原活性物质浓度的典型离线工具，因此适用于液流电池电解质表征。将已知浓度的滴定溶液，其中包含与分析物发生确定反应的分子，加入分析物溶液中。分析物的浓度可以由加入的滴定剂的精确体积得到，直到反应达到平衡点，常用的滴定技术包括滴定法、碘量法和高锰酸钾法。平衡点由溶液的颜色变化或相对于参比电极测量的电位变化来表示（电位测定法）。这种滴定是对无机活性物质及其有机对应物进行的。此外，其他滴定技术，如酸碱滴定法用于碱性电解质的表征。滴定消耗分析物，因此，代表典型的非原位工具。检测误差变化很大，取决于滴定技术、滴定剂浓度、操作人员（仅用肉眼检测等当点时)和所使用的设备。尽管如此,它仍然是一种可靠的工具,例如用于全钒液流电池电解液的非原位 SOC 和 SOH 分析。

6.5.8 元素分析

元素分析(EA)是有机化合物组成分析的经典表征工具。传统的 EA 首先使用纯氧对样品材料进行化学燃烧,然后使用气相色谱仪(GC)分离生成的挥发性氧化物。因此,样品被完全消耗掉了。EA 强烈地局限于有机物质的分析。一些无机离子确实可能干扰测量,这使得添加剂和催化剂必须用于测量含有通常用于支持电解质(如钠)的离子的液流电池电解液。此外,必须精确地知道物质的质量,因此,样品通常以干固体的形式提供。

因此,任何液流电池电解液样品在分析之前都需要除去溶剂。特别是对于基于有机活性材料或支撑性电解质的电解质,该方法可以提供有价值的信息。例如,它能有效测量全钒液流电池电解液中有机残留物含量。

6.6 铁铬液流电池电解液工程化现状

铁铬液流电池电解液是液流电池储能系统的关键组成部分,其原材料性质不仅直接决定了系统的能量密度和储能性质,电解液的原材料成本更是占据整体储能系统成本的主要组成部分。因此推动电解液高质量工程化发展是铁铬液流电池降本增效的重要手段。

目前铁铬液流电池电解液的工程化配置方法大致分为两种:一种是铬铁矿法制备固体电解质,另一种是铬酐法制备液体电解液。其中铬铁矿生产电解液的方法主要是从铬铁矿石出发,通过酸溶、除杂、过滤、冷却结晶、离心后获得成品的固态电解质。该方法具有工艺路线简单、成本低廉的特点,因为其从整体的反应流程来看不涉及复杂的化学反应;步骤简便,能够节省反应所需的器材成本,并同时减少母液的损耗率,增加结晶率;固体电解质相对于液体电解液在运输角度方面能够极大减少运输成本,因此目前铬铁矿法正被广泛研究。然而铬铁矿法制备电解液同样存在着一些问题。第一个问题在于铬铁矿法制备电解液性能强烈受制于原材料的各项元素含量,这会导致不同批次电解液的理化性能不可控。由于铬铁矿法制备电解液的原材料为铬铁矿,而铬铁矿石中的主要成分含量及杂质种类和含量都是不可控的,因此每批制得的固体电解质成分和杂质含量都是难以控制的。这会导致如下问题：①生产所得的固体电解质主要成分含量不可控，需要进行二次复配，从而提高成本；②生产所得固体电解质杂质含量不可控，为了降低电解液杂质含量因此需要强化原材料选择及除杂工艺，强化对铬铁矿原材料的选择意味着原材料成本大幅增加，而加强除杂工艺意味着需要牺牲更多母液，降低母液利用率，从而增加成本。第二个问题在于铬铁矿路线中会释放较多的有害气体，因此生产工艺对于尾气吸收的要求较高。铬铁矿路线在酸溶过程中会产生氯气、氯化氢等有害气体，在除杂过程中会产生含硫气体(硫化氢等)，这些气体对人体有害，因此需要加装尾气吸收装置来净化尾气，因此会导致整体生产成本的上升，同样地，这些强氧化还原性气体会使泵选型、管路选型的压力增大，同样也会提高部分成本。综上所述，目前铬铁矿路线制备铁铬液流电池电解液仍然处于研发阶段，如何能够解决工业级别高效除杂和尾气吸收的问题是目前铬铁矿路线研究人员所重点关注的问题。

铬酐法制备液体电解液是目前相对更为成熟的一种制备电解液的方法，目前通过该方法所制备得的电解液已被应用在铁铬液流电池示范项目中。铬酐法制备电解液采用铬矿作为原材料，在纯碱氛围下进行富氧煅烧获得铬酸钠，铬酸钠通过浸取酸化进一步获得红矾钠，红矾钠在浓硫酸的环境下在高温下反应获得铬酐，铬酐进一步与盐酸和还原剂反应生成氯化铬原液，氯化铬原液和以还原铁粉为原材料生成的氯化亚铁、盐酸进行复配从而获得电解液。铬酐法制备电解液的优势在于其杂质较少，由于其原材料以较高纯度的铬矿为主，反应全程不引入新的除杂剂和其余杂质，所分离过程同样采用密度差为原理来进行分液，因此不会引入其余杂质。另一个优点是所制备获得的电解液浓度可控，由于铬酐路线制备电解液从氯化铬液体、氯化亚铁液体和盐酸液体所复配所获得，因此其所获得的电解液浓度可控，能够随产品迭代而迅速变化。然而铬酐法制备电解液目前依然存在缺陷。第一个问题在于铬酐法制备电解液成本较高，其高成本主要体现在以下几个方面：①铬酐产出率较低，由于铬酐法其中涉及多步分离和结晶步骤，因此母液利用率低，从而导致铬酐的产出率低；②复配获得的电解液运输成本高，电解液作为液体需要采用特制容器进行输运，因此对于长距离运输会大大提升其成本，目前铬酐法制备电解液通常会在铁铬液流电池示范项目周围配套建设电解液生产厂用来降低运输成本，而这无疑使成本有较大负担。第二个问题在于铬酐法路线中会涉及三价铬离子向六价铬离子的转变，而六价铬离子对人体有剧毒，即便后续采用使用还原剂的方式将六价铬离子还原同样可能会产生部分残留，因此需要对还原剂的用量有一个严格的控制。第三个问题在于铬酐法路线中还原阶段可能会涉及部分有机物的引入，从而提升电解液中的总碳含量，可能会对电解液的性能带来未知的影响。目前铁铬液流电池电解液的杂质研究通常聚焦于无机离子中，然而对于有机物质对电解液的物化性能影响尚不明确，因此目前需要明确有机物对于铁铬液流电池电解液性能的影响。总的来说，目前铬酐法在技术上处于成熟阶段，然而如何做到降低成本的同时提高电解液的性能是铬酐法目前所面临的最重要的问题。

目前，中海储能已和陕西省商南县东正化工有限公司（东正化工）在电解液方面建立深度战略合作关系。东正化工主要从事基础铬化学品、新能源、新材料、石油助剂的研究开发。东正化工制备电解液的方法仍然采用铬酐法，优势在于其制备铬酐原材料并不使用铬矿，而是使用含铬废物作为原材料进行制备，因此可以大大降低电解液的生产成本。此外，东正化工目前拥有丰富的专利技术，包括铬矿的富氧焙烧，通过向回转窑内通入适量氧化剂，从而增加铬矿氧化的比例，这可以大大提高铬矿原材料的利用率，从而大大降低成本。目前东正化工面对铁铬储能的发展，积极做出产业布局。其拥有陕西省商洛市储能工程技术研究中心和储能研究试验中心，与中海储能合作开发的电解液放大生产线产能已达 3 万 m^3/a。其目前拥有较为完备的电解液研发团队，将致力于电解液逐步降本研究、各基地设计及问题解决方案。

铁铬液流电池电解液未来工程化开发的方向首先是要确定各项无机离子的容忍度，因为无机离子的容忍度将直接影响除杂工艺的各项参数和除杂成本。因此需要尽快确定各项无机离子的容忍度从而制定工业化除杂的要求，在制定的同时需要考虑电解液性能和除杂成本之间的平衡关系。部分杂质去除所需成本较大，因此在这时将有必要牺牲部分电解液性能来实现成本的最优化。其次，是要优化现有的工艺路线。铬铁矿路线和铬酐路线目前各有利弊，总的来说二者都要进一步优化自身工艺，从各项工艺参数方面实现电解液性能和成本的多维优化目标。第三，是要开发新一代的新体系的铁铬液流电池电解液。由于目前铁铬液流电池具有电流密度低的问题，而目前以盐酸水溶液作为支持溶液的电解液无法支持更多活性物质的溶解，因此无法实现更高电流密度的需求。因此，需要优化现有的体系，寻找新的支持介质从而实现铁铬液流电池电解液的高功率密度发展。最后，是要开发新一代的铁铬液流电池电解液催化剂。目前常用的电解液催化剂通常以铋、铟、铅等无机金属离子为主，在此基础上，下一代催化剂将需要考虑到离子间的协同效应，除了金属催化剂离子电镀效应外，还需要考虑到离子间的配位络合关系从而改善电池的电化学性能，从而以此为根本思路来进行下一代电解液添加剂的开发。铁铬液流电池的发展目前正处于商业化示范阶段，并且正在迅速发展，而电解液作为其关键材料，也需要跟上发展的脚步，从而支撑铁铬液流电池的工业化进步。

参 考 文 献

［1］　Wei L, Fan X Z, Jiang H R, et al. Enhanced cycle life of vanadium redox flow battery via a capacity and energy efficiency recovery method［J］. Journal of Power Sources, 2020, 478: 228725.

［2］　Lu M Y, Deng Y M, Yang W W, et al. A novel rotary serpentine flow field with improved electrolyte penetration and species distribution for vanadium redox flow battery［J］. Electrochimica Acta, 2020, 361: 137089.

［3］　Chen H, Cong G, Lu Y C. Recent progress in organic redox flow batteries: Active materials, electrolytes and membranes［J］. Journal of Energy Chemistry, 2018, 27(5): 1304-1325.

［4］　Kim Y S, Oh S H, Kim E, et al. Iron-chrome crossover through nafion membrane in iron-chrome redox flow battery［J］. Korean Chemical Engineering Research, 2018, 56(1): 24-28.

［5］　Wang S, Xu Z, Wu X, et al. Analyses and optimization of electrolyte concentration on the electrochemical performance of iron-chromium flow battery［J］. Applied Energy, 2020, 271: 115252.

［6］　Selverston S, Nagelli E, Wainright J S, et al. All-iron hybrid flow batteries with in-tank rebalancing［J］. Journal of the Electrochemical Society, 2019, 166(10): A1725.

［7］　Zeng Y K, Zhou X L, Zeng L, et al. Performance enhancement of iron-chromium redox flow batteries by employing interdigitated flow fields［J］. Journal of Power Sources, 2016, 327: 258-264.

［8］　Nolte O, Volodin I A, Stolze C, et al. Trust is good, control is better: a review on monitoring and characterization techniques for flow battery electrolytes［J］. Materials Horizons, 2021, 8 (7): 1866-1925.

第 7 章　液流电池再平衡

7.1　再平衡技术的提出

在液流电池中，活性物质一般以离子形式溶解在液态电解液里。正负极电解液储存在外部的储液罐里，当电池运行时，正极电解液和负极电解液被分别驱动输送到正极和负极发生电化学反应以储存或释放电能。按不同活性物质分类，现有的液流电池主要包括全钒液流电池、铁铬液流电池、锌溴液流电池等。这些液流电池负极的氧化还原电对[包括 V(Ⅱ)/V(Ⅲ)、Cr(Ⅱ)/Cr(Ⅲ)、Zn/Zn(Ⅱ)电对等]的标准电极电势一般小于 0V(vs SHE)，充电时负极产生析氢现象，在电池长期运行过程中，正极电解液荷电状态会逐渐升高，导致正极电解液和负极电解液的荷电状态不匹配，造成电池容量衰减；同时，负极析出的易燃易爆的氢气，聚集在封闭的储液罐中，造成了一定的安全性隐患。

再平衡系统可以调整铁铬液流电池正负极电解液的荷电状态，解决电解液衰减问题，有效恢复电池容量。在铁铬液流电池中，阳极活性物质是电解液中的 Cl^-，而阴极活性物质是铁铬液流电池正极活性物质的氧化态 Fe^{3+}。通过运行再平衡装置，正极电解液中的高价铁离子得电子，再平衡电解液中的氯离子失电子，从而恢复铁铬液流电池容量。

中国石油大学(北京)液流电池研发团队经过近年来的理论研究与现场实践，主要取得了如下创新成果：

构建再平衡系统调节铁铬液流电池正负极电解液的荷电状态，有效恢复电池容量，延长电池的寿命。开发智能化控制系统，用于数据驱动型管控铁铬液流电池储能系统。该系统采用先进的开发平台和技术思路，并结合铁铬液流电池的长期运行环境、运行条件和运行特征等因素。设计了基于智能化控制技术的铁铬液流电池数据采集和控制装置，以及基于精确 SOH 算法的电解液智能化再平衡装置。最终实现了适配铁铬液流电池长时储能的集成化、智能化管控系统，满足了低成本、大规模、长时、智能闭环优化控制的需求。

为提升铁铬液流电池寿命，解决铁铬液流电池反应过程中的能量易衰减问题，研发再平衡系统，利用调节液流电池正负极电解液的电荷状态，恢复电池容量。采用电解还原三价铁的方法，用于平衡系统工作时因析氢造成的正负极价态失衡。同时补充电解液因析氢副反应所降低的 H^+ 离子浓度。在 800W 电堆系统中衰减率达 77.9% 的时候采用再平衡工艺，使其恢复容量，衰减率恢复到近 120%。

数据驱动型智能化管控技术通过数据驱动的铁铬液流电池控制过程生产工艺参数确定。团队通过深入理解铁铬液流电池生产工艺和多年实践经验，应用大数据和深度学习算法，开发了一个系统控制参数和策略的模型。该模型可以精确计算铁铬液流电池的健康状态(SOH 值)，并实现电解液的自动化、智能化再平衡。

铁铬液流电池再平衡系统包括平衡储罐、再平衡电池、直流电源、第一进液管、第一出液管、第一泵、第二进液管、第二出液管和第二泵。直流电源设在再平衡电池上，第一进液管和第一出液管均连通设置在平衡储罐和再平衡电池的正极之间，第一泵设在第一进液管和/或第一出液管上，第二进液管和第二出液管均连通设置在正极储罐和再平衡电池的负极之间，第二泵设在第二进液管和/或第二出液管上。本发明的铁铬液流电池再平衡系统降低了成本，无需频繁补充有效活性物质，实现了对电解液中氢离子的补给。

7.2　再平衡技术发展

通过优化电池结构，可以减少负极析氢反应对铁铬液流电池稳定性的不良影响，并消除氢气析出带来的安全隐患。Zeng 等[1]提出了一种再平衡电池结构，利用负极析氢反应产生的氢气来还原正极电解液中过量的 Fe^{3+}。再平衡电池结构如图 7-1 所示，使用导管将产生的氢气和氮气混合导入正极，还原过量的 Fe^{3+}，实现电池结构的再平衡。实验结果显示，再平衡电池中氢气氧化反应的交换电流密度与氢浓度的平方根成正比。当氢浓度为 5%，流速为 100mL/min 时，再平衡电池中氢气利用率接近 100%，减少了析氢反应对电池稳定性和安全性的影响。

中国科学院大连化学物理研究所在 1992 年成功开发出 270W 的小型铁铬液

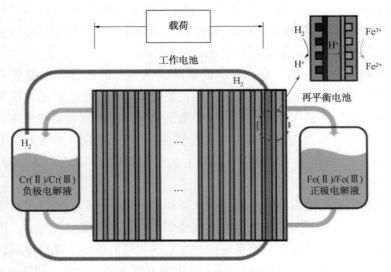

图 7-1　氢-铁离子再平衡电池示意图

流电池电堆。选用经简单碱处理的聚丙烯腈碳毡作惰性电极。在电池运行之前，将溶于铬反应液中的铅和铋沉积到碳毡上，用以提高碳毡电极的催化活性，并抑制析氢副反应。经循环伏安法和电极面积分别为 $80cm^2$ 和 $500cm^2$ 单电池的实验证明，用上述方法制备的铬电极不但制法简单，而且活性高、稳定，其析氢副反应也小。为防止电池系统经多次充放电由铬电极析氢而导致的铁铬溶液不平衡，利用燃料电池的多孔气体扩散电极组装出铁氢再平衡电池，该电池正负极反应方程式分别见式(7-1)、式(7-2)：

$$Fe^{3+}+e^- \longrightarrow Fe^{2+} \tag{7-1}$$

$$H_2 \longrightarrow 2H^+ + 2e^- \tag{7-2}$$

并且参考美国、日本的 1kW 铁铬氧化还原储能电池系统(均由 2 个或 4 个电池组串并联结构的设计)，组装了一个平均功率为 270W 的电池系统。图 7-2 为电池组组装结构示意图。

研制的室温(28℃)运行的铁铬液流电池系统，电流效率达 93%，电压效率 78%，能量效率 72%。电池系统的电流效率、电压效率和能量效率在近 120 个充放电周期内稳定无衰减。并且通过分析表明在电池设计时应尽量减少漏电电流。

目前，由中国石油大学(北京)联合中海储能科技(北京)有限公司共同开展提升铁铬液流电池寿命的研究，开发创建再平衡系统，解决了铁铬液流电池在工作过程中氢气析出导致的正负极价态不平衡问题。该系统通过控制电解液中的三

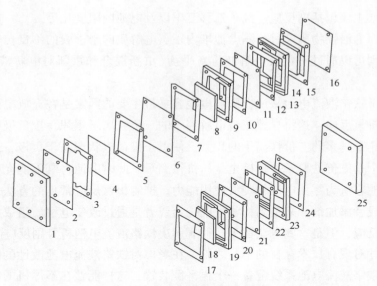

图 7-2 电池组组装结构示意图

1、2、6—夹板；25—再平衡电池氢极板；3、5、7、10、12、15、17、20、22、24—橡皮垫；
4—再平衡电池氢极；6、16—质子交换膜；8、14、18—碳毡；9、13、19、23—间隔片(板框)；11、21—双极板

价铁离子还原程度和正负极之间的价态平衡可以恢复由副反应引起的容量衰减。中海储能公司成功开发了"中海一号"100kW/400kW·h铁铬液流电池新型储能系统，解决了其中一些难题，包括抑制铬的负极析氢副反应、反应活性低、能量衰减快和寿命短。这些问题的改善使"中海一号"性能显著提升，成本也进一步降低，实现了大规模液流电池长期储能向电网高效利用的目标。

7.3 铁铬液流电池再平衡技术

铁铬液流电池的基本结构是正极腔和负极腔以离子选择性透过膜隔开，正极腔和负极腔内分别流动着正极电解液和负极电解液。正负极电解液中的氧化还原电对分别为 Fe^{2+}/Fe^{3+} 和 Cr^{2+}/Cr^{3+}。与目前常用的磷酸铁锂电池和三元锂电池等类型储能技术产品相比，液流电池将液体电解质存储在外部，储能介质为水溶液，具有安全性高、循环寿命长、生命周期性价比高等优势。铁铬液流电池储能系统工作电堆在工作过程中，由于隔膜渗透、副反应、环境温度波动等因素会导致系统正负极电解液罐中 Fe^{3+} 与 Cr^{2+} 的价态失衡，电池的容量发生下降，从而影响储能系统的稳定可靠运行。正是由于液流电池自身的特性，液流电池储能系统的电池容量会随着充放电次数的增加而发生不同程度的衰减。导致液流电池容量

衰减的因素主要包括副反应、离子迁移互串以及电池内阻变化等。

若是因为活性物质穿过分隔电池堆内正负电解质的半透膜的不良传输导致容量衰减,则可以通过正负极电解液重新平衡(重新混合和重新对电解液充电)来解决。

而对于铁铬液流电池来说,影响电池容量最主要的因素是在充放电过程中负极发生的析氢反应,这将导致正极电解液中的三价铁离子累积,正负极电解液失衡,随着越来越多的三价铁离子的积累,使得正极荷电状态高于负极,最极端情况是正极全是三价铁离子,负极全是三价铬离子。此时电池将既不能充电又不能放电,电池容量为零,电池将丧失使用能力。抑制析氢反应常见的方法是通过加入催化剂或者添加剂,来提高析氢过电位,或者是通过改变电解质组成等方法来抑制析氢反应,但是这些方法都无法彻底解决铁铬液流电池析氢副反应的发生。

所以针对现有技术存在的不足之处,在考虑对铁铬液流电池改性的同时,需要考虑给铁铬液流电池系统配备一个再平衡装置,这样能够在不停机的情况下在线恢复铁铬液流电池由于析氢副反应导致的容量衰减,提高铁铬液流电池的寿命。再平衡电池本质是一种可充电式燃料电池,以再平衡电解液罐为阳极,能够实时平衡液流电池正负极电解液荷电状态并恢复电池容量。常见的方法为补偿容量衰减和重新平衡电解质,还有人提出利用副反应析出的氢气与带电荷的正极电解质反应,使其容量恢复。铁铬液流电池再平衡系统的整体结构示意图如图 7-3 所示。

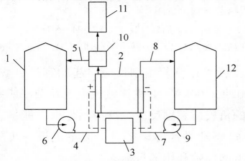

图 7-3　铁铬液流电池再平衡系统的整体结构示意图

1—平衡储罐;2—再平衡电池;3—直流电源;
4—第一进液管;5—第一出液管;6—第一泵;
7—第二进液管;8—第二出液管;9—第二泵;
10—气液分离器;11—第一吸收塔;12—正极储罐

平衡储罐用于存储盐酸溶液,平衡储罐即为存储盐酸溶液的存储罐体。

再平衡电池相当于铁铬液流电池中的一个电池堆,平衡储罐内的盐酸溶液和铁铬液流电池中正极储罐内的正极电解液可以在再平衡电池内发生电解反应,从而使得正极电解液中剩余的三价铁离子可以被还原为二价铁离子,同时,盐酸溶液中的氯离子被氧化成氯气。

直流电源设在再平衡电池上,直流电源能够向再平衡电池内通电,通电后,三价铁离子能够在直流电源的负极获得电子,并被还原为二价铁离子,氯离子则会在直流电源的正极丢失电子，并被氧化为氯气，从而实现三价铁离子和氯离子的电解反应。

第一进液管的一端与平衡储罐连通，第一进液管的另一端与再平衡电池的正极连通，第一出液管的一端与再平衡电池的正极连通，第一出液管的另一端与平衡储罐连通，第一进液管用于供盐酸溶液从平衡储罐流入再平衡电池的正极，第一出液管用于供盐酸溶液从再平衡电池的正极回流至平衡储罐。平衡储罐、第一进液管、再平衡电池的正极、第一出液管形成供盐酸溶液循环流动的环路（以下称为第一环路）。

第一泵设在第一进液管和第一出液管上，第一泵用于驱动盐酸溶液在第一进液管、再平衡电池的正极、第一出液管、平衡储罐形成的回路上循环流动。具体地，在再平衡系统中第一泵主要用于在上述第一环路内产生泵送盐酸溶液的泵送压力，第一泵既可设在第一进液管上，也可设在第一出液管上，在其他一些实施例中，为了增强泵送压力，第一进液管和第一出液管上也可以均设置有第一泵。

第二进液管的一端与正极储罐连通，第二进液管的另一端与再平衡电池的负极连通，第二出液管的一端与再平衡电池的负极连通，第二出液管的另一端与正极储罐连通，第二进液管用于供正极电解液从正极储罐流入再平衡电池的负极，第一出液管用于供正极电解液从再平衡电池的负极回流至正极储罐。正极储罐、第二进液管、再平衡电池的负极、第二出液管形成供正极电解液循环流动的环路（以下称为第二环路）。

第二泵设在第二进液管和/或第二出液管上，第二泵用于驱动正极电解液在第二进液管、再平衡电池的负极、第二出液管、正极储罐形成的回路上循环流动。具体地，在再平衡系统中第二泵主要用于在上述第二环路内产生泵送正极电解液的泵送压力，第二泵既可设在第一进液管上，也可设在第二出液管上，在其他一些实施例中，为了增强泵送压力，第二进液管和第二出液管上也可以均设置有第二泵。

7.3.1 现有再平衡技术

（1）燃料电池类放电型再平衡电池

燃料电池类放电型再平衡电池是利用 H_2 和 Fe^{3+} 分别作为阳极和阴极活性物质，构建的一个可以自发放电的燃料电池系统。放电时，阳极 H_2 被氧化，失电子，阴极 Fe^{3+} 得到电子被还原，同时生成 Fe^{2+}，使正极电解液荷电状态降低，使得铁铬液流电池容量恢复，放电型再平衡电池示意如图 7-4 所示。此类技术路线的优点是，无有毒中间产物生成，无需消耗额外电能。但此技术所需的氢气氧化（HOR）催化剂多为 Pt 等贵金属催化剂，这类催化剂在强酸、强氧化条件下长期稳定性较差，容易被腐蚀变成离子进入电解液，进而对电解液造成污染。反应方程式如下：

$$Pt+2Fe^{3+}+4Cl^- \longrightarrow PtCl_4^{2-}+2Fe^{2+} \tag{7-3}$$

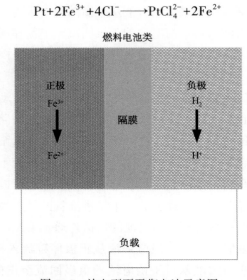

图 7-4　放电型再平衡电池示意图

此类再平衡方案为避免 Pt 类贵金属腐蚀溶解的问题，需要有针对性地开发非贵金属 HOR 催化剂。现有的碳化钨、氮化镍等非贵金属 HOR 催化剂存在着长期稳定性不理想，被腐蚀溶解后产生的钨、镍等金属离子可能会污染电解液等问题。比较理想的催化剂类型是氮、硼、磷等非金属元素掺杂的碳材料催化剂。此类催化剂的稳定性较好，即使被腐蚀所产生的副产物也只是一些气体或无机酸，不会污染电解液。目前，这类催化剂被报道对氧气还原（ORR）等反应有一定催化活性，但对 HOR 的催化活性尚无报道。

（2）电解池类充电型再平衡电池

电解池类充电型再平衡电池相较于燃料电池类放电型再平衡电池无需使用 Pt 等贵金属催化剂，可直接通过电解池实现对 $FeCl_3$ 溶液的电解，阴极 Fe^{3+} 获得电子被还原成 Fe^{2+}，使正极电解液荷电状态降低，而阳极 Cl^- 失去电子被氧化生成氯气，生成的氯气与铁铬液流电池负极累积的氢气，进行光照催化气相反应生成 HCl，溶于水，变回氢离子和氯离子，系统回归平衡，如图 7-5 所示。

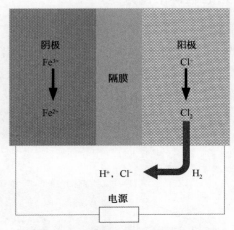

图 7-5　充电型再平衡电池示意图

20 世纪 80 年代，NASA 的研究人员对该电解 $FeCl_3$ 的再平衡技术路线进行了测试，他们通过 KOH 吸收 Cl_2 和补充 HCl 的方法来替代 H_2-Cl_2 光照气相反应，测试系统如图 7-6 所示。在长达两年多的运行测试时间内未发现有性能衰退、其他副反应等不良现象，测试结果表明 $FeCl_3$ 电解池运行稳定。

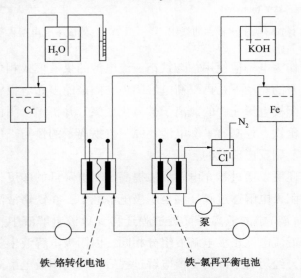

图 7-6　NASA 电解 $FeCl_3$ 再平衡装置示意图

由图 7-7 可知，当充电电压为 $0.7\sim0.8V$ 时，$FeCl_3$ 电解池可以有效地电解产生氯气，同时阴极的三价铁离子被还原为二价铁离子。

7.3.2　低成本充电型再平衡系统的提出

对于以上两种再平衡方案，存在着成本高、安全性较差等问题，于是研究者进一步提出了低成本的充电型再平衡系统（见图7-8）。提出了一种采用电解还原三价铁的方法，以平衡铁铬液流电池在工作过程中因析氢造成的正负极价态失衡。系统组成与铁铬液流电池类似，主要由电解堆、阳极电解液、阴极电解液（即需要平衡的正极电解液）、氯气吸收装置、盐酸补充装置组成。

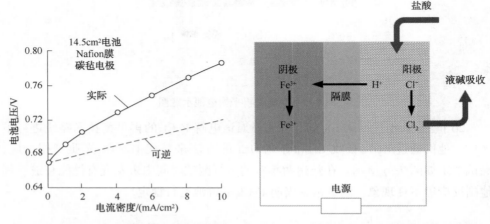

图7-7　NASA FeCl₃电解池极化特性曲线图　　图7-8　低成本充电型再平衡系统示意图

再平衡电堆作为电解池使用，与铁铬液流电池的供液模式相似，阳极电解液与阴极电解液在泵的驱动下在再平衡电堆阴极和阳极的多孔电极中循环，向再平衡电堆充电时，阳极电解液中的氯离子被氧化成氯气并析出，阴极电解液中的三价铁被还原成二价铁。控制再平衡电池还原三价铁离子的量与正负极价态失衡的量相当，从而恢复副反应造成的容量衰减。

再平衡系统还可以通过补充电解液来提高因析氢降低的酸度，再平衡电堆充电时，氢离子从阳极电解透过膜迁移至阴极电解液中，在铁铬液流电池阴极电解液（即其正极电解液）中的氢离子又透过膜迁移到负极电解液中。电解池阳极液初始状态与铁铬液流电池正极电解液组分相同，因阳极电解液中氢离子浓度及氯离子浓度均降低，经历若干次再平衡电解过程后，需向阳极电解液中补充盐酸以弥补析出的氯气和迁移出的氢离子。

电解池阳极、氯气吸收装置和管路系统（包括泵等）需要耐湿氯气腐蚀。在设计再平衡电堆时，需要考虑所有材料对Cl₂的耐腐蚀性以及密封性。电解池集流板可以考虑石墨板，隔膜使用全氟磺酸隔膜，电极采用石墨毡等高度石墨化的碳材料，密封材料使用氟胶或聚四氟乙烯材料，进出口接头考虑聚四氟乙烯材料、聚偏氟乙烯材料等。

对于液流电池的再平衡装置来说，再平衡电流密度是一个关键的性能参数。高的再平衡电流密度表明设备的再平衡能力更高，设备成本更低。尽管国内外已经有研究机构对再平衡系统（见图7-9）进行研究，但是效果都不理想，无法在高电流密度的情况下对液流电池进行容量再平衡。中国石油大学（北京）联合中海储能科技（北京）有限公司，首次提出在高达 $140mA/cm^2$ 的电流密度下对铁铬液流电池进行再平衡，使得液流电池容量恢复，解决了由于能量衰减导致的大电堆循环寿命下降问题，有效保证了电堆深充深放性能的同时压缩了液流电池再平衡装置的成本，进而降低了整个液流电池储能装置的运行成本。

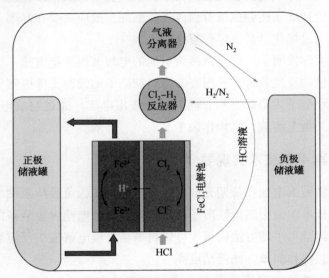

图 7-9　再平衡装置运行示意图

7.4　全铁液流电池再平衡技术

液流电池将电能储存在具有氧化还原反应活性的电解液中，是一种新兴的大规模储能技术。液流电池储能技术应用场景基本包含了所有储能应用场景，在集中式新能源（风力发电和光伏发电）、电源侧辅助服务、电网侧储能和用户侧（工商业用户）等领域具备广阔的应用前景。以集中式新能源领域为例，液流电池发挥减少弃电、削峰填谷、平滑出力、跟踪预测曲线和改善新能源无功电压特性等功能，一般配置 1~500MW，放电时长 2~10h。全铁液流电池因为其廉价的原材料而广受关注。全铁液流电池正负极均采用铁离子作为电解液活性物质，正极将 Fe^{2+}/Fe^{3+} 作为氧化还原电对，负极将 Fe/Fe^{2+} 作为氧化还原电对，而且全铁液流电池所需的电解液活性物质价格低廉。全铁液流电池在长期充放电循环过程中，由于负极析氢副反应、可逆性差等原因，导致正极电解液中高价铁离子放电不完全，引起正极电解液失衡，最终导致电池容量衰减，影响电池的性能。

针对上述问题，美国 EES 技术有限公司公开了一种用于再平衡液流电池系统的电解质的方法和系统（CN110574200A），再平衡反应器包括：氢气流过的第一侧，来自液流电池系统的电解质流过的第二侧，以及分隔第一侧和第二侧并与第一侧和第二侧流体耦接的多孔层，其中，氢气和电解质在多孔层的表面流体的接触反应将高价铁离子还原成低价铁离子。然而，反应需要在高温、高压条件下进行，且氢气为易爆化学品，操作复杂。

北京化工大学发明了一种全铁液流电池的电解液再平衡方法，构筑了可以再平衡正极电解液的反应装置，采用富含高价铁离子的失衡正极电解液为阴极电解液，液态有机小分子为阳极燃料，同时还能放出电能。通过对放电电量的控制，可以精准再生失衡电解液，且操作简单、安全、高效。

7.4.1 再平衡技术实现要素

为解决全铁液流电池在长期充放电循环过程中，因负极析氢副反应、可逆性差等，引起正极电解液中高价铁离子累积，最终导致电池容量衰减的难题，全铁液流电池的电解液再平衡方法构筑了可以再平衡正极电解液的反应装置，同时还能放出电能，且操作简单，调控精度高。

全铁液流电池的电解液再平衡反应装置包括全铁液流电池的正极失衡电解液、再平衡反应器、有机小分子液态阳极燃料、阳极燃料储罐、管路及泵。再平衡反应器包含阳极端板、阳极、隔膜、阴极、阴极端板。有机小分子液态阳极燃料可以为甲酸及其盐、醋酸及其盐、草酸及其盐、甲醇、乙醇中的一种或两种以上，支持电解液为常用的酸、碱和盐中的一种或两种以上。

所述的全铁液流电池的电解液再平衡方法，其特征在于，再平衡反应器的阳极端板和阴极端板可采用不锈钢、铝、钢等材质中的一种；阴极和阳极可以采用碳毡、碳纸、碳布中的一种；隔膜可以选择具有阳离子交换能力的隔膜或具有阴离子交换能力的隔膜；有机小分子阳极燃料的浓度为 0.1~10.0mol/L；有机小分子阳极燃料的支持电解质可以为硫酸、盐酸、硝酸、氯化钠、氯化钾、硫酸钠、硫酸钾、硝酸钠、硝酸钾、氢氧化钠、氢氧化钾、氢氧化锂中的一种或两种以上，支持电解质的浓度为 $0.1\sim8mol/L$；再平衡反应器可以在室温至 $80℃$ 内工作，且具有可以移动性；失衡电解液和阳极燃料液的流速为 $0.1\sim300mL/(min\cdot cm^2)$；有机小分子阳极燃料有可能微量渗透到阴极失衡电解液中，但会与高价铁离子发生反应，被氧化为二氧化碳和水，不会引入新的杂质。

7.4.2　再平衡技术优点

与现有技术相比，全铁液流电池的电解液再平衡方法构筑了可以再平衡正极电解液的装置，失衡电解液中高价铁离子被还原为低价铁离子并返回到全铁液流电池的正极储罐，有机小分子阳极燃料被氧化成二氧化碳和水，不会引入新的杂质，同时再平衡反应器放出电能，通过控制流经反应器中有机小分子阳极燃料的量及其反应量，可以实现对全铁液流电池失衡电解液精准调控与再生，同时再平衡反应器还能放出电能，操作简单、灵活、精度高。全铁液流电池的电解液再平衡装置结构示意如图 7-10 所示。

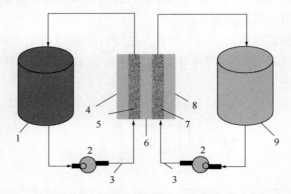

图 7-10　全铁液流电池的电解液再平衡装置结构示意图

1—阳极燃料储液罐；2—液体输送泵；3—管路；4—阳极端板；5—阳极；6—隔膜；
7—阴极；8—阴极端板；9—阴极燃料储液罐(失衡电解液储存，也是再生电解液储罐)

7.5　再平衡实验

7.5.1　再平衡实验设计

中国石油大学(北京)联合中海储能科技(北京)有限公司，首先将 $140mA/cm^2$

的电流密度在小电池上进行实验，并成功运行。然后尝试将 140mA/cm² 的电流密度应用在 800W 四片堆系统和 10kW 电堆系统。最后放大至 100kW/400kW·h 大规模电堆储能系统，并成功完成再平衡实验，使得容量恢复至预定值。

（1）试验目的

① 探索电解盐酸(阳极)还原正极电解液(阴极)工艺过程、装置及控制参数。

② 探索 10cm² 小电池测试系统加入电解装置后的工艺过程、装置及控制参数。

③ 评价再平衡方法在 10cm² 小电池上的效果。

（2）试验方案

1）电解盐酸试验

使用现有结构流道 10cm² 小电池进行电解试验，其中盐酸溶液作为阳极液，正极电解液作为阴极液。阴阳极电解液均用磁力泵推动在各自的流体管道及电极上循环。采用充放电仪充电的方式进行电解，电解时充放电仪正极电压及电流线接阳极铜板，负极线接阴极铜板。电解时将阳极室产生的氯气通入含有氢氧化钠溶液的试剂瓶中进行吸收，氢氧化钠溶液的浓度、体积等参数见表 7-1。隔绝空气，防止空气中的二氧化碳进入。

电解盐酸试验装置如图 7-11 所示，电解时记录电解前后的阴/阳极溶液体积，检验电解前后阴/阳极的氢离子浓度及阴极的 Fe^{3+} 浓度，计算电流效率，详细电解液浓度见表 7-1。

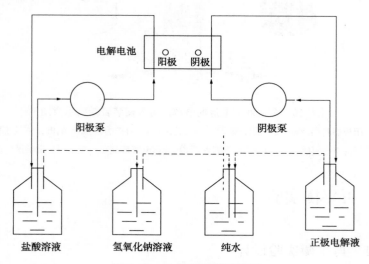

图 7-11　电解盐酸试验装置

表 7-1　电解盐酸试验参数表

组件	项目	参数	其他
盐酸溶液	盐酸浓度	2.5mol/L	
	溶液体积	100mL	
	流量	实际流量	测量流量
正极电解液	Fe^{3+}浓度	0.6mol/L 以上	
	电解液体积	100mL	
	流量	实际流量	测量流量
	其他	配方同电池配方	
氢氧化钠溶液	氢氧化钠浓度	6mol/L	
	溶液体积	50mL	
纯水	体积	50mL	
管道	材质	聚四氟乙烯透明管	
	规格	1/8in	
管道接头	材质	PP(聚丙烯)	
泵	材质	PP	
	额定流量	2.8L/min	
	额定扬程	0.8m	
电解电池	电极	碳布	
	双极板	石墨板	
	密封圈/垫	聚四氟乙烯垫片	
	离子膜	Nafion115	
充放电仪	电解电流	0.1A	
	电解电压	实际电压	恒流充电测量电压

2）含再平衡系统的 $10cm^2$ 小电池循环试验

如图 7-12 所示，在测试的 $10cm^2$ 小电池正极电解液瓶上增加两个进出液孔，将电解盐酸试验装置接入 $10cm^2$ 小电池测试系统，小电池镀完催化剂并进行一次充放电循环后，将充放电工部设置成每充放电 5min，搁置 1min，记录电池开路电压变化，作图找出不同充电 SOC 下的 OCV 变化曲线。重复进行充放电试验，直至电池放电容量衰减至首次放电容量的 90%。然后在下一次充电启动的同时启动电解盐酸装置进行电解，按衰减 10%电解液对应的容量和 $10cm^2$ 电池一次充电总时长的一半为电解时间计算电解电流（假设三价铁还原的电流效率为 100%）。电解完成后 $10cm^2$ 小电池继续进行充放电测试，记录并观察放电容量恢复情况，

SOC-OCV 变化情况及 $10cm^2$ 小电池放电容量衰减情况，并进行多次上述的循环测试。结果见表 7-2。

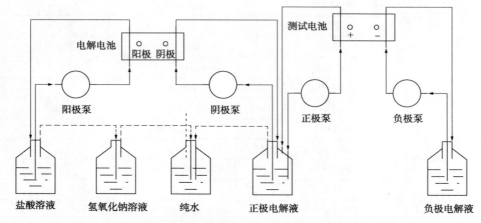

图 7-12　含再平衡系统的 $10cm^2$ 小电池测试装置

表 7-2　$10cm^2$ 小电池循环试验参数表

组件	项目	参数	其他
负极电解液	Fe^{3+} 浓度	0.6mol/L 以上	
	电解液体积	100mL	
	流量	实际流量	测量流量
	其他	配方同电池配方	
正极电解液	Cr^{2+} 浓度	0.6mol/L 以上	
	电解液体积	100mL	
	流量	实际流量	
	其他	配方同电池配方	
氢氧化钠溶液	氢氧化钠浓度	6mol/L	
	溶液体积	50ml	
纯水	体积	50mL	
管道	材质	聚四氟乙烯透明管	
	规格	1/8in	
管道接头	材质	PP	
泵	材质	PP	
	额定流量	2.8L/min	
	额定扬程	0.8m	

续表

组件	项目	参数	其他
电解电池	电极	碳布	
	双极板	石墨板	
	密封圈/垫	聚四氟乙烯垫片	
	离子膜	Nafion115	
充放电仪	电解电流	0.1A	
	电解电压	实际电压	恒流充电测量电压

（3）实验模型

液流电池在长期充放电循环过程中，因负极反应常伴随着析氢副反应导致正极电解液中高价铁离子累积，使得正负极电解液失衡，最终导致电池容量衰减。再平衡电池由几个重要的组件所组成：阴极电解液、阳极电解液、隔膜、充放电系统、再平衡系统、氯气处理装置。再平衡过程中的阳极活性物质为再平衡电池电解液中的氯离子，阴极活性物质为液流电池正极活性物质的氧化态。运行再平衡装置，正极电解液高价铁离子得电子，再平衡电解液中氯离子失电子，使得液流电池容量恢复，如图7-13所示。

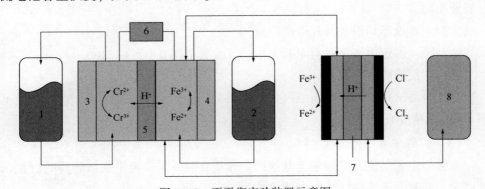

图7-13　再平衡实验装置示意图

1—阴极电解液；2—阳极电解液；3—阴极端板；4—阳极端板；5—隔膜；
6—充放电系统；7—再平衡系统；8—氯气处理装置

如图7-13所示，液流电池正常运行过程中，1号的阴极储罐和2号的阳极储罐里面的电解液被输送到电池中，在隔膜两侧发生电化学反应，进行充放电。在运行过程中衰减到一定程度的时候，启动7号再平衡装置，以平衡2号阳极储罐的三价铁离子，所产生的氯气输送到8号氯气处理装置中。

铁铬液流电池原型机包含正负极电解液、储液瓶、管道、正负极循环泵及电

极面积为 $10cm^2$ 的单电池。再平衡电解装置由阳极电解液、储液瓶、管道、阴阳极电解液循环泵及电解电池组成。原型机实景如图 7-14 所示。

(a)   (b)

图 7-14　(a)原型机(无再平衡)内部装置实景；(b)原型机再平衡装置实景

（4）实验电解液及吸收液

原型机采用自制电解液，正负极电解液组分相同。

再平衡电解液装置中阴极液即为原型机正极电解液，阳极液初始组分与正极电解液相同。

实验主要仪器与设备及其生产厂家：

蠕动泵：保定申辰泵业有限公司生产，流量范围 0.0053~3100mL/min；

管道：氟橡胶管；

充放电测试仪：深圳市新威尔电子有限公司生产，电压范围 0~5V，电流范围 0~6A，精度 0.05%。

（5）实验方案

本实验主要验证当铁铬液流电池产生容量衰减并采取再平衡措施后的容量恢复情况，并监测再平衡电池运行情况。

本实验共设计两组实验方案，包括原型机(无再平衡组)实验过程和原型机(再平衡组)实验过程。

1) 原型机(无再平衡组)实验过程

① 样品预处理：

a. 清洗碳布、质子交换膜；

b. 裁剪碳布、质子交换膜；

c. 将碳布、质子交换膜装入电池原型机中。

② 原型机预检测：

a. 将装入碳布、质子交换膜的电池原型机连接蠕动泵检测是否漏液；

b. 如不漏液，可直接放入烘箱进行测试；

c. 如漏液，则需要重新进行原型机装配。

③ 原型机正式检测：

a. 将不漏液的原型机放入烘箱中；

b. 连接蠕动泵、充放电仪和电解液；

c. 开启蠕动泵、烘箱进行预热；

d. 预热完成以后，开启充放电仪正式检测。

④ 检测后处理：

a. 待烘箱冷却至室温后，对原型机进行倒吸操作，以导出管道中的电解液；

b. 利用去离子水对原型机进行冲洗；

c. 拆卸原型机，取出碳布和质子交换膜；

d. 分析充放电仪数据。

2）原型机（再平衡组）实验过程

① 样品预处理：

a. 清洗碳布、质子交换膜；

b. 裁剪双份的碳布和质子交换膜；

c. 将碳布、质子交换膜装入电池原型机和再平衡机中。

② 原型机和再平衡机预检测：

a. 将装入碳布、质子交换膜的电池原型机和再平衡机连接蠕动泵检测是否漏液；

b. 如不漏液，可直接放入烘箱进行测试；

c. 如漏液，则需要重新进行原型机和再平衡机装配。

③ 原型机和再平衡机正式检测：

a. 将不漏液的原型机和再平衡机放入烘箱中；

b. 连接原型机和再平衡机的蠕动泵、充放电仪和电解液；

c. 先启动原型机蠕动泵、烘箱进行预热；

d. 预热完成以后，开启充放电仪正式检测；

e. 运行一段时间后，当衰减率达到预定制定值时，启动再平衡蠕动泵并进行再平衡；

f. 当原型机容量恢复到预定值的时候，停止再平衡。

④ 检测后处理：

a. 待烘箱冷却至室温后，对原型机进行倒吸操作，以导出管道中的电解液；

b. 利用去离子水对原型机进行冲洗；

c. 拆卸原型机，取出碳布和质子交换膜；

d. 分析充放电仪数据。

7.5.2 氯气吸收实验

（1）实验原理

在对液流电池进行容量再平衡的过程中，由于再平衡电堆在电解过程中阳极会生成氯气，通过管道将生成的氯气收集在阳极罐中，由于氯气具有一定的毒性，无法直接排放，需采用适当的装置进行吸收处理。目前主要有两种吸收方案，第一种是通过使用液碱进行氯气吸收；第二种是用氯化亚铁溶液进行氯气吸收，然后再用铁粉还原反应生成的三氯化铁，可达到持续吸收、循环利用的目的。本次采用第一种方案，使用液碱吸收氯气副产物。

充电时阳极电解电堆的反应如下：

$$Fe^{2+} \longrightarrow Fe^{3+} \tag{7-4}$$

$$2Cl^- \longrightarrow Cl_2 \tag{7-5}$$

充电时阴极电解电堆的反应如下：

$$Fe^{3+} \longrightarrow Fe^{2+} \tag{7-6}$$

氯气与液碱的反应如下：

$$2NaOH + Cl_2 \longrightarrow NaCl + NaClO + H_2O \tag{7-7}$$

当吸收液温度超过 38℃ 时，次氯酸钠会分解，产生氯酸钠，发生的反应如下：

$$3NaClO \longrightarrow NaClO_3 + 2NaCl \tag{7-8}$$

尾气中也有一部分氯化氢气体，与液碱反应，反应如下：

$$NaOH + HCl \longrightarrow NaCl + H_2O \tag{7-9}$$

用氯化亚铁吸收氯气，反应如下：

$$2Fe^{2+} + Cl_2 \longrightarrow 2Fe^{3+} + 2Cl^- \tag{7-10}$$

用铁粉还原氯化铁，反应如下：

$$2Fe^{3+} + Fe \longrightarrow 3Fe^{2+} \tag{7-11}$$

（2）再平衡吸收计算

① 尾气产量：再平衡充电过程中按 100A 的电流，尾中氯气含量按 20% 计

算，尾气产生速率为 210L/h；

② 尾气中氯气与吸收液中的液碱发生的反应不属于溶解吸收，由于尾气产生的速率较小，采用 $DN20$ 的填料柱，此时，填料柱内尾气速度为 0.31m/s，填料柱内填料的载点气速计算比较复杂，因此，在实验过程中通过调整吸收液的循环量，来调整填料上的持液量；

③ 需要的吸收液循环量为 4L/h(67mL/min)；

④ 所采购的 5mm×5mm 三角螺旋填料，装填高度为 0.5m，当量塔板数为20层。

（3）试验目的

① 通过使用填料塔吸收氯气，进行尾气处理，防止对环境产生污染；

② 验证在吸收塔中，不同循环量下液碱对氯气的吸收效果；

③ 在保证吸收效果的前提下，优化各工艺参数，优化工艺流程，为后续设计、改造提供数据。

（4）实验用品

实验用品见表 7-3。

表 7-3　实验用品

序号	名称	规格	备注
1	氢氧化钠	固体，AR(分析纯)	500g/瓶
2	蠕动泵	M6-3L	
3	四口平底烧瓶	2000mL，24#~29#接口	
4	玻璃单层填料柱	25mm×700mm，高硼硅玻璃	
5	三角螺旋填料	5mm×5mm，316L 不锈钢	500g
6	真空尾接管	接口 24mm/29mm，直型	
7	抽气接头	接口 24mm/29mm	
8	PVC 软管	外径 10mm	
9	冷水槽	恒温水槽	
10	温度计	0~100℃	
11	碘量瓶	250mL，透明	

（5）实验装置

采用玻璃仪器组装实验装置(配置到 4 片堆测试系统，具备配备给 10kW 测试系统来测试系统的潜力)：3L 平底烧瓶($D25mm×H700mm$)、蠕动泵(磁力泵)及其他玻璃器皿、配件，如图 7-15 所示。

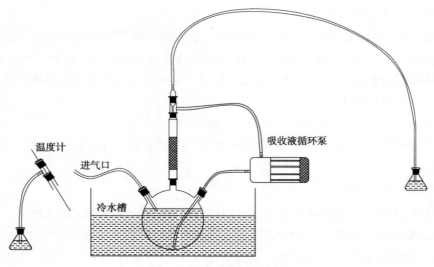

图 7-15　实验装置示意图

（6）实验方案

① 按顺序组装仪器设备，检测装置的密封性，用真空泵抽负压的方式来测试装置的密封性，负压值为 2kPa。

② 在烧瓶内装入 1000g 质量分数为 15% 的液碱，在填料柱内装入填料（填料高度暂定为 500mm，具体填料高度依据实验内容进行调整）。

③ 开启蠕动泵，调整液碱流量（循环流量暂定为 4L/h，根据实验进程及时调整流量），使液碱在布满填料表面的同时，不形成液封；为避免气泡进入泵，泵的进口管需伸至烧瓶底部。

④ 使用氮气进行实验，调整氮气流量（暂定为 1L/min，用防腐型玻璃转子流量计测量气体流量），使氮气进入烧瓶内液面以下 1cm，在实验进行过程中，可根据需要，调整氮气流量，记录不同循环量下吸收液的氮气流量。

⑤ 用现有 4 片堆测试平台的尾气作为气源，进行吸收实验：调节流量计调节阀，使尾气出气速度达到预期值，在尾气管出口处放置 250mL 烧杯，往烧杯中加入约 200mL 水，然后在管口处放置淀粉碘化钾试纸；在尾气吸收的过程中，观察烧杯中溶液的淀粉碘化钾试纸是否变色。

⑥ 进行氯气吸收实验：再平衡阳极罐尾气经控制阀调速之后，从烧瓶的侧面接口进入烧瓶，使气管接口伸入烧瓶内部液面以下 1cm。

⑦ 尾气经吸收液一次吸收之后进入吸收塔，在填料表面与塔顶的液碱逆流接触，与液碱反应，尾气中的不溶气体成分从塔顶排出，经软管及液封之后排入大气，完成工艺过程。

(7) 实验过程中需要注意的问题

① 采用液碱作为吸收液，配制液碱时，先往 1000mL 烧杯中加入 850g 纯水，放入温度计，把烧杯放入水槽中，少量多次加入 150g 片状氢氧化钠固体，在加固体氢氧化钠的过程中，需及时用玻璃棒搅拌，使大块片碱溶解，最后用磁力搅拌器进行搅拌，使片碱完全溶解；同时，在配制液碱的过程中，需要做好防护措施，避免溶液外溅至衣服、皮肤上。

② 为避免出现烧瓶内超压、液碱喷溅的情况，一定要控制好进气速度及进气压力，尽量使进气速度保持稳定，避免出现时快时慢的情况。

③ 烧瓶上安装温度计，需要关注烧瓶内液碱的温度，通过调节进气速度来控制温度，避免温度过高发生副反应，使次氯酸钠分解生成氯酸钠。经计算，1L15%的液碱完全参加吸收氯气的反应后，溶液的温升为30℃，因此需要增加冷却降温装置；同时，为避免温度过低出现结晶而发生堵塞吸收塔的情况，需采用恒温水循环，使吸收液温度维持在 25~35℃。

④ 为避免烧瓶内超压，需在烧瓶上安装泄压管路，管路末端插入稀液碱中，插入深度可在实验过程中随时调整。

⑤ 实验过程中，至少需要 2 人参与，穿戴好劳保用品，准备好应急物资。

(8) 再平衡吸收计算

再平衡吸收计算参数见表 7-4。

表 7-4 再平衡吸收计算参数

指标	四片堆测试平台	10kW 测试平台	33kW 测试平台
电解液量/L	320	600	18000
衰减率/%	0.5	0.5	0.5
衰减容量/A·h	51.46	96.49	2894.55
产生氯气量/mol	0.96	1.8	54
液碱吸收系数/%	30	30	30
液碱浓度/%	15	15	15
液碱消耗量/kg	1.71	3:2	96
每月循环数/次	20	20	20
每月液碱消耗量/kg	34.13	64	1920
15%液碱密度/(g/cm³)	1.17	1.17	1.17
液碱体积/L	29.30	55	1648

7.5.3 再平衡实验数据

(1) 原型机再平衡数据

首先在尝试将 140mA/cm² 的电流密度应用在 10cm² 原型机电池上面进行再

平衡实验，在原型机上面实验成功后，将对后续应用在更大电堆上面提供支持。

原型机在电流密度为 140mA/cm² 时进行 100 个循环充放电后进行一次再平衡，使得容量恢复至预定值后继续进行充放电，如图 7-16 所示。

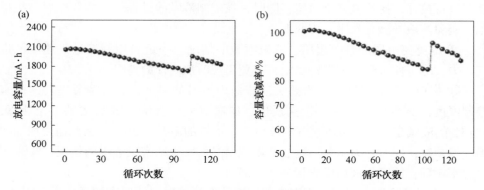

图 7-16　（a）单次再平衡放电容量；（b）单次再平衡容量衰减率

原型机在电流密度为 140mA/cm² 时每 100 次循环后进行一次再平衡，使原型机容量恢复至预定值后继续进行充放电，如图 7-17 所示。

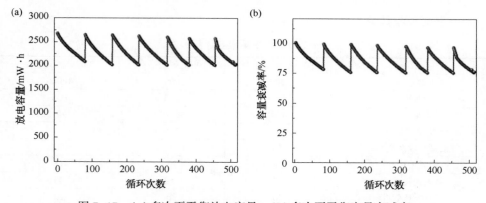

图 7-17　（a）多次再平衡放电容量；（b）多次再平衡容量衰减率

（2）四片堆再平衡数据

成功将电流密度为 140mA/cm² 的再平衡系统使用在原型机上面后，再将其应用在 800W 电堆上进行充放电，当容量降低至预计值时，启动再平衡工艺，容量恢复达预定值后继续进行充放电，如图 7-18 所示。

在 140mA/cm² 的电流密度下，在 800W 电堆上进行三次再平衡后发现能量效率并没有出现明显变化，充放电效率也未发生明显变化，如图 7-19 所示。

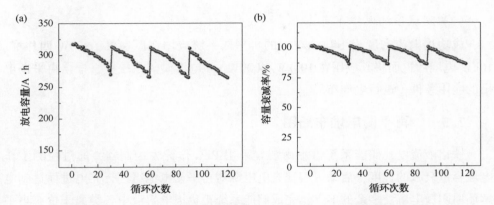

图 7-18 （a）四片堆再平衡放电容量；（b）四片堆再平衡容量衰减率

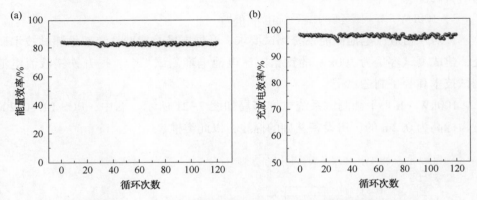

图 7-19 （a）四片堆再平衡能量效率；（b）四片堆再平衡充放电效率

在 140mA/cm^2 的电流密度下，在 800W 电堆上进行三次再平衡后发现电流效率和电压效率也仍保持稳定状态，并未发生明显变化，如图 7-20 所示。

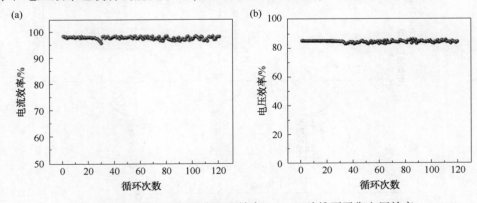

图 7-20 （a）四片堆再平衡电流效率；（b）四片堆再平衡电压效率

（3）测试系统电堆布局

成功将电流密度为 140mA/cm² 的再平衡系统应用在原型机、800W 四片堆、10kW 电堆后进而将其应用在 100kW/400kW·h 电堆储能系统中，根据再平衡电堆的应用条件，进行电堆布局。

7.5.4 再平衡电堆布局图

铁铬液流电池储能系统再平衡装置采用 PLC 作为主控制器，通过检测工作电堆容量衰减的程度，启动可编程充电电源对再平衡电池组进行充电进而达到电解还原阴极电解液多余的 Fe^{3+}，完成储能系统正负极电解液中各类离子价态再平衡的目的。

1）100kW·h 再平衡测试系统电堆布局

针对铁铬液流电池储能系统测试要求，开展电堆及辅助系统部件测试技术研究，建成测试容量为 100kW 的铁铬液流电池电堆测试平台，提升铁铬液流电池测试技术和装备制造水平。

100kW·h 再平衡测试系统电堆布局如图 7-21 所示。图中，POS EL+0.200 意为标高为 0.2m 的厂房设备基础的标注，以此类推。

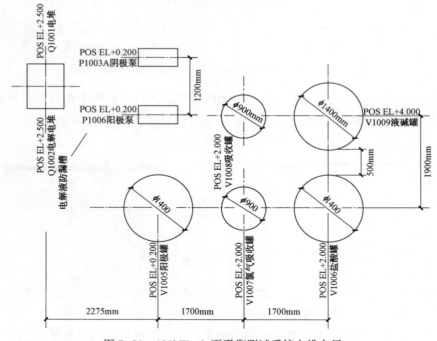

图 7-21   100kW·h 再平衡测试系统电堆布局

2) 100kW·h再平衡电堆实物图

100kW·h再平衡电堆实物图("中海一号")整体布局和实验仪器、设备如图7-22~图7-25所示。

图7-22 "中海一号"整体布局图

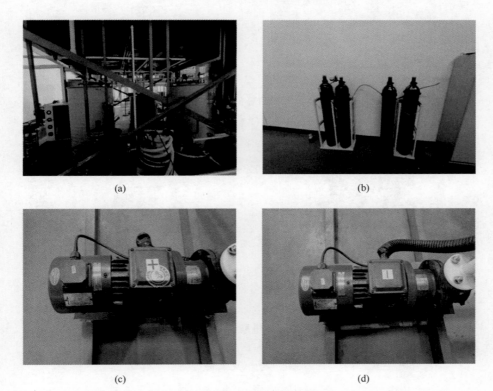

图7-23 (a)氯气和氯化氢气体吸收罐;(b)氮气罐;
(c)正极电解液输送泵;(d)负极电解液输送泵

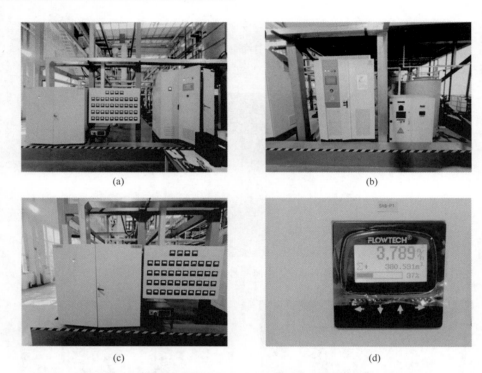

(a)   (b)

(c)   (d)

图 7-24 （a）再平衡系统控制总柜；（b）单个控制系统柜(1)；
（c）单个控制系统柜(2)；（d）流量显示仪表

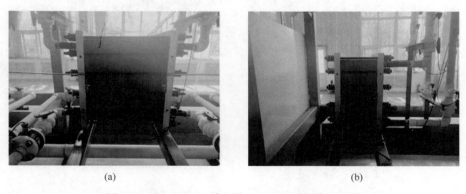

(a)   (b)

图 7-25 （a）10kW 单电堆；（b）再平衡装置电堆

参 考 文 献

[1] Zeng Y K, Zhao T S, Zhou X L, et al. A hydrogen-ferric ion rebalance cell operating at low hydro gen concentrations for capacity restoration of iron-chromium redox flow batteries [J]. Journal of Power Sources, 2017, 352: 77-82.

第 8 章　开展数据驱动型智能化管控系统
　　　　　应用于铁铬液流电池

创建适配铁铬液流电池大规模长时储能的管控系统及相关装置，可以实现液流电池系统有效、高效、灵活的集散管控，这也将成为探索大规模长时液流电池自动化、智能化优化管控的有效途径。

8.1　基于自动化、智能化控制技术的铁铬液流电池系统数据采集和控制装置

在数据作为一种新的生产要素驱动工业生产系统向智慧化系统演化过程中，如何实现现场底层设备数据的采集处理和控制是关键过程。在这个过程中存在两个问题：一是如何低成本高效采集铁铬液流电池系统的海量时间序列数据并进行有效处理；二是如何基于上述数据对底层生产工艺过程进行有效控制。

基于工业互联网领域的"端-边"协同计算技术基础，自动化、智能化控制技术的铁铬液流电池系统数据采集控制架构如图 8-1 所示。所建立的低成本可扩展液流电池储能系统的数据采集装置以及铁铬液流电池系统智能化控制装置，为铁铬液流电池系统底层生产现场的可靠稳定优化运维提供技术保障。

该控制架构包括三层：现场层、边缘层和控制层。其中，现场层主要采用侵入式、非侵入式数据采集终端实现高精度、多时间尺度数据的单点采集，以及各类型普通型能耗/储设备监测节点的综合采集；边缘层依赖其计算终端提供的设备接入、数据采集、设备监控功能，实现多链接的并发数据采集、边缘节点的数据优化、实时响应、敏捷连接等任务，并将数据上传给上层控制器和上位机；控

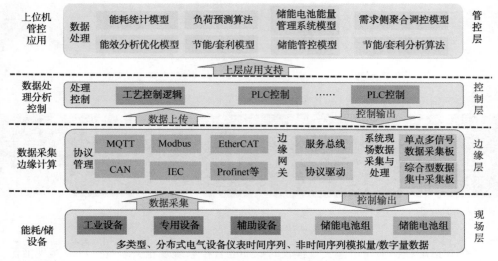

图 8-1　铁铬液流电池系统数据采集控制架构

制层主要依据定义完整的生产工艺过程控制逻辑和控制算法，实现数据处理、控制输出、逻辑控制、故障自诊断和预警告警等功能。

基于上述架构和技术方案，重点开展如下两方面的工作。

（1）一种低成本、可扩展液流电池储能系统数据采集装置

作为一种大规模长时电化学储能系统，相较于普通的储能系统，其生产与运维过程中需要采集的各种类型的数据将大幅度增加。典型的生产和运维应用场景是：液流电池管理控制系统需要实时监测各个子系统的电流、电压、温度以及压力等时间序列信息并主动进行数据存储和分析，若直接通过传统的单片机、PLC控制器等采集数据，可将控制指令随时加载到内存中储存并执行。若单片机或PLC控制器设置有输入输出单元，对于采集参数众多、输入端口多的大规模铁铬液流电池储能系统，会导致单片机或者PLC控制器的数量较多，不但导致底层的数据采集控制成本很高，而且还会使得系统底层的"端-边协同"出现强耦合、扩展性差的结果。

针对现有技术存在的不足，一种新型低成本、可扩展液流电池储能系统数据采集装置被提出。在该装置结构中，主要包括PLC控制器、数据采集板、电压变送器、电流变送器、温度变送器、液位变送器、漏液变送器、压力变送器和两个直流电源。系统装置工作的主要技术原理是：

①装置的所有数据采集板通过工业领域广泛采用的485总线连接所述PLC控制器。装置的数据采集板一般具有多个4~20mA模拟接口，连接于所述电压变

送器、电流变送器、温度变送器、液位变送器、漏液变送器和压力变送器，PLC控制器连接于第一直流电源，数据采集板连接于第二直流电源，且直流电源均为24V直流电源。

② 在数据采集板上设置有MCU(单片机)、ADC芯片和多路复用开关芯片。

③ 装置的PLC控制器通过485总线连接有电能表。电能表的电压线圈、电流线圈套在交流侧的线路上，所述交流侧的线路用于和液流电池储能系统相互输送电力。

④ PLC控制器具有485总线接口和以太网接口，其通过以太网接口连接到液流电池控制系统的上位机。

其中，上述数据采集板的4~20mA模拟接口通过多路复用开关芯片、ADC芯片连接至MCU，MCU的485接口通过的485总线连接所述PLC控制器。

上述装置电压变送器、电流变送器、温度变送器、液位变送器、漏液变送器、压力变送器均设置在液流电池储能系统上，其中电压变送器和电流变送器连接于电池的电极，温度变送器、液位变送器和压力变送器设在电池的电解液储罐上，所述漏液变送器设置于电解液储罐下方，温度变送器还设在组成液流电池储能系统的子电池堆的外壳上(考虑到成本问题，不必在每个子电池堆外壳上都设置温度变送器)。

本装置的数据采集板根据PLC控制器的设定采集储能系统直流侧各个变送器的数据并通过485总线进行反馈；PLC控制器通过以太网将所采集数据上传到控制系统上位机进行存储和分析。

其中的数据采集板的电路板可以是普通的环氧树脂板，MCU、ADC芯片、多路复用开关芯片、模拟接口等通过焊接制作在电路板上。焊接MCU后在电路板上扩展出485接口。多路复用开关有多个输入、一个输出，MCU控制多路复用开关的输出连接哪个输入，也就是可以在多个输入间进行切换。

一般地，装置所述PLC控制器采用485接口连接1~3个数据采集板，1个数据采集板连接2~20个电压变送器、1个电流变送器、2~21个温度变送器、2个液位变送器、2个漏液变送器、2个压力变送器和1个电能表。

这样，通过本装置所采用的技术方案提出的液流电池储能系统数据采集装置，可以实现通过数据采集板扩展模拟量采集端口，并基于流行的通信范式采集生产过程时间序列数据。其中，装置的主要数据采集仪表电能表一般用于测量交流侧的数据，它通过PLC控制器直接采用通信总线读取生产运行参数，采集的数据通过PLC控制器的以太网接口上传给上位计算机进行存储和进一步分析，从而能够为铁铬液流电池储能系统的运行监测、性能优化和大数据分析提供良好的软硬件基础设施。

（2）一种新型的铁铬液流电池系统智能化控制装置

相较于目前其他类型的储能模式，铁铬液流电池储能系统具有长时闭环优化控制的需求。具体来讲，就是根据系统生产工艺过程的基本功能以及其优化提升需求，摒弃现有大多开环控制或者简单闭环控制的不足，结合铁铬液流电池长期运行环境、运行条件、运行特征等因素，研发一种适合其生产过程控制的装置，并可根据现实需求进行智能化的升级。基于此考虑，基于"变送器−控制器−变频器"控制路线的长时闭环优化控制策略出现，并建立了相应的控制装置。在该控制装置结构中，主要包括控制器、上位机、监视器、储能变流器、气压平衡机构、电解液加热装置。该装置工作的主要技术方案如下所述。

铁铬液流电池系统主要包括电池组、储液罐、电解液管路机构、储能变流器等主要硬件设施，该系统控制装置主要包括控制器、上位机、监视器、储能变流器、气压平衡机构、电解液加热装置等。其中，系统控制装置所涉及的各部分硬件工作机理是：

① 储能变流器连接于控制器，控制所述电池组的充电和放电过程。

② 监视器设置有显示铁铬液流电池储能系统状态的界面和控制系统的按钮；上位机显示并存储所述铁铬液流电池储能系统的状态信息，并且也可以控制系统运行(控制器通过以太网将系统状态同步到上位机并通过提供远程控制模式实现)，上位机和监视器均连接于控制器，控制器上设置有远程/本地开关，用于切换至上位机或监视器的控制。

③ 气压平衡机构设置在储液罐上；气压平衡机构由继电器控制，继电器连接控制器。控制器根据预设值控制继电器，间接控制排气执行机构的启停从而稳定系统气压值。

④ 电解液加热装置包括电热丝和可控硅，可控硅连接控制器，控制器控制可控硅的导通角以设置电热丝的加热功率。

⑤ 储液罐和电池组之间以管道连接，在管道上设置有流量变送器和泵，泵由变频器控制，流量变送器和变频器均连接控制器。

⑥ 管路机构上设置有压力变送器，压力变送器连接控制器；在储液罐上设置有温度变送器，温度变送器连接控制器。

⑦ 控制器上设置有急停开关，急停开关用于在系统出现故障时的紧急停机。

⑧ 电解液加热装置包括一个设置在储液罐上的夹套。电热丝安装在水罐内，

用于加热水。这些被加热的水随后流过储液罐的夹套,以加热电解液。

⑨ 控制器控制可控硅的导通角以设置电热丝加热功率,从而控制储能系统的温度。通过可控硅导通角控制电热丝的发热功率并通过温度变送器反馈到控制器,将电解液温度控制在系统预设值(或者经过后续大数据挖掘后得到的在对应的多特征参数环境条件下的优化值),从而提高储能系统充放电效率。

通过在 800W 和 10kW 试验系统的大量实验验证,构建的控制装置通过变送器–控制器–变频器的控制路线,形成了长时闭环优化控制;通过对试验系统大量温度、流量、压力、电流、电压等时间序列数据的大数据挖掘分析,得到了使控制器能够实时优化运行管控的参数和控制策略,可以保证铁铬液流电池储能系统的长期稳定运行。

8.2 基于精确健康状态算法的电解液智能化再平衡装置

目前,电化学储能作为一种新型能源储存方式正在渐渐成为储能的主流模式,但其不可控的电化学过程导致的容量衰减成为一道难以解决的技术问题。以磷酸铁锂储能电池为例,其前 1000 次的充放电循环会导致 6% 的容量衰减,从而导致电池寿命的大大缩短。据测算,若能够实现前 1000 次的充放电循环只有 1% 的容量衰减,电池的循环寿命不但可以大幅提升 6 倍,而且其能量效率可达 95% 以上。

由于容量与电池相互分离的物理特征,加了再平衡装置的铁铬液流电池储能系统理论上可以做到储能电池的无限循环且容量没有衰减。并且,通过实时监测电池系统的相关特征参数,精确计算液流电池系统的 SOH(健康状态)值,可以建立基于 SOH 精确算法的液流电池智能化再平衡机制,从而解决了电解液衰减、副反应以及保持电池寿命的难题。

基于上述思路,研发了基于整体与局部统计特征的 SOH 计算方法,建立了适合铁铬液流电池的自动化、智能化再平衡装置。

(1)基于整体与局部统计特征的 SOH 计算方法

1)问题的提出

SOH 是衡量液流电池寿命健康状态的重要指标,该指标的估算过程也是液流电池控制系统的重要组成部分。SOH 用来量化电池的退化程度,且无法直接通过测量得到,只能通过其他可测量物理量并由一定的估算方法来近似估计。对 SOH 的准确估计有助于评估电池当前的衰退情况,从而更好地了解电池状态,为电池系统的运维决策提供数据支持。

目前有关电化学电池 SOH 估算的模型方法包括：①基于等效电路模型和电化学模型的自适应算法；②数据驱动的机器学习与深度学习算法。其中，电化学模型通过对电池内部发生的电化学反应进行机理建模，并设置估计器在电化学模型的基础上对 SOH 进行估计。数据驱动的机器学习与深度学习算法严格来讲属于数据挖掘算法，因为其良好的适用性和智能化数据管理能力，成为目前研究的热点。它们基于大量的历史运行数据，挖掘输入数据与标签数据之间的特征，并逼近输入与标签之间的映射关系，此类方法不依赖专家知识，但对于数据的质量要求较高。目前数据驱动的人工智能方法都基于充放电过程中的电流和电压数据提取相应的特征，然后建立学习算法学习所提取的特征与 SOH 之间的映射关系。这些特征可以分为全局特征和局部特征，全局特征即基于完整充放电的电流电压数据提取出的特征，如：IC（Incremental Capacity，电量增量）曲线；局部特征指的是从充放电过程中的某一个阶段中提取出的特征，如：恒流充电时间、恒流充电平均电压。这些方法存在的问题是：当电池型号发生变化时，原来提取的特征并不一定能够适用新的型号，此时就需要重新寻找新的特征。

因此，基于上述问题，并考虑到数据的全局和局部特征，提出了一种同时考虑全局统计特征和局部统计特征的液流电池 SOH 估计算法。该方法的特点是：①不仅同时考虑了液流电池生产运行过程的全局特征和局部特征，并且为了提高算法的适应性，新构造一些局部统计特征，当更换电池型号后，可以自适应选择与 SOH 估计相关性程度高的统计特征；②着重实现底层规则的建立，达到全局特征和局部特征的兼顾，获得 SOH 的精确估计值可用于铁铬液流电池再平衡装置的智能化优化设计。其实现技术思路为分析模型，理论库、机理建设模块和数据库、数据的获取。

2）基于皮尔逊相关系数的全局统计特征与局部统计特征提取与选择

全局特征与局部特征的分析是计算模型的底层基础，高精度 SOH 估计是基于全局特征和局部特征与 SOH 的优化映射模型（见图 8-2）。

皮尔逊相关系数用于度量两个变量之间的线性相关性，其值介于 -1 到 1 之间，数值越大代表相关性越强，反之越小，正号代表变量之间是正相关，负号则代表变量之间是负相关。相关系数的绝对值大于 0.8，则认为变量之间具有强相关性。

示例：

本方法提取的液流电池的全局统计特征和局部统计特征见表 8-1、表 8-2。

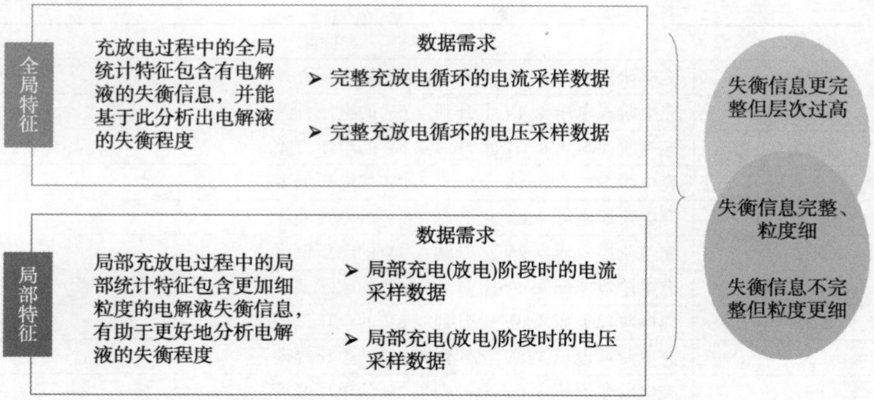

全局特征：充放电过程中的全局统计特征包含有电解液的失衡信息，并能基于此分析出电解液的失衡程度

数据需求
➤ 完整充放电循环的电流采样数据
➤ 完整充放电循环的电压采样数据

失衡信息更完整但层次过高

失衡信息完整、粒度细

局部特征：局部充放电过程中的局部统计特征包含更加细粒度的电解液失衡信息，有助于更好地分析电解液的失衡程度

数据需求
➤ 局部充电(放电)阶段时的电流采样数据
➤ 局部充电(放电)阶段时的电压采样数据

失衡信息不完整但粒度更细

图 8-2　液流电池全局特征与局部特征信息需求描述

表 8-1　提取的全局统计特征

编号	特征	编号	特征
F1	电流均值	F9	电压最大值
F2	电流最大值	F10	电压最小值
F3	电流最小值	F11	电压方差
F4	电流方差	F12	电压偏度
F5	电流偏度	F13	电压峰度
F6	电流峰度	F14	电压和
F7	电流和	F15	充放电时间
F8	电压均值		

表 8-2　提取的局部统计特征

编号	特征
F16	充电阶段电压 3.8V 上升到 4.0V 的时间
F17	充电阶段电压 4.0V 上升到 4.2V 的时间
F18	充电阶段电压 4.2V 上升到 4.4V 的时间
F19	充电阶段电压 4.4V 上升到 4.6V 的时间
F20	充电阶段电压 4.6V 上升到 4.8V 的时间
F21	充电阶段电压 3.8V 上升到 4.0V 的电压均值
F22	充电阶段电压 4.0V 上升到 4.2V 的电压均值
F23	充电阶段电压 4.2V 上升到 4.4V 的电压均值
F24	充电阶段电压 4.4V 上升到 4.6V 的电压均值
F25	充电阶段电压 4.6V 上升到 4.8V 的电压均值
F26	充电阶段电压 3.8V 上升到 4.0V 的电压方差
F27	充电阶段电压 4.0V 上升到 4.2V 的电压方差

编号	特征
F28	充电阶段电压 4.2V 上升到 4.4V 的电压方差
F29	充电阶段电压 4.4V 上升到 4.6V 的电压方差
F30	充电阶段电压 4.6V 上升到 4.8V 的电压方差
F31	充电阶段电压 3.8V 上升到 4.0V 的电压偏度
F32	充电阶段电压 4.0V 上升到 4.2V 的电压偏度
F33	充电阶段电压 4.2V 上升到 4.4V 的电压偏度
F34	充电阶段电压 4.4V 上升到 4.6V 的电压偏度
F35	充电阶段电压 4.6V 上升到 4.8V 的电压偏度
F36	充电阶段电压 3.8V 上升到 4.0V 的电压峰度
F37	充电阶段电压 4.0V 上升到 4.2V 的电压峰度
F38	充电阶段电压 4.2V 上升到 4.4V 的电压峰度
F39	充电阶段电压 4.4V 上升到 4.6V 的电压峰度
F40	充电阶段电压 4.6V 上升到 4.8V 的电压峰度
F41	放电阶段电压 4.3V 下降到 3.8V 的时间
F42	放电阶段电压 3.8V 下降到 3.3V 的时间
F43	放电阶段电压 3.3V 下降到 2.8V 的时间
F44	放电阶段电压 4.3V 下降到 3.8V 的电压均值
F45	放电阶段电压 3.8V 下降到 3.3V 的电压均值
F46	放电阶段电压 3.3V 下降到 2.8V 的电压均值
F47	放电阶段电压 4.3V 下降到 3.8V 的电压方差
F48	放电阶段电压 3.8V 下降到 3.3V 的电压方差
F49	放电阶段电压 3.3V 下降到 2.8V 的电压方差
F50	放电阶段电压 4.3V 下降到 3.8V 的电压偏度
F51	放电阶段电压 3.8V 下降到 3.3V 的电压偏度
F52	放电阶段电压 3.3V 下降到 2.8V 的电压偏度
F53	放电阶段电压 4.3V 下降到 3.8V 的电压峰度
F54	放电阶段电压 3.8V 下降到 3.3V 的电压峰度
F55	放电阶段电压 3.3V 下降到 2.8V 的电压峰度

注：其中所取的电压值区间一般依据具体情况做适应性调整。

通过计算各个特征与 SOH 之间的皮尔逊相关系数，筛选出相关系数绝对值大于 0.8 的特征，如图 8-3 所示。

3）基于 DNN(Deep Neural Network，深度神经网络)的 SOH 估计方法

深度神经网络是深度学习中的一种模型，它具备一个或多个隐藏层，与浅层的网络类似，深度神经网络具有对复杂非线性系统的建模能力，但更深的网络结构提供了更高层抽象的特征提取能力，从而提高了模型能力，深度神经网络的前向计算过程如下：

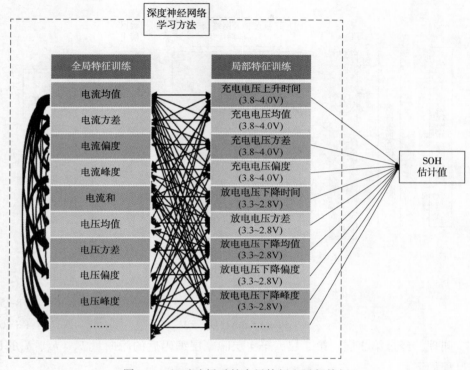

图 8-3 经过选择后的全局特征和局部特征

$$H_1 = \Phi(XW_1 + b_1) \tag{8-1}$$

$$H_2 = \Phi(H_1W_2 + b_2) \tag{8-2}$$

$$\vdots$$

$$H_n = \Phi(H_{n-1}W_n + b_n) \tag{8-3}$$

$$O = \Phi(H_nW_0 + b_0) \tag{8-4}$$

其中，$X \in R^{N \times d_0}$ 是输入的小批量数据，批量大小为 N，数据的维度为 d_0，$W_i \in R^{d_{i-1} \times h_i}$ 为第 i 层隐藏层的权重矩阵。$b_i \in R^{1 \times d_{-i}}$ 为第 i 层的偏置量，其中 d_{i-1} 为第 $i-1$ 层隐藏层输出的维度，h_i 为第 i 层隐藏层的输出维度。

本项目所提出的基于深度神经网络 SOH 估计算法的结构如图 8-4 所示。

将选择出的 4 个全局特征和 12 个局部特征合并为一个一维向量 $x \in R^{1 \times 16}$，即：

$$x = [f_{11}, f_{13}, f_{14}, f_{15}, f_{16}, f_{17}, f_{21}, f_{27}, f_{31}, f_{33},$$
$$f_{34}, f_{37}, f_{41}, f_{42}, f_{43}, f_{52}]$$

经过第 1 层隐藏层得到第 1 层编码后的隐向量 $h_1 \in R^{1 \times 512}$，第 1 层隐向量的计

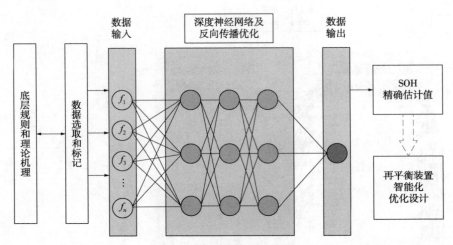

图 8-4　基于深度神经网络的 SOH 估计算法

算如下：

$$h_1 = \phi(x + b_1) \tag{8-5}$$

$$\phi(x) = \max(0, x) \tag{8-6}$$

同理，经过第 2 层、第 3 层、第 4 层隐藏层编码后的隐向量 h_2、h_3、h_4 的计算过程如下：

$$h_2 = \phi(W_2 h_1 + b_2) \tag{8-7}$$

$$h_3 = \phi(W_3 h_2 + b_3) \tag{8-8}$$

$$h_4 = \phi(W_4 h_3 + b_4) \tag{8-9}$$

最后，经过输出层将 h_4 映射为对应的 SOH 值，由于 $SOH \in [0, 1]$，所以经过输出层计算后的结果还需要通过一个 sigmoid 函数来进行归一化，计算过程如下：

$$SOH = \mathrm{sigmoid}(W_0 h_4 + b_0) \tag{8-10}$$

$$\mathrm{sigmoid}(x) = \frac{1}{1 + e^{-x}} \tag{8-11}$$

其中，W_i 为第 i 层隐藏层的权重矩阵，b_i 为第 i 层隐藏层的偏置量，这两个量都是模型在训练过程中需要学习的内容，ϕ 为 Relu 激活函数。

4）模型的预测结果与分析

铁铬液流电池系统的数据采集系统如图 8-5 所示。实验采用 4 个同型号的电池数据，每次使用其中的 3 个电池数据进行模型的训练，对余下的 1 个电池数据进行预测。经过 4 轮的训练和预测，得到每个电池的 SOH 的估计结果如图 8-6 所示。从

图8-6中可以看出，该算法能够很好完成SOH的估计任务，并且还能够对电池使用过程中出现的容量骤降情况下的SOH进行估计。从表8-3中能够看出，该模型在4个电池数据上的最大RMSE(均方根误差)不超过3%，平均RMSE为1.69%，最大MAE(平均绝对误差)不超过2%，平均MAE为1.17%，这表明该模型有着良好的估计精度，且估计的稳定性也较好。为了验证全局统计特征与局部统计特征结合后能够提高模型SOH估计的能力，分别对仅使用局部特征、仅使用全局特征以及同时使用局部特征与全局特征进行了实验，结果见表8-4。可以看出，同时使用全局和局部特征能够提高模型对SOH估计的能力，估计的精度和稳定性均有提升。

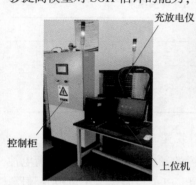

充放电仪

控制柜

上位机

由控制柜、上位机以及充放电仪组成的电池控制、监视、数据采集系统

通过控制柜的触摸屏对电池状态进行监控

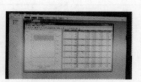

上位机进行数据存储与展示

充放电仪对充放电进行控制并采集电流、电压信息

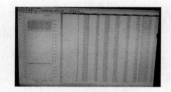

电压、电流数据

图8-5　铁铬液流电池系统的数据采集系统

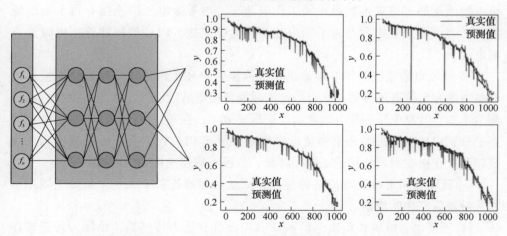

图8-6　所有特征与SOH值之间的深度神经网络模型及其SOH估算结果

表8-3 在4个电池数据集上的SOH估计评估结果

电池编号	RMSE/%	MAE/%	R_2
电池1	1.54	1.17	0.994
电池2	1.35	1.01	0.995
电池3	2.69	1.60	0.985
电池4	1.17	0.88	0.996

表8-4 在4个电池数据集上的SOH估计评估结果

所用特征	RMSE/%	MAE/%	R_2
全局统计特征	3.43	2.27	0.963
局部统计特征	2.46	1.92	0.984
全局+局部统计特征	1.69	1.17	0.993

（2）基于精确SOH算法的电解液智能化再平衡装置

建立的铁铬液流电池储能系统电解液再平衡装置的硬件设备包括：再平衡电池组、开路电压测量电池(OCV电池)、可编程充电电源、PLC控制器、正负极变频器、正负极泵、流量变送器、压力变送器、触摸屏，以及需要再平衡工作电池组所连接的正极电解液罐和负极电解液罐。

本装置的具体工作逻辑原理如下：

① 液流电池系统主工作电堆连接有正极电解液罐和负极电解液罐，所述负极电解液罐通过管道连接再平衡工作电池组；再平衡电池组连接有再平衡电解液罐；可编程充电电源与再平衡电池组的电极连接；PLC控制器连接可编程充电电源。

② 液流电池系统工作电堆通过正极液流管路和负极液流管路分别连接正极电解液罐和负极电解液罐，正极电解液罐和负极电解液罐通过管道连接开路电压测量电池，开路电压测量电池通信连接所述PLC；在正极液流管路和负极液流管路上分别设置有正极循环泵和负极循环泵，所述PLC连接有正极变频器和负极变频器，正极变频器连接到正极循环泵，负极变频器连接到负极循环泵。

③ 液流管路上设置有流量传感器，流量传感器连接PLC。流量传感器用于检测液流管路中的流量。

④ 正极电解液罐和负极电解液罐上均设置有压力传感器，该压力传感器连接PLC。

⑤ 控制系统 PLC 控制的反馈量包括流量传感器、压力传感器、OCV 电压。控制对象则包括可编程电源、阴极变频器和阳极变频器，并且 PLC 连接有触摸屏。

⑥ 开路电压测量电池(OCV 电池)通过管道连接工作电堆。OCV 电池测量开路电压后，其中的电解液回流至工作电堆。

⑦ 本再平衡装置采用 PLC 作为主控制器，通过检测工作电堆所在正极电解液罐中 Fe^{3+} 的浓度参数(通过计算电池当前 SOH 值计算出该参数)偏离正常值大小的程度，启动可编程充电电源对再平衡电池组进行充电，电解还原阴极电解液多余的 Fe^{3+}，完成储能系统正负极电解液中各类离子价态的再平衡，并由 Fe^{3+} 浓度值设定充电的时间。在此过程中，PLC 通过监测液流管路中电解液流量，根据铁铬液流储能系统电解液再平衡系统额定工作条件要求控制变频器输出信号，调整电解液进入铁铬液流电池组的流速。触摸屏作为人机界面设置系统工作参数并监测系统运行数据。

⑧ 本铁铬液流电池储能系统电解液再平衡装置设置 OCV 电池以及液流电池系统生产运行过程相关参数，用于计算和检测电池容量的衰减情况(即通过电池 SOH 的数值判定电池容量的衰减情况)，进而判定再平衡时机，实现系统的自动化、智能化运行。

本项目相关试验系统的不同数值容量衰减循环以及再平衡试验表明：对于不同规模的储能系统，采取该装置可以在统一设置再平衡点的前提下，通过提取系统的全局和局部特征参数而进行 SOH 状态的估计，进而根据不同特征参数条件下的健康状态衰减趋势进行再平衡时机的智能化识别，克服传统手动固定再平衡周期方法的不足，支撑铁铬液流电池储能系统的长期稳定运行(见图 8-7)。

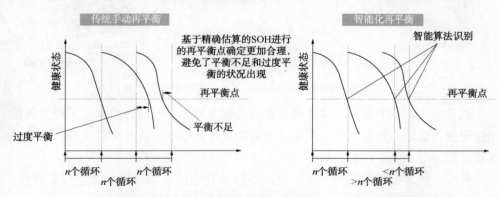

图 8-7　传统手动再平衡与基于精确 SOH 估算值智能化再平衡结果对比分析

8.3 适配铁铬液流电池长时储能的集成化、智能化管控系统

参考国内外已有类似或同类产品的控制系统结构与技术，从市场需求和未来大规模长时储能应用场景出发，采用层次化、模块化的设计思想，以可靠性、可扩展性、可裁剪性及简洁性为主要原则，结合铁铬液流电池的自身生产运维流程和特点，在系统架构上考虑兼容多种储能类型、多种应用场景及管控的便利性和可升级性，兼顾市场主流设备的可选择性，在上述技术成果的基础上，我们研发了一套适配铁铬液流电池长时储能的集成化、智能化管控系统（见图 8-8）。

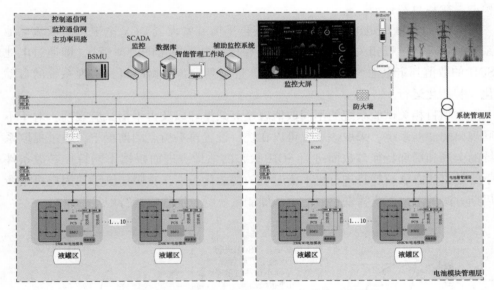

图 8-8 铁铬液流电池集成化智能化管控系统架构

液流电池的控制系统与储能电堆系统的成组方式相匹配与协调，采用分层的拓扑配置，管理对象包括电堆模块、电堆模块组和电堆模块组集群，并分层就地实现。

整个系统采用三层架构，底层为电池模块管理层，第二层为电池簇管理层，第三层为系统管理层。此类大容量储能系统采用三层架构的电池管理系统。系统对电池模块、电池簇、电池模块集群进行分层、分级、统一的管理，根据各层级

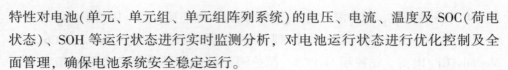

特性对电池(单元、单元组、单元组阵列系统)的电压、电流、温度及 SOC(荷电状态)、SOH 等运行状态进行实时监测分析,对电池运行状态进行优化控制及全面管理,确保电池系统安全稳定运行。

电池模块管理层:多个串并联电堆、储能变流器(PCS)、电池管理单元(Battery Management Unit, BMU)和消保系统构成一个电池模块。电池模块由 BMU 进行管理:①采集各个电堆的电压、电流和总电压、总电流;②电池模块 SOC、SOH 计算所需整体特征和局部特征信息;③管道压力、流量信息;④正负极泵运行状态;⑤再平衡系统管理;⑥热管理;⑦告警及保护信息;⑧充放电管理;⑨为上层提供信息和管理接口。PCS 负责一个电池模块的双向 AC/DC 变换,实现电池模块的充放电。消防系统负责电池模块的防火排烟,由相对独立的消防系统构成,紧急报警及保护信息可提供给 BMU 进行电池模块的内部保护,如应急处理和紧急停机操作。两个交换机分别为控制通信网和监控通信网提供信息交换功能,采用相对独立的网络有利于分别传输控制信息和监控信息,同时有利于系统的扩展和提供配置的灵活性。

电池簇管理层:管理 1 个或多个电池模块,根据上层的充放电要求将充放电需求合理地分配(可内置均衡策略或由上层直接指派)到各个电池模块,负责向上转发监控和消防报警信息。其中电池簇管理单元(Battery Cluster Management Unit, BCMU)仅负责电池簇的核心管理功能,包括采集和计算各个电池模块的 SOC、SOH、电池簇总电压、并网点电流电压。消防、各个电堆电流电压、管道信息等不参与充放电管理的数据信息由监控网络直接传输到上层。

系统管理层:电池集群管理单元(Battery Stack Management Unit, BSMU)不但包括储能系统范畴内的能量管理功能,还可以实现各个电池簇的能量均衡管理。数据采集与监视控制系统(SCADA)完成系统所有信息的汇聚、存储、报表功能。智能管理工作站实现基于人工智能的数据分析与挖掘功能,支撑 BSMU 的优化运行。辅助监控系统负责显示、存储、管理系统底层非核心数据或已就地处理的信息。

采用三层架构,有利于系统开发的独立性,在整个系统完备前,底层仍然是可以独立运行的子系统。待大规模产业化系统完备后,将可实现系统的集中管控和数据的智能化分析、管理。

在通信上,系统规划采用双网冗余配置,站控层设备与底层电池模块管理系统、功率变换系统、保护测控设备之间采用以太网连接，宜采用基于网络的通信协议。其中，站控层与电池管理系统之间的通信协议采用 IEC61850、ModbusTCP/IP 等，站控层与 PCS、保护测控设备等其他设备之间通信宜采用 IEC61850、ModbusTCP/IP 通信规约，从而保证网络之间的通信速度快、模块化、可扩展性好。并且，随着规模化调度、未来聚合储能的发展，可以支撑后续调度运维的扩容。

同时，系统在实现高速可靠控制功能的同时，基于前期成果开展了储能系统数据感知和数据智能化管控的应用。通过对采集的数据进行科学计算、处理和知识挖掘，实现对整个系统的实时控制、精确管理和科学决策。

800W 和 10kW 电堆单堆试验结果表明，建立的铁铬液流电池管控系统实现了储能系统能效的精准检测以及电解液循环、充放电、辅助系统的能耗精确分解计算，以及异常损耗的预警、储能系统充电放电过程的直流侧/交流侧的效率计算专项研究(见图 8-9)。

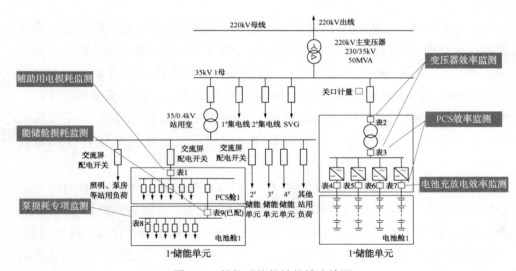

图 8-9　储能系统能效的精准检测

基于上述架构和分层功能设计方案，面对储能领域的各类应用场景，可以构建不同的铁铬液流电池控制系统实例，如适配电网调峰/调频的大容量用于削峰填谷、抑制电网振荡、提高电能质量的储能电网应用场景，以及适用于微网、智能电厂的分布式储能应用等(见图 8-10)。

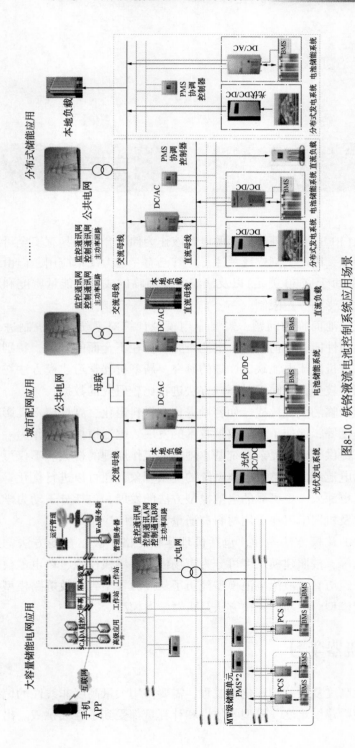

图8-10　铁铬液流电池控制系统应用场景

第 9 章　液流电池模拟计算

液流电池(RFB)利用外部储存的电解液作为储能介质，具有安全可靠、易于扩充容量的特点，因此受到广泛关注。尽管已有一些大规模应用，但由于金属钒的成本高昂(约每千克 30 美元)以及液流电池面临的成本、能量密度和浓度极化等挑战，其发展受到一定限制。

解决液流电池面临的问题，需要应用模拟计算对系统运行机制进行深入了解，以优化电池性能。目前，液流电池研究中存在不全面的问题，特别是在机理建模方面，对有机液流电池缺乏详细的研究。新型机器学习建模方法在液流电池方面的应用相对较少，且缺乏对不同方法进行比较研究的数据。

液流电池面临的关键挑战，如容量退化、材料退化、副反应不良影响、热问题、低能量密度等，促使了电池模拟技术的发展。电池模拟技术作为一种成本效益高的工具，提供了理解复杂系统基本理论和工作原理的框架。不仅可以通过模拟探索多变量电池组件和整个电池系统的复杂现象，还可以进行优化。模拟技术的引入促进了更深入、更可靠的电池模型方法的发展，包括分子动力学、密度泛函理论等，以及机器学习在可用材料高通量筛选中的应用。

液流电池的建模方法多样，包括机理建模、格子玻尔兹曼方法、分子动力学、密度泛函等，按照建模尺度可分为市场模拟、堆栈模拟、单电池模拟、分子模拟。从发展经历看，液流电池模型经历了从经验模型到等效电路模型、集总参数模型、机理模型，最新的建模方法是机器学习模型。

9.1　机器学习

液流电池高度复杂的物理化学过程，需要使用大量高度非线性的偏微分方程进行描述，使得建模难度、模型收敛性和计算量都受到了巨大挑战。出于这些原因，研究人员一直致力于简化模型，以达成快速有效模拟的目的。一种简化方法是通过将时间切换到电解液的荷电状态来建立一个稳态模型，该荷电状态与正极或负极的能斯特电位有关。这种简化模型在不损失太多精度的情况下能够节省计算时间；另一种简化方法是基于降阶方法。一些研究使用这种求解方法来消除高度非线性偏微分方程的一些从属依赖性，同时保持精度。二维问题可以简化为一维问题，这对于在堆栈和系统设计中建模以及在液流电池的大规模商业化中具有重要意义。

最新的简化模型方法是基于机器学习、多保真度方法或降阶方法开发宏观机理模型的替代模型。其中机器学习方法学习物理模型的输入和输出参数之间的映射，具有高效快捷的特性。在燃料电池和其他电池上，机器学习已被用于开发灵敏度分析、优化、电池健康监测和参数逆估计的替代模型。除此之外，深度学习方法（包含多个隐藏层的神经网络）也是燃料电池替代模型的热门选择。其中卷积神经网络曾被用于预测质子交换膜燃料电池的电压和极化曲线；循环神经网络（Recurrent Neural Network，RNN）被用于预测电池性能退化；深度学习、高斯过程模型和支持向量回归模型也曾经用在锂离子电池的健康管理上。但是这些方法很少用于液流电池的研究。目前少数几个用机器学习方法对液流电池进行的研究主要集中在活性有机分子筛选、电极优化设计、成本和性能优化，缺少机器学习方法对液流电池进行建模研究，也没有研究、比较多种机器学习模型对液流电池进行预测的差异。

综上所述，液流电池体系的机理建模对全钒液流电池的研究较多，但是对拥有诸多优点而被广泛研究的新型有机液流电池的机理建模较少。由于实验研究本身的缺陷，存在电池物质传递与能量转化机制不清晰，浓度极化等因素对电池性能的影响不明确的问题。需要对新型有机液流电池进行机理建模研究，探究流动、传质和电池结构等因素对电池性能的影响，归纳普适性规律，优化电池性能，以加速液流电池的商业化进程。

对以全钒液流电池为代表的液流电池而言，虽然机理建模方法的研究较多，研究较为全面，但是机器学习方法建模的研究较少，也缺少多种机器学习方法的比较研究。因此需要运用多种机器学习方法对最具代表性的全钒液流电池进行研究，在减少计算成本的同时，比较不同机器学习方法的特性，并筛选适合于液流电池建模的机器学习方法。

近几年机器学习在液流电池领域成为研究的热点。机器学习实际上已经存在了几十年或者也可以认为存在了几个世纪。追溯到17世纪，贝叶斯、拉普拉斯关于最小二乘法的推导和马尔可夫链，这些构成了机器学习广泛使用的工具和基础。非线性 SOC 和 SOH 不同于其他数据，可以通过数据驱动模型进行预测。机理建模方法面临的一个主要问题是计算成本高，对于某些应用，如优化和敏感性分析（研究不同参数的重要性），传统方法需要成百上千次地运行模型，可能需要几天甚至几个月的时间。因此，能够快速近似物理模型的替代模型引起了研究者的极大关注。机器学习替代模型方法目前主要应用于燃料电池与锂电池的研究，特别是锂电池的健康状态评估和使用寿命预测。目前在液流电池方面该方法应用较少，并且缺乏对多种机器学习方法的比较。随着人工智能的发展，机器学习的方法得到了广泛的应用，并取得了良好的效果。机器学习属于黑箱模型，它关注数据的内部关系，忽略物理规律。机器学习对 SOC 的估计如图 9-1 所示。

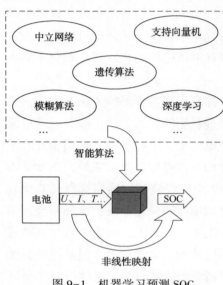

图 9-1　机器学习预测 SOC

9.1.1　决策树

在机器学习中，决策树是一个预测模型，它代表的是对象属性与对象值之间的一种映射关系。

决策树是一种基本的分类与回归方法。决策树模型呈树形结构，在分类问题中，表示基于特征对实例进行分类的过程，可以认为是 if-then 规则的集合，也可以认为是定义在特征空间与类空间上的条件概率分布。主要优点是模型具有可读性，分类速度快。学习时，利用训练数据，根据损失函数最小化的原则建立决策树模型。预测时，对新的数据，利用决策树模型进行分类。决策树可以看作是一个树状预测模型。它通过从根节点到叶节点的排列方式对实例进行分类，每个节点代表一个特征属性，分支代表该特征属性在一定范围内的输出结果。此外，随机森林、梯度推进决策树、XGBoost 都是基于决策树的算法，更为复杂。

所以通俗地讲，决策树其实是一种树形结构，其中每个内部节点表示一个属性上的测试，每个分支代表一个测试输出，每个叶节点代表一种类别。其中，每个节点包含的样本集合通过属性测试被划分到子节点中，根节点包含样本全集。

而属性测试的目标是让各个划分出来的子节点尽可能地"纯"，即属于同一类别。因此，我们的重点就是讨论量化纯度的具体方法，即决策树最常用的三种算法：ID3、C4.5 和分类与回归树(Classification And Regression Tree，CART)。

（1）ID3

ID3 算法的核心是在决策树各个节点上应用信息增益准则选择特征，递归地构建决策树。其具体方法是：从根结点开始，对结点计算所有可能的特征的信息增益，选择信息增益最大的特征作为结点的特征，由该特征的不同取值建立子结点；再对子结点递归地调用以上方法，构建决策树；直到所有特征的信息增益均很小或没有特征可以选择为止。所以 ID3 相当于用极大似然法进行概率模型的选择。ID3 算法的做法是每次选取当前最佳的特征来分割数据，并按照该特征的所有可能取值来切分。也就是说，如果一个特征有 4 种取值，那么数据将被切分成 4 份。一旦按照某特征切分后，该特征在之后的算法执行过程中将不会再起作用；另一种方法是二元切分法，即每次把数据集切分成两份。如果数据的某特征值等于切分所要求的值，那么这些数据将进入左子树，反之则进入右子树。因此，可以得出：ID3 算法还存在另一个问题，它不能直接出来连续型特征。只有事先将连续型特征转为离散型，才能在 ID3 中使用。但这种转换过程会破坏连续型变量的内在性质。所以，使用二元切分法，在特征值大于给定值时走左子树，否则就走右子树。另外二元切分法也节省了树的构建时间。同时，ID3 算法对于缺失值的情况没有考虑。

ID3 算法有一些缺点：一是能对连续数据进行处理，只能通过连续数据离散化进行处理；二是采用信息增益进行数据分裂容易偏向取值较多的特征，准确性不如信息增益率；三是缺失值不好处理；四是没有采用剪枝，决策树的结构可能过于复杂，出现过拟合。即，ID3 是单变量决策树(在分枝节点上只考虑单个属性)，许多复杂概念的表达困难，属性相互关系强调不够，容易导致决策树中子树的重复或有些属性在决策树的某一路径上被检验多次。这也就是 ID3 算法为什么倾向特征选项较多的特征。

（2）C4.5(WEKA 中称 J48)

C4.5 算法用信息增益率选择特征，由于 ID3 算法在实际应用中存在一些问题，于是 Quilan 提出了 C4.5 算法，所以严格上说 C4.5 只能是 ID3 的一个改进算法。C4.5 算法继承了 ID3 算法的优点，并在以下几方面对 ID3 算法进行了改进：一是用信息增益率来选择属性，克服了用信息增益选择属性时偏向选择取值多的属性的不足；二是在树构造过程中进行剪枝；三是能够完成对连续属性的离散化处理；四是能够对不完整数据进行处理。C4.5 产生的分类规则易于理解，准确率较高。但其也有缺点，在构造树的过程中，需要对数据集进行多次的顺序扫描和排序，因而导致算法的低效。此外，C4.5 只适合于能够驻留于内存的数据集，当训练集大得无法在内存容纳时，程序很可能无法运行。

（3）CART

CART 是使用基尼系数作为数据纯度的量化指标构建决策树的，它既可以做分类算法，也可以做回归。即，CART 算法使用基尼系数增长率作为分割属性选择的标准，选择基尼系数增长率最大的作为当前数据集的分割属性。

其实，分类与回归树 CART 模型最早由 Breiman 等人提出，已经在统计领域和数据挖掘技术中普遍使用。它采用与传统统计学完全不同的方式构建预测准则，它是以二叉树的形式给出的，易于理解、使用和解释。由 CART 模型构建的预测树在很多情况下比常用的统计方法构建的代数学预测准则更加准确，且数据越复杂、变量越多，算法的优越性就越显著。且模型的关键是预测准则的构建。

CART 的优点：一是可以生成可以理解的规则；二是计算量相对来说不是很大；三是可以处理连续和种类字段；四是决策树可以清晰地显示哪些字段比较重要。但其也有缺点：一是依然对连续性的字段比较难预测；二是对有时间顺序的数据，需要很多预处理的工作；三是当类别太多时，错误可能就会增加得比较快；四是对一般的算法进行分类的时候，只是根据一个字段来分类。

Manjot 等提出了一种基于随机森林（RF）回归的改进的锂离子电池 SOC 估计方法，该方法具有鲁棒性和对动态系统控制的有效性。为了保证良好的弹性和精度，最后采用高斯滤波器来最小化 SOC 估计的变化，如图 9-2 所示。在不同工作温度下，对锂离子电池的实验数据进行了验证。结果表明，所提出的 SOC 估计方法具有足够的精度，优于传统的基于人工智能的方法。

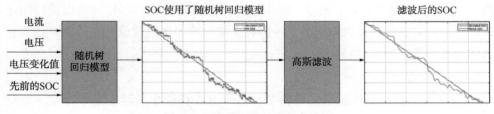

图 9-2　预测 SOC 的流程方法图

9.1.2　支持向量机

支持向量机（SVM）是由贝尔实验室的弗拉迪米尔·瓦普尼克（Vladimir

Vapnik）及其同事于 1992 年首次提出的。然而，较少人了解的是，SVM 的基础理论早在 20 世纪 60 年代就在瓦普尼克的莫斯科大学博士论文中得以发表。数十年来，SVM 因其对计算资源的高效利用以及数据科学家能够取得显著准确性而备受青睐。不仅如此，它还成功解决了分类和回归问题。SVM 可处理线性和非线性问题，广泛应用于实际业务挑战。该方法的原理非常直截了当：学习模型绘制一条线，将数据点分隔成不同的类别。在二元问题中，决策边界采用最宽的街道方法，以最大限度地增加每个类别到最近数据点的距离。

支持向量机是一种二分类模型，其基本模型定义为特征空间上的间隔最大的线性分类器，这种分类器的特点是它们能够同时最小化经验误差与最大化几何边缘区，因此支持向量机也被称为最大边缘区分类器。其学习策略便是间隔最大化，最终可转化为一个凸二次规划问题的求解。SVM 在很多诸如文本分类、图像分类、生物序列分析和生物数据挖掘、手写字符识别等领域有很多的应用。支持向量机将向量映射到一个更高维的空间里，在这个空间里建立有一个最大间隔的超平面。在分开数据的超平面的两边建有两个互相平行的超平面，分隔超平面使两个平行超平面的距离最大化。假定平行超平面间的距离或差距越大，分类器的总误差越小。

支持向量机是一种基于统计学习理论的数学方法。该方法将数据投影到高维空间中，找到一个能够分离数据的超平面，并沿着垂直于超平面的方向，该超平面与类域边界的距离最大。

李然等基于支持向量机模型，建立了锂离子电池系统 SOC 预测模型。采用粒子群算法对支持向量机参数进行优化，采用交叉验证的方法对预测模型的性能进行评估。对得到的实验数据进行仿真，包括与支持向量机模型的比较，以及电池在故障状态下的预测仿真。结果表明，通过粒子群算法优化后的模型具有较高的精度和泛化能力，优于支持向量机模型。支持向量机预测 SOC 模型如图 9-3 所示。

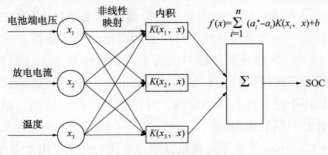

$$f(x)=\sum_{i=1}^{n}(a_i^*-a_i)K(x_i,\ x)+b$$

图 9-3　支持向量机预测 SOC 模型

9.1.3　人工神经网络

人工神经网络(Artificial Neural Network，ANN)简称神经网络(NN)，是基于生物学中神经网络的基本原理，在理解和抽象了人脑结构和外界刺激响应机制后，以网络拓扑知识为理论基础，模拟人脑的神经系统对复杂信息的处理机制的一种数学模型。该模型以并行分布的处理能力、高容错性、智能化和自学习等能力为特征，将信息的加工和存储结合在一起，以其独特的知识表示方式和智能化的自适应学习能力，引起各学科领域的关注。它实际上是一个由大量简单元件相互连接而成的复杂网络，具有高度的非线性，能够进行复杂的逻辑操作和非线性关系实现的系统。

神经网络是一种运算模型，由大量的节点(或称神经元)之间相互连接构成。每个节点代表一种特定的输出函数，称为激活函数(Activation Function)。每两个节点间的连接都代表一个对于通过该连接信号的加权值，称之为权重(Weight)，神经网络就是通过这种方式来模拟人类的记忆。网络的输出则取决于网络的结构、网络的连接方式、权重和激活函数。而网络自身通常都是对自然界某种算法或者函数的逼近，也可能是对一种逻辑策略的表达。神经网络的构筑理念是受到生物的神经网络运作启发而产生的。人工神经网络则是把对生物神经网络的认识与数学统计模型相结合，借助数学统计工具来实现。此外，在人工智能学的人工感知领域，人们通过数学统计学的方法，使神经网络能够具备类似于人的决定能力和简单的判断能力，这种方法是对传统逻辑学演算的进一步延伸。

神经网络可以分解为单层的输入层，用于传入数据；层数可调节的隐藏层，用于计算和传递数据；最末尾的输出层，用于输出计算数据。每层的神经网络由许多个节点构成，类似于生物的神经元。每一层结构都有相应的输入和输出，上一层网络神经元的输出作为本层神经元的输入，该层的输出是下一层的输入。输入的数据在神经元上进行权重的加乘，然后通过激活函数来控制输出数值的大小。该激活函数是一个非线性函数，目前运用广泛的激活函数有 Sigmoid、Relu、Leaky，等等。在神经网络发展过程中出现了前馈神经网络和递归神经网络两种结构。同时，误差反向传播(Error Back Propagation，BP)算法既可以用于前馈神经网络，又可以用于递归神经网络训练，并得到最广泛的使用。BP 算法的出现极大地促进了神经网络的使用。

Venkatesan Chandran 等采用六种机器学习算法对锂离子电池系统的 SOC 进行了估计，以适应电动汽车的应用。采用的算法有人工神经网络、支持向量机、线性回归（LR）、高斯过程回归（GPR）、总体装袋和总体推进，如图9-4所示。对模型进行误差分析，以优化电池性能参数。最后，采用性能指标对六种算法进行了比较。基于平方根误差和均方根误差作为性能的评价指标，ANN 和 GPR 是最佳方法，均方根误差分别为 0.0017 和 0.041。

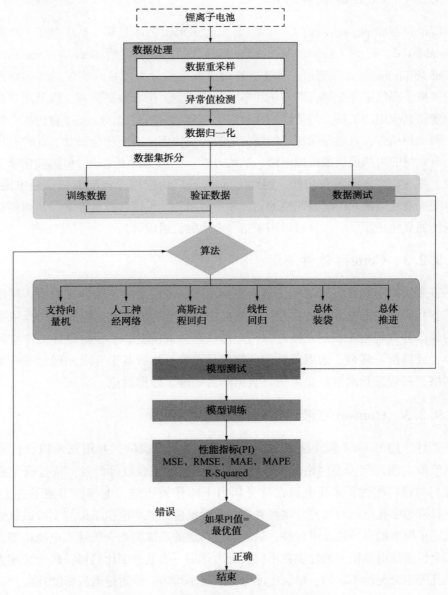

图 9-4　基于机器学习预测 SOC 流程图

9.2　Comsol

9.2.1　Comsol 软件简介

Comsol Multiphysics 简称 Comsol，起源于 Matlab 的工具箱，从工具箱 1.0 发展到 Femlab1.0，再到 Femlab3.1，由 Femlab3.2a 正式更名为 Comsol Multiphysics。Comsol Multiphysics 基于有限元方法，通过求解偏微分方程系统实现对多场物理现象的模拟，提供了完全耦合的多场和单场建模能力，仿真数据管理，以及用户友好的构建仿真应用的工具。与传统的实验或原型测试方法相比，Comsol 将仿真分析与实验测试相结合，有助于加深对问题的理解，更快更准确地优化设计。此外，该软件还有大量的附加模块来模拟电磁、结构力学、声学、流体流动、传热和化学反应现象，并在它们之间随意切换。因此 Comsol 被广泛应用于流动氧化还原电池中，用以完成液流电池几何模型网格的划分和边界条件、模拟参数等设置，从而模拟液流电池的氧化还原反应，并可以用来指导电池的流道设计。

9.2.2　Comsol 软件使用

首先用户需构思好需要的仿真的模型，列出所需要的偏微分方程组，写出已知的参数和必要的边界条件；然后在软件中选择合适的模式。模式的选择依据所用的偏微分方程组来设定。接着，用户需依靠仿真模型的尺寸设定好工作空间的大小，计算所需常数、边界条件和各物理量参数。然后基于有限元理论对模型划分网格，接着进行求解。最后进行数据的后处理，数据讨论。

9.2.3　Comsol 在液流电池方面的应用

刘佳宁用 Comsol 软件建立了全钒液流电池几何模型，并用此模拟软件完成全钒液流电池几何模型网格的划分和边界条件、模拟参数等设置，依据模型定义物理场与材料属性，多孔电极在流脊压力下叫作被压缩，电解质溶液下进上出，使电解液与多孔电极材料充分接触并进行化学反应。她将模拟结果与实验数据做对比确定了模型的有效性及可行性，最后通过构建的三维稳态全钒液流电池模型，分析了全钒液流电池模型的性能在不同装配力作用下参数的变化趋势，认为装配力越大，孔隙率分配越不均匀，电流密度分布也越不均匀，膜附近电流密度升高。

楚丹丹通过对前人所做醌溴液流电池实验的简化和假设，使用 Comsol 软件耦合了质量守恒方程、动量守恒方程、能量守恒方程以及电极反应动力学方程，建立了三维非等温瞬态模型，模型如图9-5所示。经过实验数据与模拟数据的对比，证明了模型的合理性。通过对模型分析认为由于极化作用的存在，会使得充放电电压偏离平衡电位，造成电能损失，因为流道结构的存在，使得进入多孔电极的电子密度分布发生变化，以致多孔电极内部电势和过电位都分布不均匀。同时受物质传质的影响，在电池的边角位置会出现反应物浓度偏低、产物积累、过电位偏离较高的现象，对电池性能有害。

Nicholas 等使用经过验证的 Comsol Multiphysics 模型对全钒液流电池进行了模拟。他们所使用的模型与实验数据有良好的一致性，10%~90%SOC 范围内的平均误差为 1%，10% 时的最大误差为 3%，实验和模拟充电曲线如图9-6所示。电池设计旨在减少泵能量的损失，同时改善活性物质的输送。Nicholas 等通过楔形单元与静态混合器的组合降低压差和浓度过电位来提高电池性能，楔形电池显示在循环期间提供扩展容量。出口处较高的电极压缩优化了整个电池的材料特性，而混合器则减轻了整个电池的浓度梯度。仿真结果表明，整个电池的压降降低了12%，充电电压降低了 2%，提高了能量效率。

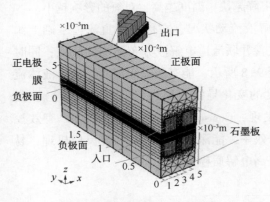

图9-5 全钒液流电池网格图

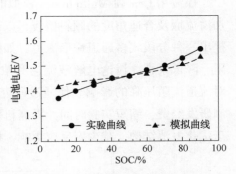

图9-6 用于模型验证的 $5cm^2$ 电池在 $40mA/cm^2$ 从 10% 到 90% SOC 的实验和模拟充电曲线

Federico 等比较了两种全钒液流电池拓扑结构。在传统的串联电池组中，双极板将电池串联，并通过管路将液路并联。而 Federico 提供了一种拓扑结构，利用单极板在电池堆内部不同的并联方式，以减少沿通道和歧管的分流电流。为了计算堆栈损耗，他们基于 Comsol Multiphysics 的 2D 多物理场数值模型构建 VRFB 电池的等效电路模型，该模型用于计算耦合的电学、电化学以及电荷和质量传输现象。优化后的模型的等效网络如图9-7所示。他们发现替代拓扑中的总损耗比同等传统电池低一个数量级。与传统拓扑相比，具有通道集流器的替代拓扑表现出最低的分流电流和液压损失，往返效率高出约10%。

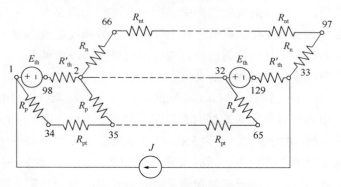

图9-7　对称性减少后的 APS 等效网络

H. Al-Fetlawi 等研究了析氧和气泡对全钒液流电池的影响。该模型可以有效地调节参数：温度、电解液速度、气泡直径等，找出其内在关系。通过对电池的仿真，结果表明，电解液流速越大，氧的下降越快，温度越高，对氧的影响越小。

徐波用 Comsol Multiphysics 模拟电解液流动状况，在传统平直流道基础上添加溢流堰及合适角度的倾斜挡板，以改善并联流道电解液分布不均的缺点；同时提出一种分段式多通道蛇形流道，如图9-8所示，能有效缩短流程，减小液体流阻，降低泵耗；讨论电解液流速和浓度的变化导致其属性（密度、黏度等）改变对流道流阻压降的影响。他通过研究发现，Comsol Multiphysics 模拟可以有效控制研发经费，缩短实验时间，提高科研效率，能深入电池内部探究反应机理，易于优化电池结构，减少副反应影响，提高电解质稳定性。

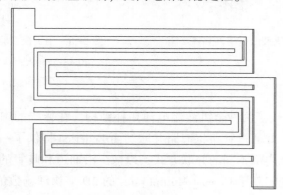

图9-8　分段式多通道蛇形流道几何结构示意图

Li 等研究了全钒液流电池叉指流场的相邻叉指通道之间的间距，其直接影响电解质在整个多孔电极上的流动分布和速度大小，从而同时影响泵送损失和质量运输损失。他们开发了一个 3D 模型来计算具有不同通道间距和流速的基于叉指流场的电池的压降和泵送损失，如图 9-9 所示。该电池的代表性单元的耦合电化学/传质模型是用于研究不同通道间距和流速时的输出电池性能。基于电化学性能和泵损耗，他们进行了综合分析，揭示了通道间距如何影响电池整体性能的机制。结果表明，不同电流密度和流速下的优化通道间距为 3mm，在

图 9-9 6mm 通道间距的几何模型

该优化通道间距下可以获得最高的基于泵的电压效率。

9.2.4 Comsol 铁铬液流电池模型求解给定入口浓度下的稳态案例

为了更好地研究铁铬液流电池性能，使用 Comsol Multiphysics6.1 进行模拟仿真，所使用的铁铬液流电池模型采用简易的三维几何结构，其中图 9-10 表示对简易叉指流道进行仿真。模型中的流道宽度为 1.5mm，深度为 1.5mm，长度为 10mm，各分支流道间距为 2mm，碳布电极厚度为 2mm，膜的厚度为 0.5mm，碳布面积为 7mm×10mm。

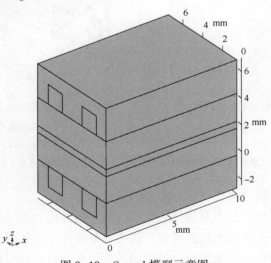

图 9-10 Comsol 模型示意图

9.2.4.1 Comsol 仿真模拟中铁铬液流电池模型图

如图 9-11 所示，铁铬液流电池模型包括三个域，负极域、质子交换膜以及正极域。负极域包括负极电极、负极流道以及负极多孔电极，正极域包括正极电极、正极流道以及正极多孔电极。该模型通过三次电流分布，解释电解质组成和离子强度的变化对电化学过程的影响，以及溶液电阻和电极动力学的影响，它完全求解 Nernst-Planck 方程，借此描述每一种化学物质通过扩散、迁移和对流的质量运输。并且该模型通过 Brinkman 方程描述电解质溶液在流道中的流动，利用达西公式描述电解质溶液在多孔电极内的流动状态。最后将流动和电化学进行耦合。

图 9-12 表示：负极侧中电解质溶液从负极入口流入，进入负极流进流道，电解质溶液穿过负极多孔电极，流入负极出口流道，再从负极出口流出；在正极侧，电解质溶液从正极入口流入，进入正极流进流道，电解质溶液穿过正极多孔电极，流入正极出口流道，再从正极出口流出。

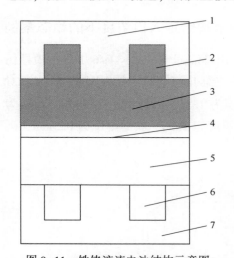

图 9-11　铁铬液流电池结构示意图
1—负极电极；2—负极流道；
3—负极多孔电极；4—质子交换膜；
5—正极多孔电极；6—正极流道；7—正极电极

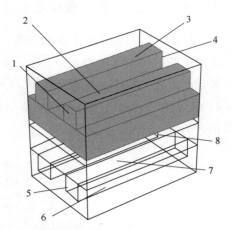

图 9-12　铁铬液流电池流动示意图
1—负极入口；2—负极流进流道；3—负极出口流道；
4—负极出口；5—正极入口；6—正极流进流道；
7—正极出口流道；8—正极出口

通过对铁铬液流电池进行仿真研究的结论如下：

流道宽度、深度和长度对性能的影响：流道的几何参数，如宽度、深度和长度，会直接影响铁铬液流电池的性能。这些参数决定了液体在流道中的流动速度和分布情况，进而影响电解质与电极之间的质量传递效率和反应速率。通过仿真研究，可以确定最佳的流道几何参数，以提高电池的性能。

　　碳布电极厚度和膜的厚度对性能的影响：碳布电极和膜的厚度也是影响铁铬液流电池性能的重要因素。较大的电极厚度可能会增加电极与电解质之间的电阻，而较大的膜厚度可能会降低离子传输速率。通过仿真研究，可以评估不同电极厚度和膜厚度对电池性能的影响，并找到最佳的设计参数。

　　碳布面积对性能的影响：碳布的面积也会影响铁铬液流电池的性能。较大的碳布面积可以增加电极与电解质之间的接触面积，提高反应效率和传质速率。通过仿真研究，可以确定最佳的碳布面积，以在保证足够的电极活性物质的情况下提高电池性能。

　　通过对铁铬液流电池进行仿真研究，可以更好地理解其性能，并为优化设计和进一步的研究提供参考。这些结论可以指导实际制造过程中的参数选择和优化，以提高铁铬液流电池的性能和效率。

　　如图 9-13 所示，介绍了一种电解液流体中 Cl^- 的浓度流线示意图，该图反映了在 Comsol 模型的流道中的电解液流动方向。通过观察流线图，可以看出电解液由入口进入，在流道中一部分经过碳布电极流向下一流道，其余电解液接着沿着流道流动。该模型模拟的流道结构为叉指流道，这里的仿真流动在流动到流道终点时，强制流动经过碳布电极流向下一流道。

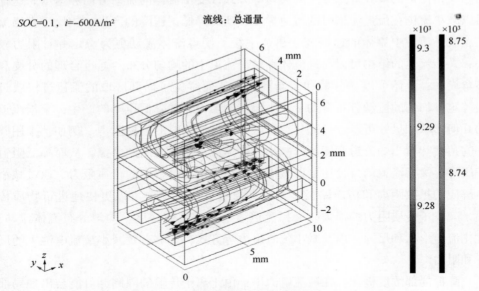

图 9-13　流道流体流动方向流线示意图

这种流动方式对于实现特定的化学反应非常重要，叉指流道有以下优点：

提高传质效率：叉指流道的结构会增加电解质与电极之间的接触面积。通过分支和转弯等设计，流体在流动过程中会产生更多的界面接触，使电解质与电极之间的质量传递更为充分。这样可以提高离子传输的速率，从而提高传质效率；叉指流道引入了流体的剪切力和涡旋，促使流体更加混合和流动。这种对流运动可以快速地将新鲜的电解质带到电极表面，并将反应产物迅速带走，减少了电解质边界层的厚度，从而提高了传质效率；叉指流道的几何形状和尺寸优化，可以减小电解质在流动过程中的传质阻力。相比于传统的直通流道，叉指流道的分支和转弯能够缩短电解质的扩散距离和传质路径，降低传质阻力，从而提高传质效率；叉指流道的设计使得电解质能够均匀地分布在整个电极表面。这种均匀的流动分布可以避免电解质中离子的聚集和堆积，减少了局部浓度极化的发生，提高了传质效率。叉指流道通过增加接触面积、促进对流传质、减小传质阻力以及实现均匀流动分布等方式，能够有效提高液流电池中的传质效率。

均匀分布液体：叉指流道能够将液体均匀引导到整个电池单元中，确保液体在电极表面的均匀分布。这对于均匀地供应电解质以及均匀地收集反应产物非常重要，有助于减少质量传递不均匀带来的问题。

减小压降和阻力：叉指流道的设计可以减小液体在流动过程中的压降和阻力。叉指流道的设计通过分支和转弯等方式改变了流体的流动方向和速度。这样可以减小流体在流过流道时的流速梯度，从而降低了压降的产生。相比于直通流道，叉指流道中流体的速度变化更加平缓，使得流体流动更为稳定并且阻力较小；叉指流道的结构可以促进流体在整个流道中的均匀分布。通过合理的分支和转弯设计，流体可以被分散和重新混合，从而避免了局部区域的流速过快或过慢。这种均匀的流动分布有助于减小流体的阻力，并降低压降的产生；叉指流道的几何形状和尺寸可以进行优化，以减小流体流动时的摩擦阻力。例如，采用圆润的角度和适当的流道宽度可以减小流体与流道壁面之间的摩擦，从而降低阻力和压降；叉指流道的设计还可以减小电解质在流动过程中的传质阻力。通过减小电解质的扩散距离和传质路径，流体在流过叉指流道时可以更快地进行物质传递，减少了传质阻力的损失。叉指流道通过减小流速梯度、均匀分布流体流动、优化流道形状和尺寸，以及减小传质阻力等方式，能够有效减小液流电池中的压降和阻力。

降低局部浓度极化：在液流电池中，由于离子传输的限制，可能会出现局部浓度极化的问题。局部浓度极化是指在电池中，由于离子传输的限制，在电极表面形成的浓度差异。这种不均匀的离子分布会导致电极反应速率的变化，并引起性能下降。叉指流道的设计可以改善局部浓度极化的问题：通过叉指流道的结构，液体在流动过程中会发生剪切、交汇和混合，从而促进电解质的均匀混合。这样可以避免电解质中离子的聚集，减少局部浓度差异；叉指流道能够将液体均匀引导到整个电池单元中。这确保了电解质在电极表面的均匀分布，使得离子能够更加均匀地供应到电极表面进行反应，减少了局部浓度极化的产生；叉指流道的设计可以减小电解质在流动过程中的传质阻力。优化的流道形状和尺寸能够降低电解质的扩散距离和传质路径，从而提高了离子传输的效率，并减少了局部浓度极化现象。叉指流道通过混合作用、均匀供应和减小传质阻力等方式，有效地降低了液流电池中的局部浓度极化问题。

提高热管理：液流电池在充放电过程中会产生热量，而叉指流道可以帮助有效地分散和冷却这些热量。首先，叉指流道的结构本身会引起流体的切割、交汇和混合。当流体通过叉指流道时，流动会产生剪切力和涡旋，使得不同层次的流体相互作用并混合在一起。这种混合效应有助于将热量均匀分布到整个流道中，避免热量累积在局部区域。其次，叉指流道的分支和转弯会增加流体与流道壁面的接触面积。较大的接触面积可以提高热传递效率，使得流体与流道壁面之间的温度差异更小，从而促进热量的传递和分散。另外，叉指流道的设计还可以改变流体的流速和流向。在流动过程中，流体会经历压降和速度变化，从而增加了流动的动能和对流传热的效果。流体在高速和低速区域之间的往返运动也有利于热量的扩散和分散，减少热量在流道中的积聚。良好的热管理可以提高液流电池的安全性和寿命，并避免温度过高引起的性能衰减和损坏。

综上所述，采用叉指流道设计可以提高液流电池的传质效率、均匀分布液体、减小压降和阻力、降低局部浓度极化以及提高热管理。这些优点可以改善液流电池的性能、效率和可靠性，在电池技术领域具有重要的应用价值。因此需要对其进行深入研究和分析。

通过对电解液流动的模拟和实验，可以更好地了解其特性和优化其工艺参数，从而提高化学反应的效率和产品质量。值得注意的是，电解液流动的特性和行为会受到多种因素的影响，例如温度、压力、电场强度等。因此，在实际应用中需要综合考虑各种因素，并对其进行优化和控制，以达到最佳的反应效果。

9.2.4.2　模型方程

能斯特方程是描述电化学反应平衡的方程式，它基于化学反应中的热力学原理，通过计算化学活性来确定平衡电位。在本书中，我们将使用能斯特方程来计算负极反应的平衡电位。Butler-Volmer 型动力学表达式是描述电化学反应动力学的常用方程式，它考虑了电化学反应的速率和传递系数。在本书中，我们将使用 Butler-Volmer 型动力学表达式来计算负极反应的过电位。

这里需要对动力学表达类型的 Butler-Volmer 方程和 Tafel 方程进行重点区分，Butler-Volmer 方程和 Tafel 方程都是描述电化学反应动力学的常见方程。

联系：两个方程都可以用于描述电极反应速率与电位之间的关系。在一定条件下，这两个方程可以互相转化。具体而言，当电极反应速率远小于电子传递速率时，Butler-Volmer 方程可以简化为 Tafel 方程。而当电极反应速率远大于电子传递速率时，Tafel 方程可以近似为 Butler-Volmer 方程。

区别：形式不同：Butler-Volmer 方程是一个指数形式的方程，而 Tafel 方程是一个线性形式的方程；适用范围不同：Butler-Volmer 方程适用于描述较快的电化学反应，而 Tafel 方程更适用于描述较慢的电化学反应；参数含义不同：Butler-Volmer 方程中的两个参数分别表示正向反应速率常数和反向反应速率常数，而 Tafel 方程中的两个参数分别表示交换电流密度和 Tafel 斜率。需要注意的是，这两个方程都是在一定假设条件下得到的，不能适用于所有情况。在实际应用中，需要根据实验条件和反应机理选择合适的动力学表达式。

（1）负极计算方程

负极电解质包含以下离子：H^+、Cl^-、Fe^{2+}、Cr^{2+}、Cr^{3+}。

负极反应为：

$$Cr^{3+} + e^- \longrightarrow Cr^{2+} \tag{9-1}$$

使用能斯特方程根据式（9-2）计算此反应的平衡电位：

$$E_{eq,neg} = E_{0,neg} + \frac{RT}{F}\ln\left(\frac{\alpha_{Cr^{3+}}}{\alpha_{Cr^{2+}}}\right) \tag{9-2}$$

其中，$E_{0,neg}$ 为电极反应的参考电位，V；α_i 为物质 i 的化学活性，无量纲；R 为摩尔气体常数，8.31J/（mol·K）；T 为电池温度 K；F 为法拉第常数，96485s·A/mol。

Butler-Volmer 型动力学表达式用于负极反应，其表达式为：

$$i_{neg} = Ai_{0,neg}\left\{\exp\left[\left(\frac{(1-\alpha_{neg})F\eta_{neg}}{RT}\right) - \exp\left(\frac{(-\alpha_{neg})F\eta_{neg}}{RT}\right)\right]\right\} \tag{9-3}$$

$$i_{0,neg} = Fk_{neg}(a_{Cr^{2+}})^{1-\alpha_{neg}}(a_{Cr^{3+}})^{\alpha_{neg}} \tag{9-4}$$

其中，A 为多孔电极的比表面积，m^2/m^3；α_{neg} 为传递系数，无量纲；k_{neg} 为速率常数。

过电位 η_{neg} 定义为：

$$\eta_{\text{neg}} = \phi_{\text{s,neg}} - \phi_{\text{l,neg}} - E_{\text{eq,neg}} \tag{9-5}$$

其中，$\phi_{\text{s,neg}}$ 为负极电极的固相电位，V；$\phi_{\text{l,neg}}$ 为负极电解质电位，V。

（2）正极计算方程

正极电解质包含以下离子：H^+、Cl^-、Fe^{2+}、Fe^{3+}、Cr^{3+}。

正极反应为：

$$Fe^{3+} + e^- \longrightarrow Fe^{2+} \tag{9-6}$$

平衡电位根据以下表达式计算：

$$E_{\text{eq,pos}} = E_{0,\text{pos}} + \frac{RT}{F}\ln\left(\frac{a_{\text{Fe}^{3+}}}{a_{\text{Fe}^{2+}}}\right) \tag{9-7}$$

$$i_{\text{pos}} = Ai_{0,\text{pos}}\left\{\exp\left[\left(\frac{(1-\alpha_{\text{pos}})F\eta_{\text{pos}}}{RT}\right) - \exp\left(\frac{(-\alpha_{\text{pos}})F\eta_{\text{pos}}}{RT}\right)\right]\right\} \tag{9-8}$$

$$i_{0,\text{pos}} = Fk_{\text{pos}}(a_{\text{Fe}^{2+}})^{1-\alpha_{\text{pos}}}(a_{\text{Fe}^{3+}})^{\alpha_{\text{pos}}} \tag{9-9}$$

其中，α_{pos} 为传递系数，无量纲；k_{pos} 为速率常数。

过电位 η_{pos} 定义为：

$$\eta_{\text{pos}} = \phi_{\text{s,pos}} - \phi_{\text{l,pos}} - E_{\text{eq,pos}} \tag{9-10}$$

其中，$\phi_{\text{s,pos}}$ 为正极电极的固相电位，V；$\phi_{\text{l,pos}}$ 为正极电解质电位，V。

（3）离子输运方程

质子交换膜负责传输以下离子：H^+、Cl^-、Fe^{2+}、Fe^{3+}、Cr^{3+}、Cr^{2+}。

在此模型中，Nernst-Planck 方程用于离子通量和电荷传输，其中以下方程描述了由扩散、迁移和对流引起的物质 i 的摩尔通量 N_i。

$$N_i = -D_i\nabla c_i - z_i u_{\text{mob},i}Fc_i\nabla\phi_1 + c_i u \tag{9-11}$$

其中，第一项是扩散通量，D_i 是扩散系数，m^2/s；c_i 是物质的量浓度，mol/L。迁移项包含物质电荷数 z_i、物质迁移率 $u_{\text{mob},i}$（单位为 s·mol/kg）以及电解质电位（ϕ_1）。对流项中，u 表示流体的速度矢量，m/s。

电解质电流密度是使用法拉第定律计算的，方法是，对各摩尔通量分量求和，再乘以物质的电荷数，还可以看到对流项由于电中性条件消失了。

$$i_1 = F\sum_{i=1}^{n}z_i(-D_i\nabla c_i - z_i u_{\text{mob},i}Fc_i\nabla\phi_1) \tag{9-12}$$

接着使用电荷守恒来计算电解质电位：

$$\nabla \cdot i_1 = F\sum_{i=1}^{n}z_i R_i \tag{9-13}$$

其中，R_i 项是引起多孔电极反应的反应源。

此模型通过三次电流分布、Nernst-Planck 接口使用方程（9-13）来求解多孔电极中的电解质电位。

在存在自由电解质的正负极多孔电极域中，所有离子的浓度均为同一数量级，浓度梯度 c_i 不可忽略。但是，膜由聚合物电解质合成，额外的负离子固定在聚合物基体中，这意味着这种物质的浓度是恒定的。在质子交换膜域，计算电中和条件下的电荷总和时，添加了一个固定空间电荷 ρ_{fix}：

$$\rho_{fix} + F \sum_{i=1}^{n} z_i c_i = 0 \tag{9-14}$$

固定空间电荷是根据膜电荷浓度来指定的，在该模型中，使用辅助扫描来更改膜电荷浓度。

（4）膜-多孔电极边界条件

与域条件：膜与多孔电极域之间的边界处的边界条件通过以下方式设置。

对于存在膜-电极两侧的物质，电位与浓度之间的关系如下：

$$\phi_{1,m} = \phi_{1,e} - \frac{RT}{z_i F} \ln\left(\frac{c_{i,m}}{c_{i,e}}\right) \tag{9-15}$$

其中，$c_{i,m}$ 是膜中物质浓度，$c_{i,e}$ 是自由电解质中的物质浓度，z_i 是对应的电荷。方程(9-15)引起的电位偏移称为唐南电位。

9.2.4.3　自放电反应（铁铬液流电池进行放电反应）

在膜-正极边界处，根据以下条件，

假设 Fe^{2+} 立即被氧化，$Fe^{2+} \longrightarrow Fe^{3+} + e^-$，此时 $c(Fe^{2+}) = 0$。

相应地，在膜-负极边界处，$Cr^{3+} + e^- \longrightarrow Cr^{2+}$，$c(Cr^{3+}) = 0$。

使用电极表面节点的快速不可逆反应动力学类型来实现快速氧化还原反应。

在铁铬液流电池中，电解液发生的电化学反应在多孔电极（多孔介质）内进行，在多孔电极内的流动状态会影响电解质溶液的电化学反应过程。而利用 Brinkman 方程可以描述多孔介质中快速流动的流体，流体的动能来自驱动流体的压力、动能和重力，该方程包括由达西定律控制的多孔介质中的慢速流动与 Navier-Stokes 方程所描述的通道中的快速流动之间的过渡，所以 Brinkman 方程非常适合描述电解质溶液在多孔电极内的流动状态。

在设置正负极流动的 Brinkman 方程中，通过孔隙率和渗透率来描述多孔介质基体，渗透率为各向同性。并且设置电解质溶液为流率进口和压力出口。最终将三次电流分布 Nernst-Planck 方程和 Brinkman 方程实现耦合。

9.2.4.4　模拟结果分析

（1）浓度变化

放电过程是电化学反应中的一种常见现象。在 $SOC = 0.95$ 状态下，平均电流密度为-600A/m²的情况下，反应物 Cr^{2+}/Fe^{3+} 在沿着流动方向流动的过程中，浓度逐渐降低，而生成物 Cr^{3+}/Fe^{2+} 的浓度逐渐升高。

这种现象可以通过图 9-14 和图 9-15 来说明。图 9-14 显示了 Cr^{2+}/Fe^{3+} 在反应过程中的浓度变化趋势，可以看到，随着反应的进行，Cr^{2+}/Fe^{3+} 的浓度逐渐降低。这是因为 Cr^2+/Fe^{3+} 是反应物，在反应过程中会被消耗掉。与此同时，图 9-15 显示了 Cr^{3+}/Fe^{2+} 在反应过程中的浓度变化趋势，可以看到，随着反应的进行，Cr^{3+}/Fe^{2+} 的浓度逐渐升高。这是因为 Cr^{3+}/Fe^{2+} 是生成物，在反应过程中会被产生出来。综上所述，放电过程中反应物和生成物的浓度变化趋势可以用来解释电化学反应的机制。这种现象可以用来优化电池的设计和性能，以提高电池的效率和使用寿命。

SOC=0.95，$i_{平均}$=-600A/m²，物质：$c(Cr^{2+})$(mol/m³)，$c(Fe^{3+})$(mol/m³)

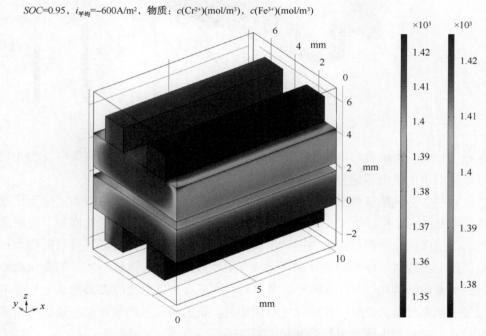

图 9-14 反应物的 Cr^{2+}/Fe^{3+} 放电过程浓度变化图

（2）电解质电位变化

在电化学领域，电解质电位是评估电池性能的重要指标之一。研究表明，在平均电流密度为-600A/m²、$SOC = 0.95$ 状态下，电解质的电解质电位随着距离正极的增加而降低。这一结论对于电池的设计和优化具有重要的指导意义。电解质电位是指电解质中离子浓度差异所引起的电势差。在电池中，正极和负极之间

SOC=0.95，$i_{平均}$=-600A/m²，物质：$c(Cr^{3+})$(mol/m³)，$c(Fe^{2+})$(mol/m³)

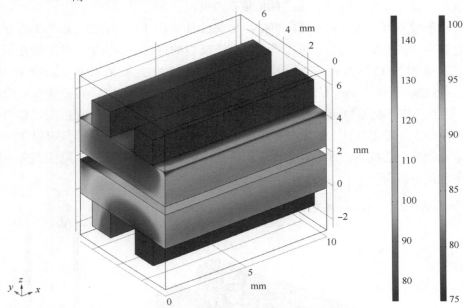

图 9-15　反应物的 Cr^{3+}/Fe^{2+} 放电过程浓度变化图

存在电势差，电解质的电位相对于这个基准电位而言。因此，电解质电位的变化可以反映出电池内部的化学反应和离子扩散过程。

利用实验和数值模拟相结合的方法，可以探究不同位置的电解质电位变化规律。图 9-16 结果表明，在 SOC=0.95 状态下，随着与正极距离的增加，电解质电位逐渐降低。数值模拟结果进一步验证了这一趋势，并揭示了其背后的物理机制。这一发现对于电池的设计和优化具有指导意义。由于电解质电位的变化会影响到电池内部的化学反应和离子扩散过程，因此在设计电池时需要考虑电解质的位置和浓度分布。此外，在优化电池性能时，也需要通过调节正极和负极的位置和结构，来控制电解质电位的变化。

因此，揭示了在 SOC=0.95 状态下，随着与正极的距离增加，电解质的电解质电位逐渐降低这一规律。这一结论对于电池的设计和优化具有重要的指导意义，为未来电池研究提供了新的思路和方法。

（3）电解质电位截线图

图 9-17 为电池中心线上的电解质电位截线图，显示了电位在质子交换膜位置处发生了偏移，表明在离子膜边界位置发生了唐南电位偏移。这种现象通常是

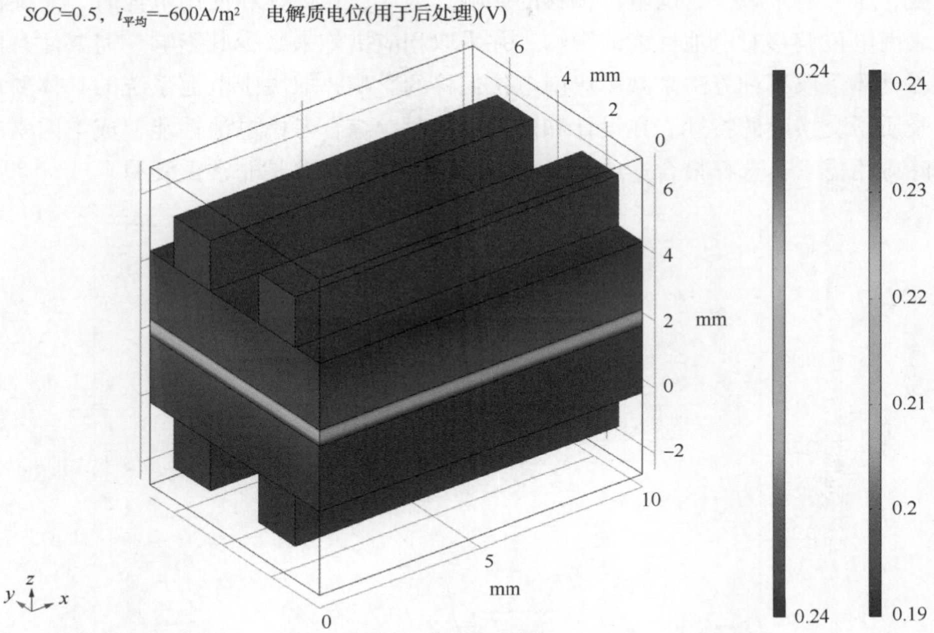

SOC=0.5，$i_{平均}$=−600A/m²　电解质电位(用于后处理)(V)

图 9-16　放电过程电解质电位示意图

由于质子交换膜表面的电化学反应引起的。

质子交换膜是一种聚合物膜，具有高度的选择性，可以将正负离子分离开来。在电池中，质子交换膜起到了将正负离子分开的作用，从而使电池工作正常。然而，在质子交换膜表面，会发生一些电化学反应，这些反应会导致电位的偏移。具体来说，当正离子通过质子交换膜时，会与膜表面上的负离子发生化学反应，从而导致电位偏移。这种现象被称为唐南电位偏移。在质子交换膜中，膜表面通常具有一些固定的负电荷，例如负离子交换基团。当正离子通过膜时，会与这些负电荷相互吸附或反应，形成电荷屏障，从而导致离子的扩散速率减慢。这个电荷屏障会引起电位势的偏移，使得正离子的浓度在膜两侧不平衡。

唐南电位偏移是离子交换过程中重要的现象之一，对于膜分离、电解和其他离子传输过程具有重要影响。了解和控制唐南电位偏移可以提高质子交换膜的效率和选择性，进而优化离子交换过程的效果。唐南电位偏移对电池的性能有一定影响：首先，它会降低电池的能量效率。其次，它会影响电池的寿命。因此，在设计电池时，需要考虑如何减少唐南电位偏移的影响。

目前，减少唐南电位偏移的方法主要包括两种：一种是改变质子交换膜的材料和结构，以减少其表面上的化学反应。另一种是通过控制电池的操作条件，如温度、压力等来减少唐南电位偏移的影响。因此，在设计和使用电池时，需要注意唐南电位偏移对电池性能的影响，并采取相应措施来减少其影响。需要注意的是，具体采取哪种方法来减少唐南电位偏移的影响，取决于电池系统的具体要求以及质子交换膜的特性。在设计和使用电池时，综合考虑电池性能、成本因素和实际应用需求，选择最合适的减少唐南电位偏移的策略是非常重要的。

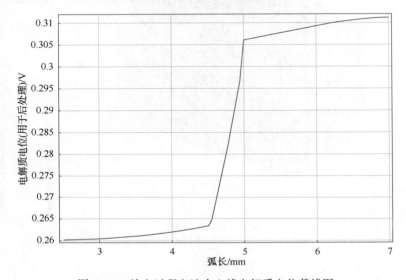

图 9-17　放电过程电池中心线电解质电位截线图

（4）电池中心线各物质活性接线图

图 9-18 显示了电池中心线上的电解质溶液内各物质浓度的变化，以及各物质活性的最高梯度发生在离子膜位置的原因。

在电池中心线上，电解质溶液内各物质浓度的变化是非常显著的。其中，各物质活性的最高梯度发生在离子膜位置。这是因为在离子膜位置，正负离子之间的交换非常频繁。这种交换会导致离子膜两侧的浓度差异非常明显，从而导致各物质活性的最高梯度出现在离子膜位置。此外，离子膜还可以起到限制离子扩散的作用。在离子膜两侧，离子扩散速度会受到限制，从而导致离子浓度的变化更为显著。这也是各物质活性最高梯度出现在离子膜位置的原因之一。

总之，电池中心线上的电解质溶液内各物质浓度的变化和各物质活性最高梯度出现在离子膜位置是由于离子膜起到了限制离子扩散和促进正负离子交换的作用。对于电池的设计和优化，必须考虑这些因素，以确保电池能够正常运行并具有更好的性能。

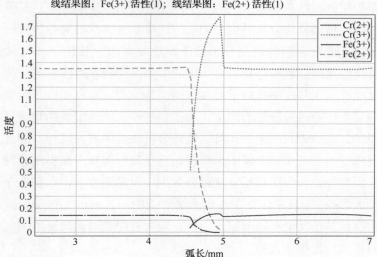

线结果图：Cr(2+) 活性(1)；线结果图：Cr(3+) 活性(1)
线结果图：Fe(3+) 活性(1)；线结果图：Fe(2+) 活性(1)

图 9-18 放电过程电池中心线各物质活度截线图

9.3 分子模拟

分子模拟可分为分子力学模拟、分子动力学模拟及蒙特卡洛模拟等。分子动力学是一种基于力场的模拟方法，在确定好体系的分子系综和位能函数等条件下，通过求解牛顿运动方程来获取分子微观状态随时间变化的平均值，以及获取体系的压力、能量及空间分布等参数。该方法可跨越较大的能垒，且对较复杂的大体系进行模拟，因此分子动力学是分子模拟中应用最广泛的方法。

9.3.1 分子动力学简介

分子动力学(Molecular Dynamics，MD)方法是基于经典牛顿运动方程以及原子之间相互作用势，对每个粒子的速度和受力进行牛顿运动方程数值积分，对微观系统的力和热性质，以及动力学规律都有较为准确的近似表达。它是研究热输运性质的最有价值的数值工具之一，特别是对于基于晶格动力学方法的计算较困难的复杂结构。因此，该方法是目前在纳米领域内应用最为广泛的仿真模拟方法。MD 模拟具有实验成本低、安全性高以及可以实现通常条件下较难或者无法进行的实验的特点；在纳米尺度上，MD 模拟可以揭示实验观测无法达到的空间和时间尺度上的分子运动规律[1]。MD 模拟现已成为纳米科学领域中一个非常重要的研究方法。

凝聚态物质微观结构已经很明确，其本质是大量原子或分子之间的相互作用，可通过统计物理方法分析凝聚态物质的性质及规律。凝聚态物质研究的问题极为复杂，基于理论模型的研究分析已不能满足需求，且还存在计算量大等问题。随着科技的发展，利用计算机对物质的微观结构和宏观性质的计算分析成为可能。高性能计算在科技中发挥了重要作用，其为理论研究提供了巨大的发展动力。分子模拟方法通过分析原子的位置和运动规律来统计宏观的物理量，不仅提供微观的原子运动轨迹和图像，还可以统计分析物质的宏观属性。因此分子模拟建立了微观理论与宏观实验的桥梁为新理论建立和新实验方案提出起到重要的指导作用。按原理分类，分子模拟方法可分为 MD 和量子力学，区别在于是否考虑了电子运动的影响。MD 是建立在经典力学之上的，忽略电子运动而带来的量子效应，尽管在计算精度上有部分损失，但在较大空间和时间尺度等问题的研究上有着量子力学无法比拟的优势。

分子力场是 MD 模拟的基础，模拟体系中的粒子因彼此间的相互作用而发生运动，力场主要是用来描述这些原子间的相互作用。通常根据体系的特点来选取相应的分子力场，分子力场主要分为反应力场和非反应力场。其中，反应力场涉及化学键的断裂和生成，例如 ReaxFF、AIREBO 等均为反应力场；而非反应力场没有化学反应，通常用来模拟聚合物及其复合材料，例如 CVFF、UNIVERSAL、CHARMM 及 COMPASS 等力场。其中 COMPASS 力场适用于无机和有机小分子、高分子材料、金属及其氧化物等体系。

目前，MD 模拟能处理几个、几百甚至上亿个原子的体系，但处理的体系规模是有限的，远小于真实体系的规模。为了能使模拟计算的体系更符合实际情况，MD 模拟引入了周期性边界条件的概念。以模拟体系为中心盒子，在其三个方向上再构建 26 个镜像盒子形成一个三维模型。在 MD 模拟过程中，若一个或几个粒子发生运动并跑出中心盒子，就会有对应的粒子从相反的界面回到中心盒子中，这样就能保证模拟系统中的粒子总数是不变的。此外，采取最近镜像的方法来计算原子间的相互作用，这样中心盒子中粒子的受力会比较均匀，进而消除了边界效应带来的影响。同时，为了避免在 MD 模拟计算中重复计算粒子所受的力，引入了截断半径（cut-off radius）概念。一般而言，截断半径距离在 10~15 Å 之间，通常不超过盒子的一半。

在实际研究中，处理较大的分子体系，尤其当不关注体系的电子结构时，分子动力学模拟具有明显的优势。从化学的角度出发，原子的主要质量集中在原子核，核外高速运动的是电子。根据波恩-奥本海默近似(Born-Oppenheimer Approximation)，当原子核的位置发生变化时，核外电子可以随之改变并迅速形成稳定的状态。在这种情况下，原子之间的相互作用可以用一个经验势场来描述，通过经典力学，获得体系中分子原子的微观运动。

在分子动力学模拟中，体系的能量是所有原子位置的函数，因而在确定了原子坐标后，可以计算得到体系的总能量；而能量对原子坐标的一阶偏导则是该原子所受到的作用力，根据经典力学的运动方程可以求解原子的速度，同时考虑到模拟体系的温度压力等外部作用的影响，对计算的速度进行调整并获得原子坐标；最后在新坐标下可以重复之前的循环并持续演化，直至达到模拟设定的时间。

9.3.2 MD 模拟基本理论

MD 是一种基于计算机技术的模拟方法，通过对原子的运动方程进行数值积分可获得原子间相互作用随时间演变的规律。MD 方法以经典力学为基本思想，通过牛顿定律来描述系统中每个原子的作用：

$$F_i = m_i a_i \tag{9-16}$$

其中，m_i 为系统中第 i 个原子的质量；a_i 为这个原子的加速度；F_i 表示作用于这个原子的力。MD 模拟是定性的方法，给出了原子的初态(位置和速度)，系统的最终态的性质原则上就已经被决定了。MD 模拟可以形象地描述为：原子被放入一个系统中，在系统中运动，与其他相邻原子有相互作用，并激发出波。

9.3.2.1 初始化

初始化指的就是给定一个初始的相空间点，这包括各个粒子初始的坐标和速度。在 MD 模拟中，需要对 $3N(N$ 是原子数)个二阶常微分方程进行数值积分。每一个二阶常微分方程的求解都需要有坐标和速度两个初始条件，所以需要确定 $3N$ 个初始坐标分量和 $3N$ 个初始速度分量，一共 $6N$ 个初始条件[2]。

(1) 坐标初始化

坐标的初始化指的是系统中的每个粒子都有一个初始的位置坐标。MD 模拟中，如何坐标初始化与所要模拟的体系有关。例如，如果模拟晶体，就得让各原子的位置按晶体的结构排列。如果模拟的是液态或者气态物质，那么初始坐标就比较随意了。重要的是，在构建初始结构中，任何两个粒子的距离都不能太小，因为这可能导致有些粒子受到非常大的力，以至于让后面的数值积分变得非常不稳定。坐标的初始化也常被称为建模，往往需要用到一些专业的知识，例如固体物理学中的知识。

（2）速度初始化

在经典热力学系统中，平衡时各个粒子的速度要满足 Maxwell 分布。但是，作为初始条件，不一定要求粒子的速度满足 Maxwell 分布。速度初始化最简单的方法是在某个区间产生 $3N$ 个均匀分布的随机速度分量，再通过如下两个基本条件对速度分量进行修正。

一是让系统的总动量为零。也就是说，不希望系统的质心在模拟的过程中跑动。分子间作用力是所谓的内力，不会改变系统的整体动量，即系统的整体动量是守恒的。只要初始的整体动量为零，在 MD 模拟的时间演化过程中整体动量将保持为零。如果整体动量明显偏离零（相对于所用浮点数精度来说），则说明模拟出了问题。这正是判断程序是否有误的标准之一。

二是系统的总动能应该与所选定的初始温度对应。在经典统计力学中，能量均分定理成立，即粒子的 Hamilton 量中每一个具有平方形式的能量项的统计平均值都等于 $k_B T/2$。其中，k_B 是玻尔兹曼常数，T 是系统的绝对温度。所以，在将质心的动量取为零之后就可以对每个粒子的速度进行一个标度变换，使得系统的初始温度与所设定的温度一致。假设设置的目标温度是 T_0，那么对各个粒子的速度做如下变换即可让系统的温度从 T 变成 T_0：

$$v_i \rightarrow v_i' = v_i \sqrt{T/T_0}$$

容易验证，在做上式中的变换之前，如果系统的总动量已经为零，那么在做这个变换之后，系统的总动量也为零。

在经典力学中，无论粒子之间有何种相互作用，每个粒子的 Hamilton 量的动能部分都是：

$$\frac{1}{2}m_i v_i^2 = \frac{1}{2}m_i(v_{ix}^2 + v_{iy}^2 + v_{iz}^2)$$

由此可知，每个粒子的动能的统计平均值等于 $3k_B T/2$，故系统的总动能的统计平均值为：

$$\left\langle \frac{1}{2}\sum_i^N m_i v_i^2 \right\rangle = \frac{3}{2}Nk_B T$$

尖括号表示对括号内的物理量进行了统计平均。在统计力学中，统计平均指的是系综平均，即对很多假想的具有相同宏观性质的系统进行平均。但是，在 MD 模拟中，统计平均值指的是时间平均，即对系统的一条相轨迹上的相点进行平均。这两种平均在理论上严格地说是不等价的。但从实用的角度来看，用时间平均代替系综平均是非常合理的，因为实验中测量的各种物理量的值本质上就是一个时间平均值。

上面的公式给出了系统动能的统计平均值，但在初始化阶段，就令系统的动能等于所期望的统计平均值，即令：

$$\frac{1}{2}\sum_i^N m_i v_i^2 = \frac{3}{2}Nk_B T$$

这样，就能够确定各个粒子的初始速度的大小。

9.3.2.2 边界条件

在 MD 模拟中需要根据所模拟的物理体系选取合适的边界条件，以期待得到更合理的结果。边界条件的选取对粒子间作用力的计算也是有影响的。边界条件通常分为周期边界条件（Periodic Boundary Conditions）和非周期边界条件（Nonperiodic Boundary Conditions）两种。在计算机模拟中，由于计算机运算能力的限制，模拟体系的尺寸一定是有限的，一般都比实验中体系的尺寸小很多，这就是所谓"尺寸效应"问题。在 MD 模拟中，通常选择周期边界条件[3]。为了消除"尺寸效应"节约计算成本，需要对模拟体系的大小进行系统测试。

（1）周期边界条件

MD 模拟的典型尺度从几百个原子到几百万个原子，为了表示扩展系统，在模拟单元中通常采用周期边界条件。周期边界条件可看成在基本单元基础上可以重复扩展，延伸到无限远的空间，常用于模拟无限大的体系。它也可被认为模拟各种性质的物理量从一侧出去，从另一侧重新回到模拟区域。这种边界条件可以很好地消除边界对模拟系统的影响，例如：可消除在热输运过程中的边界散射影响。当然，并不能说应用了周期边界条件的系统就等价于无限大的系统，只能说周期边界条件的应用可以部分地消除边界效应，让所模拟系统的性质更加接近于无限大系统的性质。通常，在这种情况下，要模拟一系列不同大小的系统，分析所得结果对模拟尺寸的依赖关系来最终确定消除了尺寸效应。

举个一维的周期边界条件的例子，假设模拟盒子长度为 $L_x = 100$（任意单位）。在模拟体系中，对于 i 和 j 两个粒子，它们的坐标位置分别 $x_i = 10$ 和 $x_j = 80$。如果不采用周期边界条件，它们的距离是 $|x_j - x_i| = 70$。而采用周期边界条件时，可认为 j 粒子在 i 粒子的左边，且坐标值可以平移至 $80 - 100 = -20$。这样，j 与 i 的距离是 $|x_j - x_i| = 30$，比平移 j 粒子之前两个粒子之间的距离要小。在模拟过程中，总是采用最小镜像约定（Minimum Image Convention）定义为：

$$x_j - x_i = x_{ij}$$

则这个约定等价于如下规则：

如果 $x_{ij} < -L_x/2$，则将 x_{ij} 换成 $x_{ij} + L_x$；

如果 $x_{ij} > +L_x/2$，则将 x_{ij} 换成 $x_{ij} - L_x$。

最终效果就是让变换后的 x_{ij} 的绝对值小于 $L_x/2$。很容易将上述讨论推广到二维和三维的情形。

（2）非周期边界条件

非周期边界条件包括固定边界条件和自由边界条件（也称作开放边界条件）两种。在对于低维材料及有限体系的模拟中，通常在特定方向上采用非周期边界条件。例如对于 2D 材料的模拟，平面外的方向上就需要设置成自由边界条件。在一些特定的有限体系模拟时，需要采用固定边界条件固定一部分原子来实现特定的模拟目的，这一部分原子的速度、位移和受力均为零。如在非平衡态 MD 模拟计算一定长度系统的热导率时，需要固定一部分原子作为隔热层来实现热流的定向流动，防止反向热流。在模拟过程中，要根据具体的模拟对象和目的来选择合适的边界条件。

9.3.2.3　系综理论

系综（Ensemble）是吉布斯于 1901 年提出的，是统计力学的一个重要概念。系综是由所研究的系统与若干个具有相同宏观态的假象全同系统的集合，其中每一个系统都处在某一个各自完全独立的微观运动状态。微观运动状态在相空间中构成一个连续的区域，宏观量是与微观量相对应的，是在一定的宏观条件下所有可能的运动状态的平均值。对于任意的微观量 $H(p, q)$ 的宏观平均 $\bar{H}$ 可表示为：

$$\bar{H} = \frac{\int H(p, q)\rho(p, q, t) \, d^{3N}q \, d^{3N}p}{\int \rho(p, q, t) \, d^{3N}q \, d^{3N}p}$$

其中，p 和 q 是广义坐标和广义动量，它们形成相空间；t 是时间；N 是系统中的粒子总数；$\rho(p, q, t)$ 是权重因子。若令上式中的分母等于 1，这时 ρ 就是归一化的系综分布函数，即系综的概率密度函数。

在经典 MD 模拟中，多粒子体系用统计物理的规律来描述是非常适合的。模拟的粒子体系必须服从粒子系综的规律。其中最常用到的系综有微正则系综（NVE）、正则系综（NVT）、等温等压系综（NPT）等。

（1）NVE 系综

NVE 是系统的统计系综。此系统与外界没有关于粒子、热量和体积功的交换，具有固定的粒子数 N、体积 V 以及能量 E。从热力学的角度来看，系统的状态就由 N、V 和 E 来决定，这些量就是宏观量，而对于一组宏观量就确定了一个宏观态。然而，从微观的角度来说，一个系统处于一个确定的宏观态，但系统中各个粒子的运动状态是不确定的。这时系统中所有粒子的运动状态的组合就构成一个微观态。因此，一个 N、V 和 E 确定的宏观态可能有很多个微观态，系统沿相空间中的恒定能量轨道演化。用 MD 方法计算热导率时，在系统达到平衡后，通常切换到 NVE 系综产出，记录系统各个时间下的运动状态参量。

在 MD 模拟过程中，系综平均一般用时间平均来代替。N 和 V 在模拟过程中是固定的，总动量也是一个守恒量，通常将总动量置为 0，以防止系统整体运动。在给定初始位置 $r^N(0)$ 和初始动量 $p^N(0)$ 后，经过 t 时间后，从运动方程生成轨道 $[r^N(t),\ p^N(t)]$。根据轨道平均的定义有：

$$\bar{A} = \lim_{\substack{t' \to \infty \\ t' \to t_0}} \frac{1}{t'} \int_{t_0}^{t'} A[r^N(t),\ p^N(t);\ V(t)]\,\mathrm{d}t \tag{9-17}$$

在 NVE 系综，总能量守恒，对于相同 E 和 V，轨道 $[r^N(t),\ p^N(t)]$ 经历相同的时间，则轨道平均 $\bar{A}$ 等于微正则系综平均，即：

$$\bar{A} = \langle A \rangle_{\mathrm{NVE}} \tag{9-18}$$

（2）NVT 系综

NVT 是一个粒子数 N、体积 V、温度 T 和总能量为守恒量的系综。在这个系综中，系统的 N、V 和 T 都保持恒定，总能量为 0。相当于系综中所有系统都被置于一个温度不变的热浴中，此时系统的总能量可能有涨落，但系综的温度能保持恒定。

在 NVT 系综中，为了描述体系能量的涨落，通常在孤立无约束系统的拉格朗日方程中引入一个广义力 $F(r,\ \dot{r})$ 来表示系统与热库耦合，即：

$$\frac{\mathrm{d}}{\mathrm{d}t}\left(\frac{\partial L}{\partial \dot{r}}\right) - \frac{\partial L}{\partial r} = F(r,\ \dot{r}) \tag{9-19}$$

其中，L 为孤立无约束系统的拉格朗日函数：

$$L = \frac{1}{2}\sum_i m_i \dot{r}^2 - U(r) \tag{9-20}$$

为了使式（9-20）表现为齐次的，可用 $V(r,\ v)$ 表示广义势能，令 $L' = L - V$，于是可将拉格朗日运动方法写成更简洁的形式：

$$\frac{\mathrm{d}}{\mathrm{d}t}\left(\frac{\partial L'}{\partial \dot{r}}\right) - \frac{\partial L'}{\partial r} = 0 \tag{9-21}$$

（3）NPT 系综

NPT 是系统处于等温等压的外部环境中的系综。在这种系综，体系的 N、P 和 T 都保持不变。这种系综是与大热源接触而进行能量交换的物理系统，是最常见的系综。NPT 系综的 MD 模拟一般通过"扩展系统法"来实现，可分为恒温法和恒压法两个步骤分别进行处理。

在恒温法中，引入表示温度恒定状态与热源相关的参数 ζ。可设想热源很大，与大热源接触，交换能量而不改变热源的温度，还能使系统达到平衡。系统具有与热源相同的温度，并与热源构成一个复合系统。系统的动力学方程可表示为：

$$p_i = m_i \frac{\mathrm{d}q_i}{\mathrm{d}t}$$

$$\frac{\mathrm{d}p_i}{\mathrm{d}t} = -\left(\frac{\partial \phi}{\partial q_i}\right) - \zeta p_i$$

$$\frac{\mathrm{d}\zeta}{\mathrm{d}t} = \left(\sum_i \frac{p_i^2}{2m_i} - \frac{3}{2}Nk_\mathrm{B}T\right) \cdot \left(\frac{2}{M}\right)$$

上式中，p_i 是控制温度引入的标度动量。在等式中加入了与热源的相互作用项 ζp_i，给出了变量 ζ 的运动方程，表明动能项数值大于 $\frac{3}{2}Nk_\mathrm{B}T$ 时，$\frac{\mathrm{d}\zeta}{\mathrm{d}t}>0$，$\zeta$ 增加而使粒子的速度和动能变小；反之则使粒子的速度和动能增加，增加项起到一种负反馈的作用。其中 M 是与温度控制有关的决定响应速度的一个常数。

在恒压法中，利用活塞原理调控系统的体积实现对压力的调节。这一思想是 Anderson 于 1980 年提出的。对于等压条件下的系统认为处于压力处处相等的外部环境中，可以通过改变系统的体积来保持系统的压强恒定。

9.3.3　MD 模拟常用软件

基于计算机硬件的发展以及并行运算策略的使用，人们开发出一系列高效的分子动力学模拟软件。目前使用最广泛的主要有 Amber、Charmm、LAMMPS、NAMD、Gromacs 等。Amber 和 Charmm 分别是美国加州大学旧金山分校和哈佛大学在同名力场基础上开发的商业模拟软件，在生物领域有着广泛的应用。LAMMPS 是由美国桑迪亚国家实验室开发的，现由桑迪亚国家实验室和坦普尔大学的研究人员维护，它包含多种计算模块，且并行效率高，在模拟计算中应用较多。NAMD 是美国伊利诺伊大学香槟分校的理论与计算生物物理学组和并行编程实验室合作开发的，其优点是具备超高的并行效率，通常用于模拟大型系统。Gromacs 是荷兰格罗宁根大学的生物化学系开发的，主要用于模拟蛋白质、脂质和核酸，是目前最快和最流行的分子模拟软件包之一。分子动力学模拟的后处理可视化程序主要有 gOpenMol、OVITO 和 VMD 等。

其中，LAMMPS 是一个经典的分子动力学代码，可以模拟液体中的粒子、固体和气体。也可以采用不同的力场和边界条件来模拟全原子、聚合物、生物、金属、粒状和粗料化体系。LAMMPS 可以计算的体系小至几个粒子，大到上百万甚至是上亿个粒子。LAMMPS 可以在单个处理器的台式机和笔记本电脑上运行且有较高的计算效率，但是它是专门为并行计算机设计的。其可以在任何一个安装了 C++编译器和 MPI 的平台上运算，其中当然包括分布式和共享式并行机和 Beowulf 型的集群机。

LAMMPS 程序虽然自带一些分析命令，比如 compute rdf、compute adf 等，然而很多时候我们关心的实质或是信息在 LAMMPS 里没有相应的命令，并且它不支持图像的输出，所以我们借助于可视化软件 OVITO 实现对模拟过程中粒子运动轨迹的可视化观察。OVITO 是一款免费开源软件，能够对数据进行分析和可视化。最初是由 Alex 和 Stukowski 在德国 Darmstadt University of Technology 开发，它支持多种文件格式，包含各种分析工具，如原子的颜色编码、切片、键角分析等，且可以将结果以高质量的图像和动画形式导出。

9.3.4 MD 模拟主要步骤

（1）确定起始构型

一个能量较低、结构合理的起始三维构型是进行 MD 模拟的第一步。生物大分子的起始构型主要来自实验数据，如 X 射线晶体衍射法或核磁共振波谱法测定的分子结构，或根据已知分子结构通过同源建模得到的结构等。体系中有机小分子的构型也可通过量子化学计算得到。

（2）选用适当力场和模拟软件

选择适当的力场是进行 MD 模拟的基础。不同的力场具有不同的适用范围和局限性，需要根据所研究的体系和问题适当选取。同时使用多种力场时，应当注意所用力场间的兼用性。力场的选择与最终模拟结果的准确性息息相关。软件的选择往往与所用的力场有关，应着重考虑所需的算法、软件的运行速度和并行计算能力。

（3）构建体系和能量最小化

已经有了研究对象分子的起始构型，接着要根据研究对象所处的环境（如气相、水溶液或跨膜环境等）构建模拟体系，在生物大分子周围加上足够的溶剂分子。体系的大小和模拟元胞的形状根据具体体系而定，需要兼顾合理性和可行性。

（4）进行体系能量最小化

初步建立的体系中常常存在局部不合理性（如相邻原子间隔太近），不能马上进行动力学模拟，需要先进行体系能量最小化（energy minimization）修饰。比较常用的能量最小化方法有最速下降法和共轭梯度法。

（5）平衡过程

体系构建好之后要赋予各个原子初始速度，这一速度是根据一定温度下的玻尔兹曼分布随机生成的，然后对各个原子的运动速度进行调整，使得体系总体在各个方向上的动能之和为零，即保证体系没有平动位移。通常在低温下生成初始速度（避免初始温度过大，引起原子碰撞、体系不稳定等），然后在 NVT 条件下约束住溶质进行逐渐升温，以防止升温过程中损坏溶质的合理构型。升至所需的温度后，接着在 NPT 条件下进行模拟，调整体系的压强和密度。这一过程中需要对体系的能量、温度、压强、密度等进行监控，看是否收敛，直至体系达到平衡。

（6）数据采集过程

体系达到平衡之后则可以进行长时间的模拟，从这个过程中采集样本进行分析。采样要在系统平衡后进行，可记录三条轨迹，即体系中粒子的坐标、速度和能量随时间的变化。能量中又包括了不同能量项，以及体系的温度和压力等随时间的变化量，如静电能、范德华能、体系的动能、势能和总能量。记录轨迹的频率可以根据具体的模拟体系、模拟步长及所研究的现象和性质来选择，并兼顾模拟时间的长短和输出文件的存储需求。如果记录轨迹不够频繁，容易缺少信息，不能很好地观测一些相关时间较短的现象；记录轨迹过于频繁则会生成巨大的轨迹文件，给后期处理和数据备份造成不必要的麻烦，并且可能超出可用的存储空间，导致模拟中断。模拟时间要尽量长一些，以确定所研究的现象或性质能够被观测到，并且需要确保此现象出现的可重复性。

（7）MD 结果分析

结果分析主要是通过系综平均得到可与实验结果相比较的宏观物理量。数据分析可用的工具有多种，常用 MD 软件包内包含一些结果分析程序，也可以根据需要自编一些结果分析软件。

9.3.5　基于分子动力学的理论计算

Ge 等人在苯醌/溴流动槽中用分光光度计和专用试剂检测 Br 通过负电解质

的累积渗透，并利用 MD 模拟明确 Br⁻ 和 Br₂ 的交叉行为。结果表明，Br 交叉是降低电流效率的关键因素，外加电场可以降低 Br 交叉。

Kim 等人设计制作出一个 16μm 厚的 Nafion 填充多孔膜用于锌/溴氧化还原液流电池（ZBB）。该实验步骤见图 9-20（a），Nafion 浸渍到多孔聚丙烯（PP）分离器的溶液中，用 NMP 作为 Nafion 溶液的溶剂，成功地制备了一种无空隙的 Nafion/PP 膜。通过 SEM 表明成功制备了无空隙的 Nafion/PP 膜，如图 9-20（d）-（i）所示。通过分子动力学模拟计算，比较了 Nafion 链在水、IPA（异丙醇）、NMP（N-甲基吡咯烷酮）、DMAc（二甲基乙酰胺）、EG（乙二醇）等不同溶剂中的

溶剂化自由能（见图 9-19）。负溶剂化自由能越大，说明 Nafion 链与溶剂的相互作用越强。NMP、DMAc 和 EG 的溶剂化自由能相近，但小于水和 IPA 的。结果表明，NMP、DMAc 和 EG 对 Nafion 团聚体的形成有较好的抑制作用。实验结果表明，基于 Nafion/PP 膜的 ZBB 具有更高的能量效率，说明质子交换膜可以通过使用廉价的多孔衬底降低膜厚度而实现性能优于传统的多孔膜。

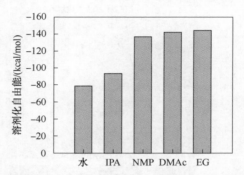

图 9-19 Nafion 链溶剂化自由能计算结果

9.4 原子方法

9.4.1 密度泛函理论简介

量子化学是利用量子力学方法研究化学问题的一门学科。1925 年，Werner Heisenberg 建立起矩阵力学。1926 年，奥地利科学家 Erwin Schrödinger 建立起波动力学，发表了著名的薛定谔方程（Schrödinger 方程），可以用来求解微观粒子的运动状态，这些都标志着量子力学的建立。Hartree-Fock 方法为求解 Schrödinger 方程作出近似，可以用来计算极简单的体系，但是由于随着体系粒子数 N 的增大，所需要的计算量将呈现为粒子态 $O(N^4)$ 急剧增大。电子密度作为一个可观测量，代替波函数作为变量，只需要三个变量，可以大大降低计算量，由此发展了密度泛函理论（Density Functional Theory，DFT）方法。它是一种研究多电子体系的电子结构和量子力学方法，在物理、化学、材料领域都有广泛的应用，特别是对于研究分子和凝聚态的性质具有重要意义，是凝聚态物理和计算化学领域的最

常用计算方法之一。

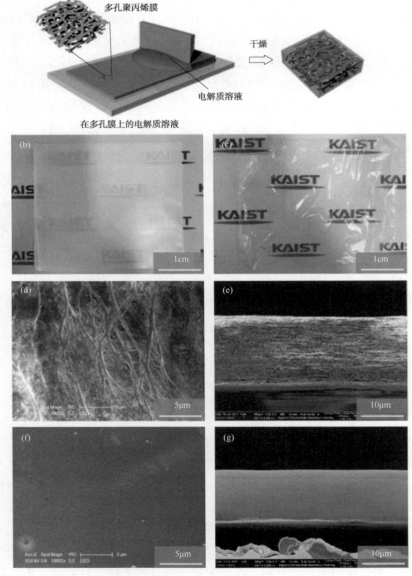

图 9-20 （a）Nafion/PP 膜制备工艺示意图；（b）原始多孔 PP 膜和（c）填充 Nafion 的 PP 膜；
原始多孔 PP 膜的扫描电镜图像：（d）表面和（e）横截面；Nafion/PP 膜的扫描电镜图像：
（f）表面和（g）横截面

DFT 可以从薛定谔方程出发研究原子的电子结构及其相互作用[4]。通过计算电子结构和与结构相关的能量最小化，关系以得到原子或分子的性质，如输运机制、反应途径、活化能和化学稳定性。粒子密度泛函理论是 20 世纪 60 年代在 Thomas-Fermi 理论的基础上发展起来的量子理论的一种表述方式，通过粒子密度来描述体系基态的物理性质。因为粒子密度只是空间坐标的函数，这使得密度泛函理论将 $3N$ 维波函数问题简化为三维粒子密度问题，十分简单直观。另外，粒子密度通常是可以通过实验直接观测的物理量。粒子密度的这些优良特性，使得密度泛函理论具有广泛的应用前景。

密度泛函理论是研究多电子体系电子结构的一种量子力学的方法。该方法现如今得到了广泛的应用，是量子化学以及凝聚态物理领域最常用的方法之一。学习密度泛函理论，我们还得对 Hohenberg-Kohn 定理和 Kohn-Sham 理论作简单了解。

（1）Hohenberg-Kohn（H-K）定理

1964 年，Pierre Hohenberg 和 Walter Kohn 发表了一篇在物理学界十分重要的论文，这也标志着密度泛函理论的诞生。在这篇论文中，他们证明对于非简并基态分子，它所有的电子性质包括分子的基态能量、波函数等都由它的基态电子密度唯一决定。H-K 定理主要包含以下两个部分：

H-K 第一定理证明了外部电势是电子密度的唯一泛函，而体系的基态能量仅仅是电子密度的泛函。为此，我们可以用电子的密度来求解体系的能量，代替波函数，使得处理多电子体系的电子结构成为可能。

H-K 第二定理：系统的基态能量是电子密度的泛函，只有当电子密度是真实的基态密度时，才能得到体系能量的最小值。

由第一个 H-K 第一定理得知，在处理多电子体系时，不需要直接求解困难的 Schrödinger 方程，而是可以利用电荷密度得到基态能量。对于一个含有 N 个电子的体系，Schrödinger 方程含有 $3N$ 个空间变量和 N 个自旋变量，随着电子数量的增加，体系的维度呈指数增长，各个波函数之间也是高度纠缠的，使得计算变得非常困难，而电荷密度的泛函仅仅包含三个空间变量，进而把求解 Schrödinger 方程简化成一个只有三维的问题。然而，H-K 第一定理没有给出可以用于获得基态的电荷密度的泛函的具体形式，而 H-K 第二定理则说明，让整个泛函的能量最小化的电荷密度就是对应于体系的真实电荷密度。因此，可以利用变分原理等方法不断地调整电荷密度以降低由这个泛函所确定的能量，进而找到基态的电荷密度。

（2）Kohn-Sham 理论

由上面的 H-K 定理可知，得到基态分子的电子密度时，该基态分子所有的性质都能确定。虽然，H-K 定理非常重要，但它并没有给出一个计算体系基态电子密度可实际操作的方法。一年后，由 Kohn 和 Sham 提出了一种解决方案（Kohn-Sham 理论，简称 K-S 理论）。他们考虑了有 N 个电子的一个假想体系，并认为在该体系中各电子之间无相互作用，每个电子都具有同样的外势能量函数。实际体系与这个假想体系的基态电子密度等价。

（3）交换-相关泛函

虽然，K-S 理论提供了一种实际应用密度泛函理论计算的可行方案。但是，在 K-S 方程中，所有未知的部分都被包含在交换-相关泛函中（E_{xc}），因此准确合理地交换相关泛函对于得到准确的密度泛函理论结果至关重要[5]。目前，实际应用密度泛函理论计算的核心问题是确定交换-相关泛函的表达式。交换-相关泛函我们一般把它分为两个部分，一部分为交换泛函（E_x），另一部分为相关泛函（E_c），即 $E_{xc}=E_x+E_c$。直到目前为止，交换-相关泛函的精确表达形式我们还没得到，但已经有很多近似的密度泛函形式在实际的计算中得到应用，其中包括局域密度近似（Local Density Approximation，LDA）、广义梯度近似（Gradient-Corrected Approximation，GGA）以及杂化密度泛函（Hybrid Function）等。

（4）溶剂化效应

大多数的催化反应以及生物体内的反应都是在溶液中进行的，而且对于一些反应来说，溶液环境也会对分子的平衡构型产生很大影响，进而改变反应路径以及影响反应速率。因此，对于在溶剂中的催化反应来说，在计算化学中考虑其溶剂化环境十分必要。

一种常用的描述溶剂化效应的模型为连续介质模型，该模型忽略了溶剂分子的具体结构，假设溶剂分子为一个连续介质，并会形成孔洞，溶质分子则位于这些孔洞之中。目前，最常使用的连续介质模型是自洽反应场（SCRF，Self-Consistentssss Reaction-Field）模型。1981 年，Miertus 及其合作者提出极化连续介质模型，即 Polarized Continuum Model（PCM）模型。在 PCM 模型中，假设溶质分子的原子核位于溶剂分子形成的孔洞中，而孔洞的半径为溶质分子的范德华半径的 1.2 倍。

随后，基于 PCM 模型，人们相继发展了多种不同的溶剂化模型。例如，等密度极化连续介质模型（Isodensity Polarizable Continuum Model，IPCM），积分方程的连续介质模型 IEF-PCM（Integral Equation Formation，IEF）以及基于密度的溶剂化模型（Solvation Model Based on Density，SMD）。SMD 模型是基于溶质分子的电荷密度，描述与溶剂的连续相互作用的一种新的连续溶剂化模型。SMD 可以适用于任何溶剂或纯液体中，对于带电或不带电的溶质都可以适用。由于 SMD 模型优异的表现，现在已经成为最常用的溶剂化模型。

9.4.2 DFT 常用计算软件

目前，比较流行的第一性原理计算软件有 VASP、CASTEP、ABINIT、PWSCF、SIESTA、Gassian 和 WIEN2K 等。

在液流电池中，常使用第一性原理方法研究电极材料。目前，基于 DFT 的第一性原理方法在材料研究中使用很频繁，一方面可以解释材料的微观性能，另一方面还能与通过实验得到的宏观结果相比较，进一步认识材料的性质。第一性原理计算被频繁应用于计算材料的结构稳定性、能带、迁移路径、能量势垒等。在材料的设计、合成、模拟计算和性能评价等方面取得较多突破性进展。

目前在液流电池中常用的第一性原理计算软件为 VASP（Vienna Ab-initio Simulation Package）。该软件包是由奥地利维也纳大学开发的，目前主要用于研究材料模拟和固体物理的计算化学。它是基于密度泛函理论和第一性原理开发的，求解 Kohn-Sham 方程得到材料的各种信息。它采用平面波基组（Plane Wave Basis Set），外加超软赝势（Ultra-Soft Pseudopotentials，USPP）或缀加投影波方法（Projector-Augmented Wave method，PAW）描述电子与离子之间的相互作用。VASP 使用高效的矩阵对角化技术求解电子基态，在迭代求解过程中采用了 Broyden 和 Pulay 密度混合方案加速自洽循环的收敛速度[6]。

VASP 采用了平面波的方法对波函数进行展开，这种方法的解析形式较简单，平面波展开是一个傅里叶变换过程，在计算上也比较简单，随着平面波数量的增加，体系的能量可以收敛。由于采用平面波方法对原子核附近的波函数进行展开较为困难，所以 VASP 采用了赝势的方法描述原子核与电子之间的相互作用。赝势是给定一个截止半径 R_c，在离原子核的距离小于 R_c 范围内把振荡剧烈的波函数用一个变化缓慢的波函数代替，这样就可以用较少的平面波来对波函数进行展开。VASP 支持模守恒（Norm-Conserving，NC）赝势、超软（Ultrasoft Pesudopotential，UP）赝势以及投影缀加平面波（Projector Augmented Wave，PAW）赝势。VASP 使用了高效的最小残差法在迭代子空间中直接求逆（RMM-DIIS）和块 Davidson 方法进行迭代矩阵的对角化，并与 Broyden/Pulay 密度混合方法相结合以实现快速的自洽场(Self-Consistent Field, SCF)收敛。

VASP 软件采用周期性边界条件(或超原胞模型)处理原子、分子、团簇、纳米线(或管)、薄膜、晶体、准晶和无定形材料，以及表面体系和固体，用于获得材料的结构参数(包括原子坐标、键长、键角等)和构型；材料的状态方程和力学性质(体弹性模量和弹性常数)；材料的电子结构[能级、电荷密度分布、能带、电子态密度和 ELF(电荷局域密度)]；材料的光学和磁学性质。

使用 VASP 使用的输入文件有：INCAR、POSCAR、POTCAR、KPOINTS、CHGCAR(电子密度)和 WAVECAR(波函数信息)等，主要输入文件为前四个。INCAR 文件告诉 VASP 算什么以及怎么算，通过设置相关参数来控制 VASP 计算。POSCAR 是包含所计算体系的所有原子种类、坐标和晶格常数等信息的文件。POTCAR 是原子的赝势文件，VASP 提供了 USPP(超软赝势)和 PAW(缀加平面波)。KPOINTS 设置计算体系的 K 点个数的多少。

VASP 的输出文件非常多，主要的几种输出文件有：CONTCAR、OSZICA、OUTCAR、CHGCAR 等。CONTCAR 是 VASP 计算最后输出的一个结构信息，和 POSCAR 格式一样，需要时可以把 CONTCAR 复制到 POSCAR 做续算。OSZICAR 是电子步迭代和能量信息。OUTCAR 是 VASP 输出的细节信息。CHGCAR 是电荷密度信息。

9.4.3 基于 DFT 的第一性原理计算在液流电池方面的应用

Vijayakumar 等人利用 DFT 计算和核磁共振波谱技术研究了钒在混合酸基电解质溶液中的结构。DFT 研究表明，氢键双核 2P 化合物比原来的双核 4P 化合物更有利于形成。温度的升高促进了配体交换过程中氢键双核化合物的形成。因此，V^{5+} 在混合酸体系中具有较高的热稳定性。

Yeonjoo 等人研究了在铁铬液流电池中添加电催化剂 Bi。结合实验分析和密度泛函理论计算表明，这些现象是由于 Bi 和科琴黑的协同作用，抑制了析氢，为增强 Cr^{2+}/Cr^{3+} 氧化还原反应提供了活性位点。

刘顿采用缓冲溶液法制备了 Al、Mn 共掺杂的 $Ni_{0.8-0.8x}Mn_{0.2-0.2x}Al_x(OH)_2$($x=$ 0.10, 0.14, 0.18, 0.22)正极材料，并采用基于密度泛函理论的第一性原理方法计算了 β-$Ni(OH)_2$ 和掺杂了 Mn 后的 β-$Ni(OH)_2$ 的能带结构、态密度以及分波态密度，能带结构图如图 9-21、图 9-22 所示。

结果显示，β-Ni(OH)$_2$的带隙为 1.22 eV 的间接带隙，表现非金属的性质。掺杂了 Mn 后的 β-Ni(OH)$_2$的能带穿过费米能级，使能带结构呈金属特征，更有利于其电化学性能，且交叠轨道数比未掺杂 Mn 时明显增多，表现出很强的自旋极化作用。他同时研究了态密度分析，发现 Ni 和 O 之间有强烈的相互作用，有利于保持晶格的稳定性。

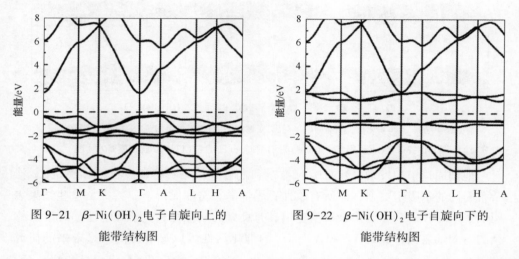

图 9-21　β-Ni(OH)$_2$电子自旋向上的
能带结构图

图 9-22　β-Ni(OH)$_2$电子自旋向下的
能带结构图

Xu 等人通过密度泛函理论研究了用于 VRFB 的氮、硼和磷掺杂石墨电极的催化活性。他们采用一层石墨烯来表示石墨电极的表面。模型如图 9-23 所示。

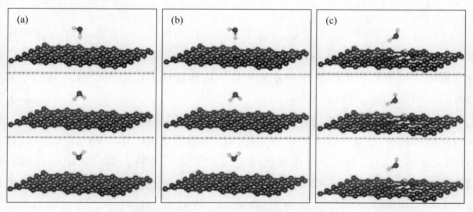

图 9-23　(a)原始石墨烯；(b)石墨 N 掺杂石墨烯；(c)吡啶 N 掺杂石墨烯；
(d)吡咯 N 掺杂石墨烯；(e)石墨 B 掺杂石墨烯；(f)P 掺杂石墨烯

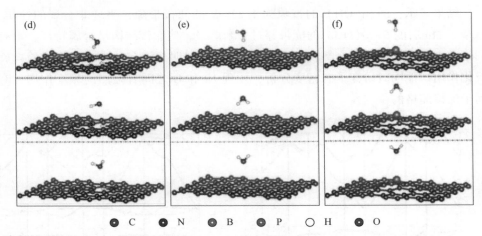

● C　　● N　　● B　　● P　　○ H　　● O

图 9-23 　(a)原始石墨烯；(b)石墨 N 掺杂石墨烯；(c)吡啶 N 掺杂石墨烯；
(d)吡咯 N 掺杂石墨烯；(e)石墨 B 掺杂石墨烯；(f)P 掺杂石墨烯(续图)

他们通过模拟发现氢化吡啶 N 掺杂和吡咯 N 掺杂石墨烯比石墨 N、B 和 P 掺杂石墨烯的水吸附更强，而所有改性石墨烯的态密度保持金属特征。这些结果表明用于 VRFB 的杂原子掺杂石墨电极具有良好的润湿性和电子导电性。对于 P 掺杂的石墨烯表面，其对 V^{2+} 和 V^{3+} 离子的催化活性可以显著提高，是未来的研究方向。

9.5　经验模型

经验模型是最简单的液流电池建模方法，它利用已有的实验数据来预测电池的特性，而不考虑液流电池内部的物理化学原理。经验建模通常用多项式、指数、幂律、对数和三角函数作为分析工具。经验建模方法适用于确定液流电池中的不确定参数和用于市场评估。

经验模型主要研究特定输入条件对电池性能的影响，例如 Skyllas-azacos 等人研究电堆输出电压与外加电流的关系，结果显示电池电压与外加电流呈线性关系。Xiong 等人根据千瓦级全钒液流电池组的充放电特性，建立了电池组的经验模型研究最优电解液流速。模拟结果表明，泵的能耗与电解液流量呈二次曲线增加的关系，电解液的最佳流量约为 $90 cm^3/s$。在这样的流量下，通过增加放电期间电池堆能量和减少泵消耗的能量来最大化电池放电能量，同时通过减少充电期间的电池堆能量和泵消耗的能量来最小化电池充电能量。在最佳流量下，液流电池可达到最高的电池效率。S. Selverston 等人开发了一个半经验模型，以帮助阐明有内部再平衡功能的密封气铁液流电池的析副反应、化学不平衡和再平衡过程的性质。使用密封的可加压容器测量氢气生成率。在密封重组系统中，气压力的实验和模型之间获得了良好的一致性。该半经验模型可以很容易地修改或扩展到其他具有不同制氢速率或复合反应器的系统。Federico Poli 等人提出了一种新的、简单的半经验方法，描述电池净功率输出与流速的规律，用于模拟电池的真实响应，通过该函数建立流动锂氧电池的功率平衡模型，其模拟数据与实验能够很好拟合。这种新的半经验方法可以加速氧化还原液流的发展。

该方法是最简单的液流电池建模方法，在建模过程中需要做出诸多假设，模型过于简化，误差较大。所以只适合简单的规律总结与预测，不适合研究液流电池内部详细的物理化学变化，使用范围有限。

9.6 等效电路模型

对液流电池更深程度建模的方法是等效电路模型，该模型用电气元件解释液流电池的物理化学现象。最简单的电路模型是电阻模型。它使用基于电池荷电状态的开路电压和电阻器来模拟液流电池的等效串联电阻。负载通过蓄电池端子连接，在负载处测量电压和电流。等效电路模型的结构通常取决于实验方法，即电化学阻抗谱(Electrochemical Impedance Spectroscopy, EIS)或测量脉冲放电行为等。一般来说，通过在模型中加入更多的电路元件，例如电阻器和电容器网络来模拟时间相关效应，可以提高精度。

通过该模型可以直观地识别全钒液流电池的电气特性，如电池内阻和充放电行为。结合扩展卡尔曼滤波(Extended Kalman Filter, EKF)算法(用于电池荷电状态估计)，M. R. Mohamed 等人提出了全钒液流电池系统的热相关电路模型，用于描述动态参数(欧姆极化和浓差极化、电容极化和浓差极化)，这可以反映电池的极化特性。随后 Ankur Bhattacharjee 等人的研究表明，全钒液流电池系统的一阶等效电阻-电容(Resistor-Capacitance, RC)电路模型的内部参数是动态的，内部参数不仅随流量和电池组电流变化，而且随荷电状态和工作循环次数变化。通过将该模型应用于商用全钒液流电池系统，验证了该模型的性能。结果表明，阳极和阴极的电荷转移电阻均随流速的增加而减小，但与电流无关。阳极和阴极的双层电容都随着电解液流速的增加而增加。考虑静态内部参数时，电压的平均误差为 3.5%(充电时)和 7.5%(放电时)。而在模型中使用动态内部参数时，这些误差分别降低到近 0.2% 和 1%。这表明通过同时考虑减少电堆内部的损耗和泵功率损耗能够确定最小系统损耗下的最佳电解液流量。

Robert 等人推导了电压、电池荷电状态和充电或放电电流之间的关系，以描述液流电池的动态电压。通过描述电池的电压行为，该模型获得了全钒液流电池在不同操作条件下依赖于状态的能量转换能力。此外，等效电路模型还可以有效地分析并联电流，并联电流的存在缩短了电池系统的循环寿命，降低了系统的能效。Xing 等人利用等效电路模型研究了电解液在荷电状态下电堆中分流电流的大小和分布。仿真结果表明支路电流在堆栈的中间达到峰值，并向两端减小。在该模型的基础上，提出了通过减少单体串联单元数、降低歧管和通道电阻、提高单体单元功率来降低并联电流的方法。

由上述研究可知，电气等效电路模型在液流电池系统的电气动态响应方面具有良好的适应性和简单性。该方法比经验模型的研究更为深入，但是侧重点在于系统的电气特性研究上，是针对整个电池系统的研究，对影响电池性能的物质传递、流体流动等因素没有研究。

9.7　集总参数模型

与等效电路模型不同，集总参数模型明确表示了电极上发生的随时间变化的电化学现象，同时通过一组微分代数方程（Differential Algebraic Equation，DAE）假设反应物浓度的均匀空间分布，这种方法通常基于质量和能量守恒定律及能斯特方程。为了简化集总参数模型，通常会做出一些假设：电解液完全充满电解液箱；自放电反应是瞬时的；各电解液槽、管道、电池或电堆中的浓度和温度均匀；电池或电池堆类似于连续搅拌槽式反应器；电池或电池组的电阻在液流电池的工作范围内保持恒定。在液流电池建模中，集总参数模型中的微分代数方程非常简单且易于集成，从而可以得到一个快速准确的模型，这样一个模型适合电池的动态控制和监测。

近年来，出现了几种集总参数模型，为液流电池监控和管理系统的开发提供了帮助。Li 等人基于物理现象和化学动力学提出了一个简单的动力学模型，该模型忽略了电池和电解液箱之间的电解液再循环。而 Shah 等人运用该方法开发了考虑再循环的电池控制模型，该模型可以快速准确地捕捉电池性能（如充放电时间和电池荷电状态）与关键系统特性之间的关系，显示出对液流电池系统控制和监控的巨大前景。

研究表明，极高或极低的温度对电池性能有显著影响。因此，研究者基于质量和能量守恒提出了相关热模型。模拟结果表明，电流密度对产热有重要影响，电解液流动对传热和散热有很大影响。此外，可以调整电解液箱材料的热性能及其表面积，以优化向大气的传热，从而减少过热。之后，Xiong 等人添加泵功率损失到热模型中，在一个循环中最大化放电能量和最小化充电能量。该模型可用于开发电池控制系统，以获得令人满意的热工水力性能，并最大限度地提高能源利用效率。

此外，还有用于模拟自放电和副反应并进一步预测其对电池容量影响的动态模型。一些研究人员基于传质理论建立模型，以预测电池中钒离子转移引起的自放电过程。模拟发现，钒离子转移的速度和方向取决于电解液的电池荷电状态。在初始电池荷电状态为 0 时，钒离子的净转移方向是向负电解液，而在初始电池荷电状态为 65% 时，钒离子先向正电解液转移，然后转向负电解液。为了实现更精确的模拟，一些研究人员将钒离子交叉引起的副反应引入模型。结果表明，充电过程中的副反应、氢气的析出和 V^{2+} 的空气氧化将导致循环过程中的容量损失，这突出了控制适当电压以减少副反应的重要性。更重要的是，这些模型可以预测容量随时间的变化，从而有助于做出更好的决策，实施定期电解质再平衡或再混合，以恢复运行期间的容量。虽然这些模型很好地预测了容量损失随时间的变化，但模拟结果与实验结果仍存在一定差异。产生这种差异的一个可能原因是假设水不会通过膜传递。

上述的研究表明，集总参数模型是电池堆栈和系统尺度规模上最常用的方法。该模型的方程相当简单且易于集成，因此它可以很容易地集成到控制/监控系统中，以实现长期优化运行。该方法的主要缺点同样是由于方程过于简单，无法充分描述电池内部复杂的物理化学过程。电池研究的快速发展，例如新的电极材料和电池设计，需要能够更详细地描述更复杂的物理化学过程的先进模型。例如，需要对电池的空间分布和两个电极之间的电势进行建模，以了解温度场、浓度场、流场和电场。集总模型就不能满足这些需求，因此需要在单元尺度上进行建模以进行更详细的研究。

9.8　机理模型

液流电池建模最常用的方法是机理建模方法，该方法假设电池各组分是连续的。因此，该方法要求在均质的基础上处理物理问题。通常，连续模型遵循一系列控制方程：质量守恒、动力守恒、电荷守恒、能量守恒与描述电化学反应特性的巴特勒-福尔默方程（Butler-Volmer equation）。

基于上述方程以及一系列适当的初始和边界条件，可以成功地把物理问题转化为数学模型。为了降低问题的复杂度减少计算量，在保证一定精确度的前提下，机理模型中通常会做出一些简化假设：将电解液视为不可压缩流体；在动量方程中忽略重力；物质传递方程采用稀溶液近似方程；电池工作状态稳定；如果存在析氢或析氧，气体和液体的体积分数受体积守恒约束；气体（氢或氧）形成球形气泡，当从电极表面分离时，这些气泡保持其形状，并且不会合并；对单体电池的热分析中，通常忽略通过管道和电解液箱产生的热量，重点放在电池内部的热损失上；膜、电解质和电极的物理性质是各向同性和均匀的。

机理模型通常分为稳态或瞬态两类，就空间维度而言通常有零维（Zero Dimension，0D）、一维（One Dimension，1D）、二维（Two Dimension，2D）和三维（Three Dimension，3D）四种类型。该方法通常用于研究结构设计、材料物理参数和操作条件变化对电池的影响。

在液流电池中，电解液的利用与电解液在电池内的分布密切相关。如果电解液流动不均匀，电化学反应局部活跃或不活跃，将导致电池内物质浓度、电流密度、过电位和温度的不均匀性。虽然增加电解液流速有助于提高均匀性，但会降低系统效率。因此，研究电解液流的分布对于电池优化至关重要。考虑到这一点，研究人员基于连续介质假设和动量守恒提出了几种流动模型。这些模型考虑了动量传递，而忽略了质量、电荷传递和电化学反应。由于模型过于简化，虽然可做到快速模拟计算，但是其使用条件有限。实际上，液流电池在运行过程中伴随着活性物质穿过隔膜，这会形成明显的容量损失，从而导致循环过程中的库仑效率降低。对此，K. Knehr 等人提出了一个二维瞬态模型，以预测电池运行期间膜内物质的渗透和相关电池容量损失。该模型考虑了对流、扩散和迁移的综合影响，并与能斯特方程耦合，将膜内的物理过程从质子扩展到所有带电粒子。模拟结果解释了由于物质浓度和膜的半选择透过性而导致的膜中的电势变化。之后研究人员利用该模型探索 Nafion 和 s-Radel 膜中的离子传输机制以控制物质渗透。模型模拟表明，扩散是 Nafion 膜中粒子传输的主要驱动力，而对流是 s-Radel 膜中粒子传输的主要驱动力。对这两种膜的比较研究为减少液流电池系统中的交叉污染提供了解决思路。

单电池模型包含更详细的物理化学现象，因此可以提高模拟的可靠性，但这会增加计算的复杂性。因此，忽略活性物质穿过隔膜和副反应的简化模型，在某些要求不高的情况下更为合适。与二维模型相比，三维模型考虑了单电池几何形状（流道、入口和出口）的影响，因此三维模型可以更准确地反映电解液环境。例如 Ma 等人开发了一个三维模型，该模型可以描述电极内浓度、速度、过电位和电流密度的详细空间特性。三维模型非常接近真实情况，非常适合用于优化电池结构，在大规模应用中前景广阔。Zheng 等人对上述模型进行了扩展，对热量进行考虑，用于预测温度的空间分布以及与电池荷电状态有关的准静态热行为。模拟结果表明，在充电过程中，温度略有下降；而在放电过程中，温度迅速上升，最终导致温度在循环过程中呈上升趋势。这表明，如果电池没有散热，在重复充放电循环中，电池内部的温度会上升到不可接受的水平。所以需要一种有效的热管理策略，选择合适的材料和最佳的电池结构，以消除任何电池的蓄热危机。为此，将用于温度预测的单电池模型和集总参数模型结合起来，对于维持理想的电池温度具有重要意义。

由上述的研究可知，以全钒液流电池为代表的金属基液流电池的机理模型研究比较全面，但是对活性材料丰富并且便宜的有机液流电池的机理模型研究，多年来只有四项。2015 年 Li 等人首次对醌-溴有机液流电池进行建模，该模型研究了电极厚度对电池性能的影响，发现 6 层碳纸是最合适的。该研究的另外一个亮点是改进了电解质导电率方程，使模型结果与实验数据更趋于一致。随后，Li 研究了石墨板和流道对电流分布的影响，以及温度、不同的电流密度和流量等变量对电池性能的影响。研究发现：在较低的外加电流密度下，流速对电池性能影响不大；随着温度的升高，电压和过电位随之增加。2018 年 Ma 等人建立了醌基液流电池的多孔电极机理模型，研究孔隙率和孔径分布对电极性能的影响，得到了合适的孔隙率和孔径分布。此外，考虑了孔体积、比表面积和孔径的综合影响，引入无量纲数形状因子 SF 表征了电极的形貌，并研究了形貌对电极性能的影响。2022 年 Qian 等人研究了咯嗪基液流电池中流速、渗透性、孔隙率对电池性能的影响。发现低正极流量（15mL/min）造成了巨大的电位损失，水通过膜的渗透由扩散和电渗阻力主导。

在有机液流电池技术成为液流电池研究方向的热点背景下，仅用四例模型对其研究满足不了液流电池发展的需求。并且这四项研究都是基于有膜结构建立的机理模型，缺乏对成本更低的无膜结构有机液流电池体系的研究，不能够完整反映电池系统的工作特性。因此，需要通过模拟研究加深对无膜有机液流电池体系的理解，明晰电池内流体流动、物质传输和能量转化机制，归纳普适性规律，优化电池性能，以加速液流电池的商业化进程。

参 考 文 献

[1] Li X, Schmidt J R. Modeling the nucleation of weak electrolytes via hybrid gcmc/md simulation [J]. Journal of Chemical Theory and Computation, 2019, 15(11): 5883-5893.

[2] Aoun B, Sharma V K, Pellegrini E, et al. Structure and dynamics of ionic micelles: MD simulation and neutron scattering study [J]. The Journal of Physical Chemistry B, 2015, 119(15): 5079-5086.

[3] Hinteregger E, Pribil A B, Hofer T S, et al. Structure and dynamics of the chromate ion in aqueous solution. An ab initio QMCF-MD simulation [J]. Inorganic Chemistry, 2010, 49(17): 7964-7968.

[4] Sha Y, Yu T H, Merinov B V, et al. DFT prediction of oxygen reduction reaction on palladium-copper alloy surfaces [J]. Acs Catalysis, 2014, 4(4): 1189-1197.

[5] Bogatko S, Cauët E, Geerlings P. Improved DFT-based interpretation of ESI-MS of aqueous metal cations [J]. Journal of the American Society for Mass Spectrometry, 2013, 24(6): 926-931.

[6] Gionco C, Paganini M C, Giamello E, et al. Paramagnetic defects in polycrystalline zirconia: an EPR and DFT study [J]. Chemistry of Materials, 2013, 25(11): 2243-2253.

第 10 章　工程示范及项目发展

10.1　示范装置简介及架构

团队经过多年的持续研发，完成了产品迭代，在发展过程中经历了四个阶段，现阶段完成的 100kW/400kW·h 铁铬液流电池系统，被命名为"中海一号"。

（1）实验室示范期

2010 年，工作电流密度 60mA/cm²，电池堆功率 2kW，将部分进口原材料国产化，采用 Nafion 115 膜、石墨毡、层压石墨板的电堆材料，系统工程造价 7000元/kW·h。2016 年，工作电流密度 70mA/cm²，电堆结构放大设计，仍采用石墨毡、Nafion 115 膜、层压石墨板的设计思路，电池堆功率 31.25kW，系统工程造价 5500 元/kW·h。

（2）实验室放大期

2021 年，工作电流密度 140mA/cm²，根据相关实验研究，创造性地提出石墨双极板开流道的设计思路，打破原有设计思路，采用碳布（之前是碳毡）和流道双极板的设计方式，利用催化剂沉积技术，提高了电池的效率，利用国产膜材料，电池堆功率 10kW，系统工程造价 4500 元/kW·h。

（3）工程示范期

2022 年，工作电流密度 140mA/cm²，电池堆功率 10kW，主要原材料自主开发，逐步释放产能，降低成本，系统工程造价 2150 元/kW·h。

"中海一号"储能系统是一个智能的多种类型电力能源存储解决方案，采用共享模式运营即可以灵活的方式独立运行，也可以嵌入到用户原有的电力自动化系统中运行。该系统主要运用于 110 kV 等级的电网，具有以下几种作用：

①缓解尖峰时刻的用电紧张，减少因用电负荷管理而带来的限电和断电；

②弥补风力发电的间歇性缺陷，促进清洁能源的应用，实现节能减排；

③ 使因负荷变化而带来的电力系统的设备投资更加经济有效；

④ 使火电机组保持高效，提高能源转化效率，延长机组使用寿命；

⑤ 提高供电可靠性；

⑥ 配合电价机制，节省用户侧用电成本；

⑦ 参与电力市场辅助服务，参与启停调峰和深度调峰。

单堆中试系统的连续稳定运行，验证了技术路线的可行性。此外，团队在北京研产基地示范工程项目建成运行后，接受了由中国石油和化学工业联合会组织的专家组技术鉴定，技术被评定为国际先进水平，具有良好的市场前景，进一步验证了铁铬液流电池技术路线放大的可行性。

2023 年完成 33kW 铁铬液流电池电堆定形，实现能量密度 $110 \sim 190 mA/cm^2$，平均能量密度 $140 mA/cm^2$ 电堆效率高于 80%，并超前布局了 60kW 铁铬液流电池电堆设计与示范，新一代铁铬液流电池在电堆的焊接密封成型中成绩显著，加快了电堆装配效率与性能提升。

10.2 设计原则

10.2.1 设计思路

铁铬液流电池技术起源于 20 世纪 70 年代的 NASA 路易斯研究中心，20 世纪 80 年代，NASA 将铁铬液流电池作为"moon project"的一部分转让给日本。日本新能源产业技术开发机构(NEDO)随后于 1984 年和 1986 年推出了 10kW 和 60kW 的铁铬液流电池系统原型样机，标志着铁铬液流电池储能系统技术基础已经形成。同期我国研究单位也对铁铬液流电池进行了研究，其中，中国科学院大连化学物理研究所在 1992 年成功开发出 270W 的小型铁铬液流电池电堆。但是，由于 Cr^{2+}/Cr^{3+} 电对活性较低、负极容易析氢以及容量衰减等技术问题迟迟无法解决，铁铬液流电池产业化进程陷入迟滞。铁铬液流电池的缺点主要体现在：

① 负极活性弱：负极材料的铬离子的活性还比较弱，不利于正负极电解液的化学反应平衡，影响电池性能。铁铬液流电池的负极 Cr^{2+}/Cr^{3+} 电对相较于正极 Fe^{2+}/Fe^{3+} 电对在电极上的反应活性较差，是影响电池性能的主要原因之一。

② 负极析氢问题：电池工作过程中易发生析氢反应，让铁铬液流电池无法正常工作。铁铬液流电池 Cr^{2+}/Cr^{3+} 电对的氧化还原电位为 $-0.41V$，接近水在碳电极表面析出氢气所需的过电位，再加上由反应活性较差所造成的明显极化损失，在常温下，铁铬液流电池的负极在充电末期会出现析氢现象，降低电池系统的库仑效率。

③ 能量密度低：铁铬液流电池能量密度仅为 $10 \sim 20 W \cdot h/L$，显著低于锂电池的 $300 \sim 400 W \cdot h/L$，与全钒液流电池的 $11 \sim 20 W \cdot h/L$ 相当。

④ 转换效率相对较低：能量转换效率方面，铁铬液流电池已经实现直流侧效率突破 80%，交流侧效率高于 65%~70%。由于正负极电解液 Fe、Cr 离子的浓度不同，受渗透压的影响，正负极的金属离子会随时间变化向膜的另一侧迁移，易造成电解液活性物质的交叉污染，从而降低电池效率。

针对铁铬液流电池在运行过程中存在的负极反应活性低，负极副反应析氢，能量衰减导致的电池寿命下降等问题，寻求具有本征安全的水系液流电池体系，降低电池系统成本，提高电池能量密度尤为重要。应用 DFT 计算、Material Studio 建模软件和第一性原理计算软件 VASP 模拟研究等方法，形成电池工作时电极表面反应的模型，以及催化剂在反应过程中依附于电极表面而影响反应进程的作用机理，并通过原型机进行试验验证，实现液流电池的低成本、大规模、高效的长时间应用。主要设计思路如下：

① 为抑制铁铬液流电池负极铬析氢副反应，通过对原有电极材料的改变，构建电极与催化剂表面之间相互作用模型。揭示催化剂高效沉积与防滤失调控机理，通过模拟电解液在双极板间流动情况进行双极板流道设计，明确攻关方向，制备高性能碳布电极、降低副反应发生，提升电池能量密度。

② 通过再平衡系统的构建提升铁铬液流电池寿命，调节液流电池正负极电解液荷电状态并能有效恢复电池容量。

③ 电池系统的模块化开发和管理依靠于集装箱系统的设计应用，一体化集成储能交流器(PCS)、电池管理系统(BMS)、能量管理系统(EMS)和运行监控管理系统对大型储能电池系统的一体化管理、输运以及后期的维护、升级等具有重要意义。

10.2.2 设计技术

(1) 抑制铁铬液流电池负极铬析氢副反应技术

以聚丙烯腈预氧丝为原材料，采用自主开发的纺织、碳化、石墨化、活化工艺获得了电阻率低、宏观结构、孔隙结构及比表面积更适合铁铬液流电池传质的高性能碳布电极，活化工艺提升了电极正极催化效果及负极催化剂的载附能力。同时增加碳布电极石墨表面的缺陷位，引入异原子掺杂，提升催化剂沉积密度与防滤失功能，高效沉积催化剂。对双极板内液体流动分布进行模拟，首创铁铬液流电池双极板流道开槽技术，增加流体的有序流动，降低了副反应发生，提升了电池能量密度。

(2) 提升铁铬液流电池寿命技术

通过再平衡系统调节铁铬液流电池正负极的充电状态，可以有效地恢复电池容量。再平衡系统装置内的阳极活性物质是再平衡电池电解质中预置的 Cl^-，而铁铬液流电池正极活性物质的氧化 Fe^{3+} 则充当再平衡装置内的阴极活性物质。再平衡装置运行过程中，正极电解液中的高价铁离子获得电子，而再平衡电解液中的氯离子失去电子，恢复了铁铬液流电池的容量。

（3）数据驱动型智能化管控技术

通过对铁铬液流电池生产工艺过程的深入理解和多年现场实践经验知识的积累，应用大数据以及深度学习算法，获得适合该系统不同场景下不同关键工艺特征参数组合下的系统控制参数和控制方法，建立可以精确计算铁铬液流电池健康状态的 SOH 值模型，实现电解液的自动化、智能化再平衡。

（4）集装箱储能系统的一体化应用

一体化储能集装箱以模块化呈现储能系统的运行、监测和维护，节约空间，模块化管理使得运行更加高效，优化设计的箱内走线、通道维护和散热便于远距离运输，减少事后维护的成本。集装箱以其稳定可靠安全的外壳可以保护内部器件不受自然因素侵蚀，具有显著的防腐、防火、防尘、防震、防紫外线以及防盗等功能，一体化封闭空间可以自成循环系统，有效隔绝外部因素，促进内部平衡，显著提高储能系统使用寿命。

10.2.3 设计内容

目前，由中国石油大学（北京）联合中海储能科技（北京）有限公司共同研发的 100kW/400kW·h 铁铬液流电池储能系统"中海一号"，解决了抑制铬的负极析氢副反应，反应活性低、能量衰减快、寿命低等难题，"中海一号"的性能得到了大幅提升，成本也进一步降低，实现了大规模液流电池长时储能向电网中高效利用的跨越。

（1）开展抑制负极铬析氢副反应的理论研究

深入探讨铁铬液流电池电极表面的反应过程，设计对应的反应模型，探讨铬离子在电极材料上的反应机理，设计碳布表面缺陷位与异原子掺杂。剖析催化剂在反应过程中的作用，为提高负极电化学活性，减少副反应析氢提供理论支撑。开发具备功能性流道设计的双极板，为电解液的流通提供有效的通道，减少电解液流动"死区"，提高液流电池能量密度。

使用传质能力更好的碳布作为铁铬液流电池电极材料，并通过特殊的热处理工艺增加电极材料的反应活性位点，为催化剂的沉积提供必要的环境，增加了催化剂的沉积效率，在此基础上，增加了电解液与催化剂的接触面积，提升了反应活性。

建立催化剂催化反应的动力学模型，探讨催化剂滤失因素，挖掘催化剂催化与调控机理，开展电极催化剂高效沉积与催化技术，形成高效催化剂，提升铁铬液流电池能量密度。

进行双极板开流道技术研究，模拟铁铬液流电池中电解液在流道内的流动情况，设计出最佳的流道工艺，以便实现电解液的均匀快速流动，降低电池运行阻力并减少副反应。

（2）开展提升电池寿命研究

建立再平衡系统，解决铁铬液流电池工作时因析氢造成的正负极价态失衡，控制电解液还原三价铁离子量与正负极价态失衡量间关系，恢复副反应所造成的容量衰减。

（3）开展数据驱动型智能化管控

通过铁铬液流电池运维数据采集处理分析的自动化、智能化，建立相关的集成化系统，保证大规模长时储能液流电池系统稳定可靠灵活优化管控。适配铁铬液流电池长时储能的集成化、智能化管控系统。

（4）开展集装箱储能系统的开发

集装箱储能系统中通常由储能电池系统、电池管理系统、储能变流器、隔离变压器以及监测系统、消防系统、散热系统组成。内部可分为电池仓和设备仓，电池仓内串联运行的电堆单元在集装箱内配备电池架、BMS 控制柜、管道、储罐等形成电池系统。在设备仓内的 PCS 控制充放电过程和交直流电的变换，为负荷设备提供电力，配备的 EMS 能量管理系统实时监测采集电网数据，对电力状态进行评估和反馈处理。

10.2.4 设计要求

① 在使用寿命方面要求装配线运行稳定、可靠，适用于每日 24 小时连续工作（一年按 300 天、三班制、每班 8 小时）；所定制设计的设备满足对液态电池原材料多孔膜和流场框进行自动上下料自动焊接，对双极板自动上下料模切和抓取，对离子多孔膜进行自动上料纵横切，自动堆料，对双极板与流场框进行组装定位与激光焊接，对集流框与双极板激光焊接，端电池进行组装与激光焊接，对单片电池、端电池组合成电池堆进行热熔封，对电堆进行气密性检测，运用自动导引运输车（AGV）作为生产材料周转传送工具。设计制作操作台面。每套设备设计为机器人或机械自动上下料装配，离子多孔膜弹夹式上料单独采用人工补换料方式（一次换料可满足三班生产需求）。

② 在每个工站尽量设计独立的电气系统，特殊情况可以多工站共用。

③ 电气设计及电气柜、电气面板的设计必须考虑维护方便，电控箱尽量考虑放置到工作台的下部。自动上料工站缺料时提前报警，总体高度不可超过 1.5 m，符合人机工程。自动补料必须大于半小时补一次。特殊工站除外，所有自动工站的举升高度为 5~15 mm。

④ PLC 在满足要求的情况下留出备用点。电器元件的线束布置排列整齐、固定可靠。

⑤ 储能系统集装箱需要配备专用的监控、消防及空调系统，电池组充放电过程中箱内温度属于敏感因素需额外关注，箱内的烟雾传感器、温度和湿度传感器、应急灯等可及时对箱内环境进行预警，此外，合适的箱内温度更有助于电池

组工作时的效率和延长最终的使用寿命。集装箱属于高度集中的电池系统，内部电器排线也要保证安全性和稳定性。

⑥ 可能对员工造成伤害的能量的设备必须具有能量安全锁定功能，所有可能暴露在危险能量下从事维修、安装、调整等工作的人员使用安全锁用于控制危险能量，危险能量包括但不限于以下几种：电能、压缩空气、冷媒、液压能、重力能、机械能等。

⑦ 电控箱内部带电部件电击防护等级至少为 IP22（根据 EN 60529），电控箱表面电击防护等级至少为 IP42（根据 EN 60529）。如图 10-1 所示，不同等级的电击防护需要配备不同形式的串并联保护器，尤其在电池组之间以及在串并联主路中需要额外配备保护器件。

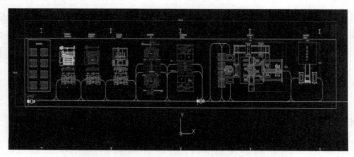

图 10-1　液态电池生产线布局示意图

此外，在铁铬液流电池储能系统中各部件之间的焊接工艺选择激光焊接。塑胶作为一种常规的工业材料，广泛应用于工业品制造的各个领域，如汽车、生活品、电子零部件、医疗、航空航天，甚至军用等，塑胶的材料类型也随着工业应用的不断发展而不断更新。对于塑胶的粘接工艺来讲，长时间来集中在涂胶、热压焊接、超声波焊接、高频红外等很多成熟的工艺方式，但是随着塑胶产品工艺要求的提高，传统的塑胶加工方式已经表现出明显的不足。激光焊接在最近的工业制造应用上有明显的优势。当然，激光技术的不断提升，设备成本的不断降低也是促使该行业进入大批量普及应用的原因。由原来的通用型机器去适配材料，进入到可以根据产品反向定制设备的阶段。目前来看，相对传统工艺，激光加工虽然优势明显，但是激光加工并不是取代，而是对传统工艺的补充。激光设备的造价目前来讲还较高，所以一般情况下，工艺要求高（传统工艺无法完成）的加工应用，才会使用激光方式进行加工。表 10-1 是不同焊接工艺类型对比。

表 10-1　不同焊接工艺类型对比

焊接对比	激光焊接	超声波焊接	振动摩擦焊	热板焊接	涂胶连接
环保性	好	噪声大	噪声大	气味	胶水气味
密封性	好	差	好	一般	一般

续表

焊接对比	激光焊接	超声波焊接	振动摩擦焊	热板焊接	涂胶连接
是否损伤电子元器件	否	是	是	否	否
表面是否有损失	否	否	外观有损伤	否	否
粉尘/焊渣	无	无	有残渣	有残渣	溢胶
生产效率	高	高	高	低	低
是否适合薄壁材料	是	否	否	否	是
寿命周期费用	低	高	高	高	高

几乎所有的热塑性塑料和热塑性弹性体都可以使用激光焊接技术。常用的焊接材料有聚酰胺（PA）、聚乙烯（PE）、聚丙烯（PP）、聚苯乙烯（PS）、聚碳酸酯（PC）、丙烯腈-丁二烯-苯乙烯塑料（ABS）、聚甲基丙烯酸甲酯（PMMA）、聚甲醛（POM）、聚对苯二甲酸乙二醇酯（PET）以及聚对苯二甲酸丁二酯（PBT）等。而另外的一些工程塑料如聚苯硫醚（PPS）和液晶聚合物等，由于其具有较高的激光透过率而不太适合使用激光焊接技术。因此常常在底层材料上加入炭黑，以使其能吸收足够能量，从而满足激光透射焊接的要求。图10-2为激光焊接塑料的工艺及原理。

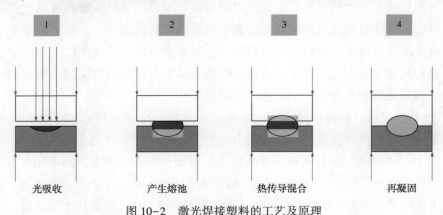

图 10-2　激光焊接塑料的工艺及原理

10.3　实现的目标及主要技术经济指标

中国石油大学（北京）联合中海储能科技（北京）有限公司通过近10年的攻关优化储能应用技术方案，应用搭建模型、数值模拟和实验研究验证等方法，不断迭代创新，形成了提高负极活性、减少析氢副反应的方法，开发了再平衡装置和液流电池控制系统，创建了低成本技术运行的经济效益核算方法，并在800W/1.6kW·h、10kW/40kW·h、100kW/400kW·h系统的现场应用中实现了低成本、大规模、高效的液流电池长时储能开发应用。

完成的技术经济指标：

① 研发"中海一号"100kW/400kW·h铁铬液流电池储能系统年充放电量达140000kW·h，运行寿命达到20年以上，以北京市工业用电的电价尖峰和低谷计算新增效益，运行累计可带来新增效益百万元以上。

② 对研发的"中海一号"100kW/400kW·h铁铬液流电池储能系统进行不断更新，完善工艺以及规模化生产，使其造价不断降低。目前，该系统成本在液流电池储能设施中具有相当的优势。

③ "中海一号"100kW/400kW·h铁铬液流电池储能系统年发电量能达到14万kW·h，有利于减少以煤为原料的发电，大约能节约煤炭44.8 t/a，减少碳排放117.37 t/a，为加快我国在2030年实现"双碳"目标以及能源转型作出贡献。

10.4　发展现状与挑战

开发低成本、大规模的长时储能以应对日益增长的可再生能源装机比例是世界性难题，本项目创建的抑制铁铬液流电池负极铬析氢副反应，建立再平衡系统提升铁铬液流电池寿命和机器学习自适应控制系统研发，已经在提升铁铬液流电池性能与高效运行方面取得了一些建设性成果，在中试现场也见到了明显的应用效果，但是在进一步发展中仍存在一些问题：

① 虽然国家对科技创新有了完善的优惠政策，但是对技术成果转化仍需要进一步加大相关扶持、鼓励和措施的力度。

② 由于大规模储能技术推广受电力系统市场机制不完善等方面限制，上、下游供应链不完善，所以需要完善市场，构建上、下游供应链全产业的新生态，解决储能市场生产、销售环境的迫切需求，打造全新的精准化、适配化市场环境。

③ 由于长时储能协会处于起步初期，需领军人物带领，帮助引领行业的大规模长时储能产品研发和产业化，进一步填补此领域空白。

④ 由于储能产业的迅猛发展而国内储能专业不足，储能领域专业人才短缺，建设和发展储能学科已成为国家、市场和行业的重大需求。建议进一步加快储能相关专业发展，培养储能相关人才。

⑤ 储能行业标准、技术规范尚不健全，建议组织权威人士健全行业标准和技术规范，帮助储能行业进一步发展。

⑥ 国际国内资本大多将目光集中在锂电池及周边产业，对此关注度不够，参与

率低，限制了储能技术的发展，需要进一步宣传帮助转变思想，引导资本参与进来。

⑦ 由于我国现阶段还未能合理地核定出各类电力辅助服务的价格，从而造成储能系统价值和收益难以实现对接。因此，应针对电化学储能技术的系统性效用或社会价值出台灵活支持或补贴政策，完善储能相关的电价政策和市场机制，鼓励有大体量储能需求公司发展大规模长时储能技术，制定更为合理的运行机制和政策保证，推动液流电池储能技术产业化应用及商业化发展。

10.5 技术成熟度分析

10.5.1 产品市场分析

"中海一号"100kW/400kW·h铁铬液流电池储能系统是由中国石油大学(北京)徐春明院士团队联合中海储能科技(北京)有限公司研发的大规模低成本长时储能技术，前者提供有关催化剂和电解液的各项研究，提供数据理论支撑和进行工艺开发，后者提供资金和中试基地以及各种放大实验项目中所需的各项机械设备。

在储能技术中，机械储能(抽水、压缩空气、飞轮)普遍成本高，使用受限；化学储能(氢能、合成天然气)产业化路途尚远；在各类电化学储能技术中，对于关键原材料而言，全钒液流电池的原材料储量低，价格高，而且其年产量不高，这对于大规模生产无疑增加了阻碍，增加了生产难度。反观铁铬液流电池的原材料，中国铁矿资源丰富，已探明储量的矿区有 1834 处，2023 年上半年铁矿石市场均价约 740 元/t，全国铁矿预测资源量为 1960.2 亿 t，铬矿资源总保有储量矿石为 1078 万 t。铬铁合金储量为 570000 万 t，年产量为 4000 万 t。

在成本方面，铁铬液流电池得益于廉价的铁铬原材料，其造价在储能领域中具有相当的优势。而且随着储能时长的增加，铁铬液流电池的长时储能优势将逐渐体现，其成本将逐渐降低，具体见表 10-2。

表 10-2 不同电化学储能技术原材料及成本指标

焊接对比	Fe/Cr	VRB	Li 离子电池	Zn-Br
关键原材料	铬铁	V_2O_5	Li_2CO_3	锌
关键元素全球探明储量	铬储量 120 亿 t	钒储量 6300 万 t	锂储量 8900 万 t	锌储量 2.5 亿 t
关键原材料	0.19 元/kg	124.5 元/kg	472.5 元/kg	26.18 元/kg
当量价格	0.02 元/mol	29.5 元/mol	34.5 元/mol	3.02 元/mol

全钒液流电池虽然具备技术优势，但其商业化进程较缓慢。据中国储能网数据，全钒液流电池约占液流电池总市场需求的40%，而液流电池占电化学储能装机规模的10%。因此，可以推测全钒液流电池约占电化学储能装机规模的4%。全钒液流电池商业化发展受限于成本较高，其中钒电解液成本占比最大，这是受到了钒矿高成本的因素制约。全钒液流电池系统成本受到多种因素的影响，包括关键材料、电堆结构和操作条件。钒矿全球探明储量为2200t，年产量为8.6万t。碳酸锂全球探明储量为12800万t，年产量仅达35万t，而铬铁合金全球探明储量为570000万t，年产量可达4000万t，因此铁铬液流电池技术其原材料成本低且稳定。预计2024年动力电池市场将达到820GW·h，同比增长超20%，储能电池市场超200GW·h，同比增长超25%。需要大量的钒矿和碳酸锂原料，分别达到552.86万t和45.72万t。这对于全钒和锂电池技术来说，远远超出其所需原材料的生产能力。具体如图10-3所示。

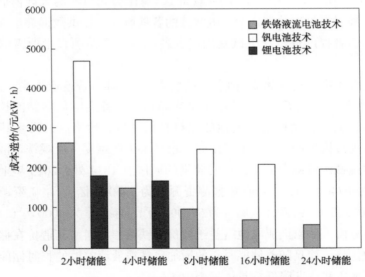

图10-3　不同时长储能技术成本造价

根据国家能源局综合司发布的关于征求《防止电力生产事故的二十五项重点要求(2022年版)(征求意见稿)》意见的函，为防止电力生产事故，国家能源局要求中大型电化学储能电站不得选用三元锂电池、钠硫电池，不宜选用梯次利用动力电池。如果选用梯次利用动力电池，必须进行一致性筛选并结合溯源数据进行安全评估。尤其在人员密集的场所以及人口居住或活动的建筑物或地下空间内都不可以设置锂离子电池设备。锂离子电池设备间应单层布置，宜采用预制舱式。锂离子电池技术安全性差，容易发生热失控并引发燃烧。传统隔离氧气灭火不适用于锂离子电池燃烧。目前电化学储能电站的消防标准和灭火系统不确定是否有效。因此在大型电化学储能系统的建设中当以液流电池储能技术为第一选择，而相较于全钒液流电池来说，铁铬液流电池的成本较低将更具有市场竞争力。

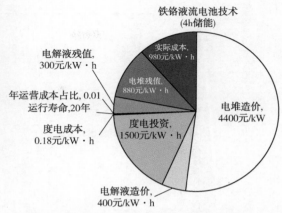

图 10-4　铁铬液流电池 4h 储能效益核算

目前，"中海一号"100kW/400kW·h 铁铬液流电池储能系统拥有相当的成本优势。图 10-4 为铁铬液流电池 4h 储能效益核算。

对于储能时长为 4h 的"中海一号"储能系统，电解液部分成本相较于全钒液流电池占比较小，这得益于铁铬原材料的低成本、高产量优势。此外，由于该系统配备再平衡装置，Fe/Cr 电解液的残值很高，可以不断循环利用。除电解液以外，铁铬其他系统单元的造价成本也明显低于全钒液流电池，铁铬系统单元的造价成本预估如图 10-5 所示。铁铬液流电池系统运行 20~25 年报废后，除电解液可循环利用外，电堆的电极和双极板(碳材料)可以循环回收利用。此外，电极框(塑料件)、质子交换膜、集流板(铜板)、端板(铝合金板或铸铁板)以及紧固螺杆(钢材料)，这些材料在电池系统报废后，很容易回收循环利用。"中海一号"储能系统报废后，具有很高的残值，而且回收利用简单。铁铬液流电池有望在大规模长时储能技术中占据主流市场。

10.5.2　全自动化电堆装配技术

项目团队在对 33kW 电堆的装配中取得了突出成绩，从隔膜、电极、双极板和板框的密封堆叠，以及电池单元与整堆的气密检测、紧固成堆的工艺和技术方面实现了以焊接工艺为主的全自动装配生产线。其中全氟磺酸膜与 PP 塑料板框自动裁切焊接；卷料碳布电极高精度定位裁切；自动抓取双极板并实现电池板框间的高效率激光焊接。电池单元自动堆叠至整堆后热熔密封形成电堆；通过螺栓紧固后气密检测下线成品合格电堆。全自动化电堆的设计可以大幅提升电池组装的一致性，缩减密封圈使用规模，并大幅降低单堆成本。

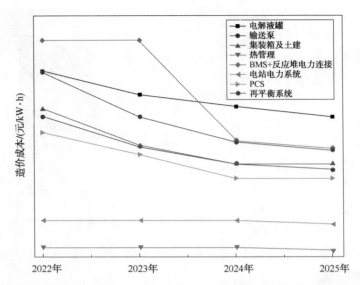

图 10-5 "中海一号"100kW/400kW·h 铁铬液流电池系统降本途径

自动化电堆装配生产线配备品控原料库和成品库，通过智能化 MES 数据系统调拨生产节拍，AGV 转运车自动物料转运，全自动抓取机器手堆叠上下料，高精度视觉定位与识别，高效率激光头焊接，产线可实现 100MW/a 铁铬液流电池的自动化生产能力。

10.5.3 对本行业及相关行业科技进步的推动作用

项目通过技术创新，建立了抑制铁铬液流电池负极铬析氢副反应，提升铁铬液流电池寿命和机器学习自适应控制系统研发的创新理论及技术研究，降低了液流电池运行成本以应对丰富的应用场景，探索了液流电池高效利用的有效途径，填补了国内外在本行业领域内的技术空白，提高了液流电池在可再生能源电力系统中的高效应用，具有重要的示范引领作用和广泛的推广应用价值。项目研究成果在中海储能科技(北京)有限公司的实际应用中，利用该技术对 100kW/400kW·h 液流电池系统进行了 72h 不间断测试，结果显示能量效率稳定在 80%，150 次连续循环放电 SOC 仍在 76% 以上，有力提升了液流电池在电网中的应用水平，保证了新能源装机规模的快速增长所配套的储能设施。

10.6 交付项目

2023 年底中海储能科技(北京)有限公司第一个铁铬液流电池储能系统

500kW/4MW·h 项目交付河北怀来亿安天下云数据中心（以下简称亿安天下），为其在广东的数据中心布局储能提供技术支撑。成套设备由亿安天下投资，占地 400m²，分别接入数据中心 2 台 2500kV·A 变压器下，年发电量达百万度，年平均储能综合效率大于 70%。该系统在夜间低谷充电，白天高峰放电，对企业用电进行负荷监测，在夜间办公等辅助设施开启较少的情况下，适时充电，对企业用电做需量管理，节约需量电费。通过削峰填谷的模式，年均可节约电费几十万元。该项目是首个服务于云计算的数据中心项目，意味着团队技术成果已成功转化为商业应用，同时从示范工程迈入商业订单阶段。项目交付采用一体化集装箱储能系统模式与房站式设计，其中集装箱系统稳定安全，具备行业运行和发展前景，方便建立标准的同时也同步验证了团队研发的铁铬液流电池具有高性能和高稳定性，技术路线稳定可靠，具备广阔的市场空间和发展前景。项目实物图如图 10-6 所示。

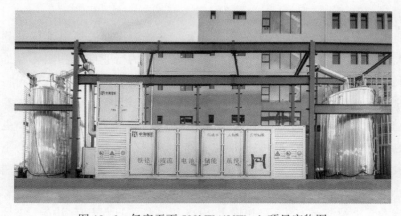

图 10-6 亿安天下 500kW/4MW·h 项目实物图

在 2023 年底在广东惠阳开工建设了 100MW/500MW·h 国内最大容量铁铬液流电池项目，其中一期建设 2MW/10MW·h，意味着团队铁铬液流电池开始迈入十兆瓦时级，也表明了在液流电池领域具有强大的市场竞争力和占有力，未来将在新的赛道中呈现出新型长时大规模储能的独特优势，也为国家的"双碳"目标和规划贡献力量和提供支撑。

10.7　发展与展望

铁铬液流电池凭借其低成本、高安全和环境适应性强等优势，已经逐渐在大规模的长时储能中受到越来越多的关注，而且越来越多的铁铬储能示范项目在国内外开始投建运行。其中，团队内在关于铁铬液流电池的核心材料研发、电池性能提升、组装工艺优化、产能爬坡与降本、项目交付与运维等方面做了大量工作，同时也取得了瞩目的成绩。其中离子传导膜的研发改性提高了离子的选择透过性，增大了库仑效率；电极改性大大提高了电化学反应活性，降低了电化学极化；电解液的催化剂添加进一步降低了铬沉积，提高了电解液的充分利用率；双极板的流道设计进一步提升了碳布电极内电解液流动的均匀性，减小了压力损失和浓差极化现象。此外，进行了充分的性能验证，通过小中大测试平台的搭建、测试工作的科学开展和研究分析保障了电堆性能处于行业领先水平；再平衡系统的开发应用保证了电解液的性能可以长时有效满足电堆参数要求。采用高效可靠的生产装配工艺实现电堆的高质量自动化生产，以保障能够交付。同时采用高集成度的集装箱模块化装配、输运，也确保了项目建设和交付顺利进行。如今，10MW·h 级铁铬液流电池储能系统已发展成熟，并逐渐开始向吉瓦时级迈进。

伴随铁铬液流电池储能系统的不断发展，在能源行业液流电池标准化技术委员会的大力支持下，铁铬液流电池已形成诸多相关的行业标准和团体标准，这些标准的诞生不仅说明铁铬液流电池的发展受到了国家的高度重视，更为将来铁铬液流电池的高度产业化奠定了重要基础。能源行业液流电池标准化技术委员会(标委会)在国家能源局的支持下成立于 2012 年，编号为 NEA/TC23，主要负责液流电池及储能技术领域的相关标准化工作。其中在标委会的大力支持下，由中国石油大学(北京)牵头，联合中海储能科技(北京)有限公司、北京和瑞储能科技有限公司等企业制定了国家标准 GB/T 42097—2022《铁铬液流电池 第 2 部分：双极板技术要求及测试方法》，并将于 2025 年 4 月 1 日起开始实施。该标准由中国石油大学(北京)提出，能源行业液流电池标准化技术委员会归口，中国电器工业协会标准制定过程管理，经主管部门国家标准化管理委员会批准，列入了2023 年能源领域行业标准制定计划项目。该标准的顺利落地证明铁铬液流电池目前技术已经达到成熟工业化应用水平，对铁铬液流电池行业引领及对推进科研成果的落地具有重要意义。

除此国家标准外，铁铬液流电池还拥有行业标准 NB/T 11067—2023《铁铬液流电池用电解液技术规范》和团体标准 T/CEEIA 577—2022《铁铬液流电池用电极材料技术要求及测试方法》、T/CEEIA 578—2022《铁铬液流电池用离子传导膜技术要求及测试方法》等标准。目前由中海储能科技(北京)有限公司牵头，联合中国石油大学(北京)等单位制定的行业标准《铁铬液流电池 第 4 部分：离子传导膜技术要求及测试方法》和团体标准《铁铬液流电池用电解液回收要求》正在筹备过程中。未来，随着铁铬液流电池工业技术的不断成熟，其标准化进度将进一步加强，从而提升铁铬液流电池相关单位的管理效率，并提升产品质量，促进铁铬液流电池技术的大规模应用，这对推动我国能源绿色转型、保障能源安全、推动清洁能源高质量发展、应对气候变化等目标的实现具有重要意义。

随着铁铬液流电池产业的不断发展，各铁铬液流电池企业间合作日益紧密，并形成了牢固的合作关系。2023年10月由国家储能技术产教融合创新平台［中国石油大学（北京）］、中海储能科技（北京）有限公司、北京和瑞储能科技有限公司、陕西省商南县东正化工有限责任公司等单位联合承办的"第二届能源化学青年论坛液流电池长时储能专场会"在成都隆重召开。会上举办了液流电池行业圆桌论坛，其中铁铬液流电池相关企业齐聚一堂，以"液流电池的产业现状及发展"为主题，在铁铬液流电池的行业热点方面各抒己见，共同探讨铁铬液流电池技术的研究进展及产业化过程中的机遇和挑战，为构建铁铬液流电池生态圈与产业命运共同体提供了多角度、多维度和多元化的实践经验、示范模式和创新思路。专场会上，中海储能科技（北京）有限公司联合北京机电研究所有限公司、北京和瑞储能科技有限公司、苏州科润新材料股份有限公司、陕西省商南县东正化工有限责任公司等头部企业共同举行了铁铬液流电池生态合作签约，这标志着共建铁铬液流电池产业发展联盟正式启动。该联盟的成立标志着联盟各方企业将聚焦推进铁铬液流电池高质量发展这一首要任务，打造功能互补、良性互动的协同创新格局，优化完善产业链条，加快推进铁铬液流电池产业提质升级，建立健全铁铬液流电池行业标准，将其打造成中国新型电力系统的关键支撑技术，为维护国家能源安全战略贡献积极力量。

在铁铬液流电池的未来发展中，其相较钒电池而言较低的能量密度也将会成为其在某些领域广泛应用的掣肘之处，因此，在未来的研究和技术创新中致力于提高其能量密度，增加储能容量延长使用时间将会是未来发展的一个关键点。而随着储能技术的不断发展和市场运营机制、相关配套以及政策加持等的逐渐完善，未来的经济性、可靠性将会是影响储能技术大规模推广的重要因素，包括铁铬液流电池在内的各类液流电池要致力于在降低其成本上不断进行相关技术和工艺的优化。